实践存在论美学丛书

实践存在论的美学思考方式

刘泽民 著

苏州大学出版社

图书在版编目(CIP)数据

实践存在论的美学思考方式/刘泽民著. —苏州：苏州大学出版社，2008.5
(实践存在论美学丛书)
ISBN 978-7-81137-053-9

Ⅰ.实… Ⅱ.刘… Ⅲ.美学—研究 Ⅳ.B83-069

中国版本图书馆 CIP 数据核字(2008)第 048710 号

实践存在论的美学思考方式
刘泽民 著
责任编辑 许周鹣

苏州大学出版社出版发行
(地址：苏州市干将东路200号 邮编：215021)
丹阳市教育印刷厂印装
(地址：丹阳市西门外 邮编：212300)

开本 880mm×1 230mm 1/32 印张 15 字数 375 千
2008 年 5 月第 1 版 2008 年 5 月第 1 次印刷
ISBN 978-7-81137-053-9 定价：35.00 元

总序

Prologue

在朱志荣教授的热心提议和联络下，在苏州大学出版社的鼎力支持下，我们这一套“实践存在论美学丛书”终于面世了。

实践存在论美学是近十年来我在学习马克思的实践唯物主义（即唯物史观），研究和借鉴现代西方哲学、美学中有价值的思想的基础上提出来的，也是在认真反思当代中国各派美学理论，特别是占主流地位的实践美学的成就与局限，并与“后实践美学”作了心平气和的学术争鸣和交流之后，逐步建构起有一定系统性的理论框架的。

需要特别强调的是，实践存在论美学的提出，并非我一人之力，而是我和一批学生的集体创作。记得当初在美学讨论课上，学生们争论异常激烈，通过反复讨论，大家在一个一个基本问题上逐步达成共识。后来我主编的《美学》教材就是以这些共识为基础的，好几位学生都参与了2001年版初稿主要章节的撰写。过了几年，我发现初版有些问题还没有完全贯彻和体现实践存在论美学的思路，有些问题也没有讲清楚，于是又请了几位学生参与修订，2006年出了修订版。所以，实践存在论美学虽然只是一家之言，却是众人之功，没有学生们（其实他们中不少人已经是教授、博士生导师了）的共同努力，也就不可能有实践存在论美学。

这套丛书以“实践存在论美学”为题，共推出五本，作者除了志荣教授是我的师弟外，其余三位都曾是我的学生。本人的《走向实践存在论美学》主要对实践存在论的美学思想来源、基本思路、框架、论题和主张从总体上进行论述；志荣教授等的《从实践美学到实践存在论美学》则重点梳理实践美学的发展历程、各主要代表人物的美学主张，在此基础上论述实践存在论美学推出的学术背景，对其观点进行学术评析；寇鹏程副教授的《马克思主义存在根基与实践美学》着重论述实践存在论的美学理论依据——马克思主义的实践观与存在论思想的统一和结合；刘泽民教授的《实践存在论的美学思考方式》围绕实践、存在、自由、境界等核心范畴，从思考方式角度对实践存在论美学的基本观点作了比较深入的阐发；刘旭光副教授的《实践存在论的艺术哲学》则讨论了实践存在论作为方法对于艺术研究的意义，并且运用这种方法去解决艺术哲学中的一些基本问题，突出了艺术的实践性质，提出了艺术作品以“实践—存在”的方式展现自身，可以说是实践存在论的艺术论吧。

当然，当代中国美学的发展，存在着无限广阔的空间和多种多样的可能性。不仅实践美学的主流派（李泽厚先生）理论仍可以继续发展，而且其内部有多种不同的美学主张也有进一步发展的活力；后实践美学也有多种观点有待展开；在实践美学和后实践美学之外，还有一些独立的美学思想也值得重视。所以,实践存在论美学只不过是寻求当代美学取得突破的许多尝试中的一种。这套丛书也是这种尝试的一部分。既然是尝试,能否成功还有待于检验。我们的态度是,真诚地欢迎来自各个方面的批评指正,只要有道理,我们就修正。我们希望实践存在论美学作为一种美学观念和主张,能够在严肃认真、心平气和的学术讨论和争鸣中逐步得到修正和完善。

最后,我代表几位作者向苏州大学出版社的领导和责编表示衷心的感谢,感谢他们在学术出版并不景气的情况下,对我们这套丛书的厚爱和支持,感谢他们对中国当代美学建设和发展的理解、关心和帮助。

朱立元

2008 年元月写于美国波士顿

Contents

目录

第一章

实践存在论美学思考方式概说

第一节

美学思考方式

一、美学思考方式的意义

本书所理解的思考方式，乃是一个哲学范畴，意指思维诸要素、诸层次相互联系、相互作用而构成的定势和模式，思考主体切入、把握、理解、解释思考对象的根本视角和途径。思考方式一方面是一定世界观的体现，另一方面又同一定时代的实践方式、行为方式、生活方式密切相关，因此具有高度的综合性和概括性，而区别于并支配着局部的具体的操作手段和方法。同时，思考方式一经形成，便构成主体的思维定势和内在尺度，具有明显的指向性和稳定性。

这样说来，美学的思考方式，就是我们思考美学基本问题所依据的定势和模式，是我们切入、考察、理解审美活动和审美现象所持有的根本视角、途径，是支配美学思考起点的设立、思考视野的确定、思维道路的选择、核心范畴的阐释、思想体系的构建等重大美学问题的方法论。

本书之所以拈出美学思考方式来进行讨论，是因为这一问题事关重大，它不仅在纵向上牵涉到美学的过去、现在和未来，在横向上牵涉到美学的学科性质、哲学基础与基本问题，而且其自身在漫长的历史过程中已经形成和累积了不少的疑案。

美学的思考方式为我们解答美学的全局问题、创设美学的观念体系开辟道路。黑格尔曾经说过,犁耙比收获的谷物更为重要。这个说法使我们坚信,在美学研究中,思考方式高于和优于具体答案。因为,某种美学答案仅仅是我们探索美学问题所得到的结果,而思考方式才是我们之所以能够形成正确答案的视界和道路。众所周知,只是由于有了道路,我们才能渡过急流奔泻、波涛汹涌的江河而到达彼岸,才能攀登高入云端的悬崖绝壁而到达顶峰。海德格尔站在现象学存在论的立场深刻地指出:思中持久的因素是道路,"道路让人通达"[1]。

事实上,我们不难发现,不同的美学学派和不同的美学学者都持有各不相同的美学观点,不同美学观点的背后隐含着各不相同的美学思考方式。美学观点上的分歧,追根究底就是来自于美学思考方式的分歧。如果说,一定的美学观点是一定美学体系的基本内核,没有美学观点的支撑就谈不上美学;那么,美学思考方式则是美学观点所赖以产生、形成的根据,没有美学思考方式的奠基和支持,就不可能有美学观点的提出和建构。冯友兰先生在《中国哲学史新编》中写道:"哲学是人类精神的反思。所谓反思就是人类精神反过来以自己为对象而思之","在这种反思中,人可以对于自然、社会和个人的行事有一种理解。有一种理解就有一种看法。有一种看法就有一种态度。理解、看法和态度,总而言之,就是他本人的世界观"[2]。这一论述表明,通常所谓的世界观,其

---

〔1〕 海德格尔.海德格尔选集:下卷.孙周兴选编.上海三联书店,1996.1137.

〔2〕 冯友兰.中国哲学史新编:第1册.人民出版社,1982.9,26.

实取决于“观”世界，也就是我们对世界的思考、理解方式。同样的道理，通常所谓的美学观，即关于审美活动和审美现象的根本见解，取决于我们“观”审美活动和审美现象的视野、角度、方法。在这里，“观”首先是动词，其次才是名词。动词的“观”是“能观”，名词的“观”是“所观”。“能观”划定了“所观”的终极界限。作为动词的“观”，或者说“能观”，就是本书所谓的思考方式。在美学研究中，这个思考方式不仅从根本上规定着各种美学观念、范畴、命题、思想、理论的产生和形成，而且规定着美学思考主体的思维阈限，甚至他的整个精神存在的阈限。由此我们说，为美学全局问题的解决开辟道路，提供根本视界和方法，正是美学思考方式的意义之所在。

美学思考方式的变革和转换，是美学思想体系发展、演变的造因和动因。这一点，两千余年的西方美学史，半个多世纪的中国当代美学史都可加以证明。我们知道，西方美学从古希腊一起步，就把“美”当做一种世界的始基因素来思考，开创了形而上学本体论美学；文艺复兴开始，随着人类理性的觉醒和自然科学的兴起，西方思想的重心转向世界的总体存在和人自身的认识能力、途径、方法，人被提升为认识主体，自然界转换为认识客体，“美”被普遍当做理性认识对象或者感性认识对象固有的属性，认识论美学勃兴起来；黑格尔之后，原来仅仅充当工具的语言逐渐取代理性的地位，而高踞于哲学的王座，成为存在的家园，成为日常语言哲学家和理想语言哲学家共有的方法论起点，美学随之颠覆了认识论的主导地位，转向语言学阶段；可以说，正是思考方式的变革，引导或推动着西方美学从本体论阶段向认识论阶段再向语言学阶段的转换和发展。中国当代美学是从美学思考方式的争鸣中起步的，发展至今也一直未曾离开过思考方式的变革，它的每一个进步都与思考方式的更新转换内在相关。20 世纪 50 年代，中国当代美学展开了第一次大讨论。这次讨论的焦点与其说是“美的本质”，不如说是美学思考方式；讨论的分歧与其说来自于对“美的本质”的不同解释，不如说来自于对思考和理解“美”的视角、途径和方式的不同选择；讨论中所形成的客观论、主观论、主客观统一论、客观社会论等四大美学学派，其划分根据与其说是它们关于“美的本质”的看法不同，不如说是它们对“美的本质”持有不同的思考方式。20 世纪 80 年代初，中国当代美学展开了第二次大讨论，上述四大美学学派都沿着各自的发展道路向前演变、推进。譬如，客观论推进到典型说，主观论推进到“自由的象征”说，主客观统一论推进到精神实践说，客观社会论推进到实践本体论，但显而易见的是，推进这个演变过程的核心力量，与其说是各家各派的美学主张、美学观念，不如说是各家各派的美学思考方式，或者更为确切地说，在外是美学主张、美学观点，在内却是美学思考方式。至于 20 世纪 90 年代中期以来勃兴的“后实践美学”、“新实践美学”，我们更容易看到，这不单是美学观念的重构，而首先是美学思考方式的变奏。

从反面看，中国当代美学理论在其建构、发展的历程中，曾经走过不少的弯路，有过不少的失误，也出现过不少危机。不过，追究起来，其中最大的失误和最严重的危机似乎就出自于思考方式，其他的失误与危机都是由思考方式的失误和危机所酿成和引发出来的。大而言之，从 20 世纪 50 年代到 80 年代末，整个中国美学，包括各种专题研究、专门会议、大学课程，极少有不争论美在主观、在客观还是在主客观统一的，可是正是这种关于美在主观、客观、主客观统一的争论,使中国当代美学在思考方式上合乎逻辑地徘徊了近40年,一直没有发生过实质性的突破。譬如说吧,客观论美学之所以一再停留在简单的机械的,甚至低俗的反映论层面,最终未能取得重要的理论突破,就因为它始终坚持用客观决定主观的思考方式来考察美,始终坚持到客观世界寻找美,把美理解为客观事物固有的典型性,即在个别性中充分地显现了种类一般性,充分地表现出该类事物的普遍性。由此,我们可以看到,当代中国美学若要走出理论困境,实现创新发展,首先有必要在思考方式上来一番反思、批判、清理、变革。

新时期以来,中国美学确实在观念上、方法上有了多方面的突破和变革,但认真地说,并没有真正完成自己的现代化构建。今天的中国美学正面临着比以前远为复杂、远为多元的全球化语境和现代性问题。在这种情况下,传统的美学思考方式已经远远不能适应现实发展的需要,已经无法解读日益更新的现实问题。只有按照现代性的要求,重构具有中国气派和当代特色的美学思考方式,才能为综合、批判、改造古今美学和中外美学,建立切合中国当下社会现实和审美实际的美学体系提供方法论的保障。

二、形而上学美学思考方式的反思

在美学史上起源古老并对中国当代美学产生持久影响的传统思考方式大概有两种:一种是形而上学的美学思考方式,一种是认识论的美学思考方式。

形而上学美学思考方式的主要特征,是把“美”设定为一个客观外在的终极的“什么”,设定为一个超越的、先在的、实体的“美的本质”或者“美本身”,然后穿过一切感性具体的审美对象,层层追溯,直至找到这个“美本身”或者“美的本质”,回答“美是什么”。这种美学思考方式最早起自于柏拉图,以后经由亚里士多德和普罗丁的继承和发展,以及中世纪神学美学家的推进演化,到黑格尔集大成,黑格尔之后,由于形形色色的西方现当代美学的批判阻拦而势头大减,至今偃旗息鼓。

按形而上学美学思考方式的规定,人和世界都可以剖分为理性与感性两个构成层面。

人是理性与感性统一的存在物,理性展示为人的精神、灵魂,感性展示为人的肉体和各种物质生活欲望,两者之中,理性较之感性更能代表人的本质。形而上学的美学认为,审美活动虽然与人的感性存在密切相关,但人在感性方面的能力即使发挥到极致也只能把握感性具体的美的事物,而无法把握“美的本身”或者美的本质;“美的本身”或者美的本质是理性的对象,必须依靠人的精神、灵魂才能把握。由此,形而上学美学主张,真正的审美不能停留在官能享受的水平上,而应当超越感官对具体事物的感性观照,上升到对“美本身”的理性领悟。正是由于这个主张,形而上学的美学思考方式与后来的认识论的美学思考方式便得以链接起来。

另一方面,世界也由理性与感性统一而成。处在理性层面的是永恒绝对、不生不灭的始基和本体,处在感性层面的是变动不居的事物和现象。联系“美”来说,世界的理性层面是“美本身”所在的领域,世界的感性层面只是具体审美对象呈现的领域。形而上学的美学认为,美学研究的根本任务就是从理性与感性的对立统一框架着眼,超越丰富多彩的感性的审美对象,到理性层面中去把握那个“美本身”,追溯涵盖一切审美对象、决定一切审美对象之所以为美的共同本质和普遍原因。不言而喻,这一观念又给形而上学美学思考方式与认识论美学思考方式相互沟通提供了根据。

以形而上学的美学思考方式操思审美活动，必然要遭遇到如下无法解答的难题：其一，既然“美本身”属于理性的层面，处在审美活动的彼岸，“美的事物”属于感性层面，浮现在审美活动的此岸，那么在审美活动中，此岸的“美的事物”包括花草、树木、流云、飞鸟以及各种人工制品等，究竟如何与彼岸的“美本身”沟通、渗透、统一，从而分有“美本身”而成为我们的审美对象？反过来，“美本身”究竟如何落实在具体的美的事物上，如何为具体的美的事物所分有和显现？其二，既然“美本身”是超验的理性存在和理念存在，与我们的感官和感觉经验脱节，而且只有“美的事物”才能被我们的感官所把握，才能转换为感觉经验，那么，在审美活动中，我们究竟如何通过具体的经验的审美对象去体味、领悟和判断那个既高又玄的“美本身”？也就是说，我们究竟如何从对具体审美对象的欣赏过渡到对“美本身”的理性概括？其三，既然“美本身”是世界固有的终极实体和最高属性，那么，这种实体属性与事物的物理化学属性究竟有何区别？如果有区别，那么像比例、均衡、对称、整齐、黄金分割一类东西，我们如何从美学的角度和物理学的角度作出不同的解释？如果没有区别，那么我们又如何划清审美活动与科学认识的界线？

这一系列无法解答的难题，以及由这些难题造成的理论困境，其实传统形而上学的美学家们早就切身感受到了。柏拉图的《大希庇阿斯》篇的结束语就是一声浩叹：“美是难的。”[1]黑格尔在形而上学的最后岁月不无遗憾地总结道：“乍看起来，美好像是一

---

〔1〕 柏拉图. 文艺对话集. 朱光潜译. 人民文学出版社，1963. 210.

个很简单的观念。但是不久我们就会发现:美可以有许多方面,这个人抓住的是这一方面,那个人抓住的是那一方面;纵然都是从一个观点去看,究竟哪一方面是本质的,也还是一个引起争论的问题。"〔1〕受到形而上学影响的歌德也半是嘲笑半是颖悟地指出:"我对美学家们不免要笑,笑他们自讨苦吃,想通过一些抽象名词,把我们叫做美的那种不可言说的东西化成一种概念。"〔2〕

问题的症结在哪里?美学史家们一般归结为人类心智的暂时欠缺,归结为美的本质的共同性与审美对象的多样性、美的本质的一致性与美感的差异性的矛盾。我们认为,问题的症结就在思考方式上存在着如下两个偏差:一个是对"美"的二重设定,一个是以"美是什么"的提问取代了"美如何在"的提问。

就前者说,世间本来只存在一个美的世界,不存在两个美的世界:即"美本身"所在的彼岸世界,"美的事物"所在的此岸世界。譬如,在场的《春江花月夜》的背后并没有一个不在场的《春江花月夜》,被我们欣赏的《二泉映月》并不存在彼岸,更不存在一个《二泉映月》的美本身,进入审美活动的西湖上面或者里面,并没有一个西湖的美的本质和美的理念。在我们的审美活动中呈现出来的"美",只是浑然一体的意义整体,根本不由两重审美属性所构成:即美的感性层和美的理性层。比如,"相看两不厌,只有敬亭山",这个向我们审美地呈现出来的敬亭山,就不存在感性与理性两重审美属性的分离。可是,形而上学的美学却一再坚持把"美"划分为"美本身"与"美的事物"两个世界,划分为"感性"与

〔1〕 黑格尔.美学:第1卷.朱光潜译.商务印书馆,1982.21.

〔2〕 歌德.歌德谈话录.朱光潜译.人民文学出版社,1978.132.

“理性”两重审美属性，这就必然导致“美本身”与“美的事物”的永远分离，“美的本质”与审美对象的永恒脱节，美的理性思考与美的感性欣赏的永久矛盾。

就后者说，我们知道，西方在古希腊早期就出现了两种存在论，一种被称为“是”论，一种被称为“在”论。这两种存在论有着根本的差别，体现出两种完全不同的思考方式。“是”论所探求的存在，是可以知解、可以言说、可以引导和提升出知识论体系的实体存在，包括形而上的终极实体和形而下的感性具体存在物，前者为本体，后者即现象。“是”论的典型表达式为“是什么”，其本旨就是追问人之外的世界万物“是其所是”的定性和根据。所以，自文艺复兴之后，“是”论逐渐走向以主客二分为标志，以探讨客体事物之本质、属性和规律为旨归的认识论，乃是必然中事。“在”则不同，它指事物的存在方式和存在状态。“在”论的典型表达式是“如何在”，其本旨是追问事物以怎样的方式和状态存在和显现。“在”论是就事物向人存在显现的方式和状态来发问，而不是把事物当做外在的客观实体对象来了解、思考。因此，“在”论是前科学的、前认识的存在论，它比“是”论远为原始，远为根本。

如此说来，“美是什么”与“美如何在”体现着两种完全不同的美学思考方式。“美是什么”是对美的实体设定，其思考目标是追寻“美”作为实体存在的本质属性，给美下定义；“美如何在”是从美的存在方式和状态入手来思考美。按理讲，“美”是不应当当做“什么”来思考的。这一来因为美根本就不是实体，不是“什么”，谁也无法在大千世界中找到一个叫做“美”的“什么”；二来是因为我们一旦穿过丰富多彩的审美对象去追寻那个称为“美”的“什么”，就势必会遭遇两个美的世界预设带来的深刻矛盾。对于

“美”,我们应当问它“如何在”。“美如何在”在时机和逻辑上都优先于“美是什么”,“美”只有事先存在着,然后才谈得上是什么;同时,“美”的存在,本就是显现出来就在,不显现出来就不在,既可以在,也可以不在,既可以是什么,也可以不是什么,它没有定性,也没有定准,无法用概念来加以定义和言说。可是,形而上学的美学一再坚持把“美”当做一个超时空的、确定的实体来思考,因而必然落入“思无所依”的理论困境。

三、认识论美学思考方式的反思

认识论的显著特征大致有二:一是主客二分,一是现成论。主客二分的要害是把人和世界截分两橛,认为人是主体,世界是客体,人与世界的关系是主体与客体的认识关系。现成论的要害是把人与世界从生生不息的时机境遇中抽离出来,使之双双变成现成的存在者,其中,人是拥有理性认识能力的现成主体,世界是等待人去感知、认识和理解的现成客体,人和世界的关系是一种现成物对另一种现成物的关系。在认识论的思考模式中,主客二分必然要借助现成论的支持,现成论必然会从旁协助着主客二分。

认识论思考方式通常是按照以下设定来理解美学问题的:首先,人被设定为现成的审美主体,无论他是否处在审美活动中,是否与感性具体事物结成审美关系,只要是具备审美所必须的感觉能力、体验能力、理解能力,其审美主体的身份就总是永恒不变、牢不可破的。其次,世间万物被设定为现成的审美客体,无论这些事物是否与人结成审美关系,是否呈现和存在于审美活动之中,只要它们具有某种感性形式,就总是作为先在的审美客体摆在那里。尽管世间万物的美有高低强弱之分,如白天鹅比麻雀美,桂林山水比其他山水美，牡丹花比牵牛花美，拉斐尔的绘画比普通工匠的制作美，如此等等，但它们作为现成的审美客体却是平齐的、均等的。再次，审美关系被设定为主体对客体的认识关系，审美活动被设定为主体去感知、认识、体味、理解客体的认识活动。根据这一设定，审美欣赏与阅读理论著作之间不存在差异和界限。我们欣赏《红楼梦》，便是认识中国封建社会必然崩溃的历史趋势；欣赏《哈姆雷特》，便是认识文艺复兴人文主义者的高贵理性和延宕性格；欣赏《蒙娜·丽莎》，便是认识人文主义的自信；欣赏山水花鸟，便是认识自然的神奇和伟大。总之，一切审美都逃不出认识的掌心。尽管认识论也承认审美的特殊性，如始终有形象、体验、想象、情感相伴随，但这种特殊追根到底只是审美作为认识活动的特殊，只是审美认识区别于其他认识的特殊。最后，美学研究的最高目标被设定为求取终极的“美本身”或者美的本质。美属于客体，审美客体由本质与现象、一般与个别、普遍与特殊诸对立因素构成。呈现在我们面前虽是千差万别的美的个别事物，但它们的背后却有一个“美本身”在，一个美之为美的最高属性和终极本质在。美学的天命就是要探求“美本身”，概括美的本质，否则，美学将不能称为“学”，够不上知识论的资格。

诚然，认识论及其思考方式自有其重要的价值。这一点，历史和逻辑都可以证明。人类告别愚昧，发展理性能力，探究自身和世界的奥秘，与认识论的支持密切相关。文艺复兴以来，人类征服、改造自然，迅速扩延物质财富，不断增强自己的生存主动性，与认识论的引导不无关系。主体与客体、思维与存在、精神与物质、理性与感性的分立，乃是科学知识体系得以建立的前提条件。就是审美活动和审美关系，也由于某些环节、层面、局部蕴涵着认识因素，因此美学研究不能完全排斥认识论。

但我们无可否认，认识论及其思考方式有明显的局限。康德曾经规定，认识论的权限只能是以知性的先天形式综合感觉材料而形成知识。“知性永远也不能对它的一切先天原理，乃至于对它的一切概念作先验的运用，而只能作经验性的运用。”〔1〕“我们的一切直观无非是关于现象的表象，我们所直观的事物不是自在之物本身。”〔2〕认识论无权思考本体之事，本体属于认识领域的彼岸。本体界的事情，如道德与幸福，认识论无法弄清。康德的论断启示我们，认识论是无法成为美学思考方式的。

海德格尔说得更严峻。他认为，人与世界的始源关系是实践关系，认识只是从实践中生成转换出来的，它意味着实践的停顿和中止。所有事物原本都是作为“用具”而存在的，即使是那些看似在人之外独立存在的自然物，也都是“用具”，正如“森林是一片林场，山是采石场，河流是水力，风是‘扬帆’之风”〔3〕。所谓用具，就是在人的操劳活动中与人照面的存在者，也就是人在生存途中与之“打交道”的存在物。人与世间万物的关系最初是一种“打交道”的实践关系。万物唯有在“打交道”之际、唯有作为用具才能如其本然地显现出来。但是，照海德格尔的观点，认识论就是要把人“打交道”的“上手之物”转变为“现成在手之物”。“上手”即当下上到手头，标示事物原初来照面的方式，事物与人的操劳活动“上下其手”、得心应手的实践关系。“现成在手”即摆在手头，标示事物转变为静观对象的状态，表明事物已经被凝视思考而成为

〔1〕 康德.康德三大批判精粹.杨祖陶，邓晓芒编译.人民出版社，2001.184.

〔2〕 同〔1〕.97.

〔3〕 海德格尔.存在与时间.陈嘉映，王庆节译.北京三联书店，1987.83.

可用概念加以定义的对象实存。因此,海德格尔认为,如果以认识论来思考存在,就必定会把存在从自行涌现的时机和机缘中抽象出来,使之变成一种概念之在。这样说来,认识论实际上就是不让存在者存在,只让存在者变成现成的对象实存。此外,海德格尔指出,认识论仅仅相关于理论主体。理论主体是一个绝缘者,与世界绝缘,与存在绝缘,与实践绝缘。用认识论来思存在,近乎牛头不对马嘴,甚至简直是"哲学的耻辱"。这个耻辱"不在于至今尚未完成这个证明,而在于人们还一而再、再而三地期待着,尝试着这样的证明。诸如此类的期待、企图和要求是因为在存在论上没有充分的理由却一开始就设置了一件东西"[1]。

事实上,我们不难发现,美学一度徘徊不前,至今未有很大突破,与认识论思考方式的长期沿袭有莫大的关系。可以说,认识论思考方式从根本上造成了美学的困局。具体说来,它以主客二分和现成论划定了美学思考的视阈,悬置了主体之为主体、客体之为客体的"事先情况",遮蔽了实践论和存在论的维度。它以这一套二元对立思考模式去解释丰富多彩的审美现象,所得结论不仅有削足适履之嫌,而且常常含有一种内在的紧张。它抛舍感性个体的审美经验而坚执本质主义的立场,以追问"美是什么"为根本旨趣,以美的本质研究为中心课题,从而造成整个美学的知识论化。

四、主流实践美学思考方式的反思

按照学界的一般意见,我们把中国当代美学的思考方式区分

〔1〕 海德格尔.存在与时间.陈嘉映,王庆节译.北京三联书店,1987.236.

为四种:一是主观论美学的思考方式,二是客观论美学的思考方式,三是主客观统一论美学的思考方式,四是实践美学的思考方式。但这四种思考方式中,前三者实际上可以归入主客二元对立的认识论思考方式,其差别只在于它们从认识论的整体框架中抓住的侧重点有所不同。譬如,吕荧和高尔泰的主观论美学从认识论的主观一极出发思考美,把美看做根源于人的主观心灵的精神观念,即"一种认识,一种意向,一种包含着目的、意识、趋向在内的主体性心理结构"[1]。蔡仪的客观论美学从认识论的客观一极出发思考美,认为美只能到客观世界及其固有的属性中去寻找;美是典型,美的东西就是典型的东西,美的本质就是事物的典型性,美的规律就是典型的规律。朱光潜的主客观统一论美学则以主客观之间的中介为基点思考美,认为单有客观事物,或者单有主观心灵意识,都不能成为美;只有当客观事物加上主观意识的作用,美才会产生、形成,"美是客观方面某些事物、性质和形态适合主观方面意识形态,可以交融在一起而成为一个完整形象的那种性质"[2]。由此,我们把上述三种美学思考方式看成认识论美学思考方式的三个分支。

这里主要讨论以李泽厚先生为代表的主流实践美学的思考方式。

早在20世纪50年代,李泽厚就清楚地看到,无论是以感性与理性二分为根本视野的形而上学美学思考方式,还是以主观与客观二元对立为根本视野的认识论美学思考方式,到头来都不仅不

〔1〕 高尔泰.论美.甘肃人民出版社,1982.34.
〔2〕 美学问题讨论集:第3集.作家出版社,1959.36.

能揭示美的本体内涵，而且还陷入一种循环推导、自相矛盾的思维困境。要克服这一思维困境，就得以实践论为基础，从客观性与社会性的统一中思考美。他认为，美一方面是客观的，另一方面又离不开人类社会，美是客观的社会生活属性。他所谓的客观性，不是指作为静观对象的现成事物所固有的自然性或典型性，而是指事物与动态的历史过程密切联系、具有人类社会生活实践内容的社会性。所谓社会性，又不是主观的社会意识或者社会情趣，而是指客观存在于社会生活之中的属性。可见，李泽厚以客观社会性来概括美的本质，不仅指出美存在于社会生活之中或我们意识之外的客观世界里，而且指出美根源于实践对现实的能动作用，从而既与蔡仪划清了界限，又与朱光潜明确了区分。

那么，客观性与社会性是如何统一的？李泽厚从自然的人化着眼来解答这一难题。他说，人类社会生活过程就是一个漫长的实践过程，实践过程乃是自然的人化过程。自然人化的基本内涵，是指原始自然经由社会实践的改造，与人类社会生活的关系发生根本改变，从与人无关、与人为敌的自在状态逐渐变成与人相关的、对人有益的、为人的自然。正是"自然的人化"，使自然和人类社会生活发生了客观关系，具有了社会意义和社会属性。这样，李泽厚开辟了当时中国美学界最为新颖时尚的思路，把美学思考的终极视野就推进到实践——自然人化的层面，他出人意料地指出，原始自然无美可言，美只能到人化自然当中去寻找，美的根源不在自然的进化，而在自然的人化。

20 世纪 70 年代末到 90 年代，李泽厚先生的实践美学思考获得了全方位的发展，显得更为成熟、完整。这表现在如下四个方面：

其一，站在历史本体论的高度，建构了历史与逻辑交融统一的美学思考方式。李泽厚坚认，美学研究应当走历史本体论路向。历史本体论的根本之点，是从马克思的宏观的人类学视角经由杜威工具主义的操作理论，回复到康德提出的从历史而诞生、从经验而形成的“先验”心理结构或人性能力。简言之，也就是从实践操作的“度”到“美”与形式感受。李泽厚指出，生活高于语言，以实践操作为基础的“做”大于以语言为基础的“说”，只是在实践中，即在“做”中，亦即在技艺中，而不是在神秘的精神冥会和体认中，才存在超语言的实在。这个超语言的实在，即是实实在在地把握对象所形成的心理经验。这种心理经验既非当下既定的语言所能表达，亦非当时的知性认识所能分析，而是在历史实践中积存起来的“度”。在李泽厚看来，“度”，首先是在历史实践操作中形成的，然后才是通过个体在实践操作中而不是在逻辑推理上去发现和把握的。所以，在对一切美学问题的思考中，操作、劳动、生产实践一向优先，永远优先。

其二，把实践确定为美学研究的根本基础，认为美与美感产生形成的根源、美与美感的本质只有在实践的基础上才能洞明。李泽厚指出，不论是客体自然对象的审美属性，主体内在的审美心理结构，还是二者之间的互相适合、一致、协调，虽然不是由物质实践活动直接决定的，其中有许多复杂的中介因素，但追溯到底，却都是在漫长的总体性的物质实践活动基础上产生、发展起来的，都是“人类几十万年实践的历史成果”。

其三，把实践规定为以制造和使用工具为根本标志的物质生产实践，亦即人类能动地探索、征服、改造客观世界的主体性实践。李泽厚多次指出，“制造和使用工具”是实践的基本含义和根本标志,“是 Practice 而不是 Praxis,才是马克思主义哲学的基本范畴”[1],“不能把实践等同于五官感知或语言活动,也不能把实践看成包罗万有甚至文化批判也在内的主观活动,应还它以具体的客观历史的规定性,揭示它的主要内核,这才是真正的实践观点”;“实践论所表达的主体对客体的能动性,也即是历史唯物论所表达的以生产力、生产工具为标志的人对客观世界的征服和改造,它们是一个东西,把二者割裂开来的说法和理论都背离了马克思主义”[2]。主体性实践哲学的对象是主体的人,包括人类和个体;核心命题是人的实践和实践的人。实践论表达的主体对客体的能动性,也就是历史唯物论所表达的以生产力为标志的人对客观世界的征服和改造,两者内在同一。同时,在李泽厚看来,人类的生存、发展,世界的改造、改变,社会文明的升华、进步,在最终的意义上都有赖于物质生产劳动的发展,有赖于外在的工艺——社会结构方面的物质发展,“物质生产的实践是根本,是基础,它历史地和逻辑地领先了一步”[3]。

其四,把实践理解为外在自然的人化与内在自然的人化,或者叫做客体自然的人化与主体自然的人化相统一的过程。李泽厚先生指出,人类实践包括外部自然界的人化和人自身自然的人化,这两种自然的人化乃是同步行进的双重历史过程。在外在的客体自然的人化中,自然由于实现了人的目的,体现人的本质,从而成为人的自然,成为一种“社会存在”。这时,自然的感性形式积淀着社会理性内容,成为真与善、合规律与合目的性相

[1] 李泽厚十年集:第2卷.安徽人民出版社,1994.379.
[2] 同[1].465.
[3] 李泽厚哲学文存:下编.安徽文艺出版社,1999.636-637.

统一的自由形式，这就是“美”。内在的主体自然的人化，则主要包括五官感觉的人化与情感的人化，这实际上就是指经过劳动实践的提升，动物性的单纯满足生理欲望的器官成为人的器官，动物性的情绪成为人的情感心理结构。内在的主体自然的人化形成了“美感”。

公正地说，主流实践美学及其思考方式的产生和发展是具有革命性的意义的。它以实践为根本基础和出发点，从人向人诞生、自然向人生成的历史进程中审察美与美感的发生、建构和流变，在历史发生的层面对美与美感作了相当深刻的阐释和概括，颠覆了传统美学单就客观或者主观考察美的线性认识论思考模式，消解了传统美学从自然物质世界或者主观心灵以及心与物的统一寻求美本身的坚定信念，完成了美从物的领域向人的领域的过渡，从纯粹认识领域向实践领域的过渡。同时，就理论内涵的深刻、理论结构的严谨、理论表述的透彻、理论视野的开阔、理论气魄的宏大、理论资源的丰富来衡量，主流实践美学确实算得上中国当代美学史上最重要的学派，最具有中国当代特色和原创精神的美学理论。

但是，从思考方式的角度看，主流实践美学有如下不足：

首先，李泽厚虽然承认，“日常生活确乎是‘实践’”，人类使用符号工具的活动与使用物质工具的活动“处在不可分离的行为活动的整体中”，并且承认，在有目的、有意识的物质生产劳动发生之前，有更原始的实践形态，“古猿在使用工具和偶发性制造工具的长期的‘原始劳动’（最早的‘实践’）中产生了意识和语言，然后才有原始人群有意识有目的有语言参与的使用和制造工具的劳动活动。从而，‘原始劳动——意识、语言——人类劳动’便是这个从猿到人的全程"[1]。但是,他却拒绝把日常生活活动纳入实践概念,而把实践概念严格定位在物质生产劳动,这就造成人类其他实践活动,尤其是广大人生实践在美学本体论中的缺席。

其次,李泽厚原本是力图从突破和超越认识论的美学思考方式开始美学研究的,但是,我们似乎可以看到,在他的理论著述里,甚至在一些基本范畴的解说中,似乎还潜伏着认识论的视野。比如,他把实践论理解为马克思主义认识论的根本内涵和特色,把物质生产活动和运用语言的符号活动的关系解释为社会存在和社会意识的关系,"现实物质的生产劳动(社会存在)是原始的,第一性的;运用语言的符号活动(社会意识)是从属的,第二性的"[2]。同时,他以主体征服改造客体的活动解释物质生产劳动,以"极大地维护了感性在认识中的重要意义"[3]概括使用物质工具的活动在整个实践中的基础地位。这些论述,让我们看到,李泽厚从历史唯物主义角度建立起来的历史实践本体论,常常为认识论的视野所笼罩,常常变为认识的一个环节。

再次,李泽厚虽然一再强调,人毕竟总是个体的,个体有个体的实践行为,个体自身的存在意义是一个绝大问题,实践技艺操作直接相关的感性质素,如知觉、情感、想象、意欲等的渗透牵连,不能脱离作为活生生的人的个体,但是,他却始终把"使用——制造工具的实践"当做"人的本体存在",始终以群体族类的物质生产实践为根本视野来观照个体人生实践,认为个体生存是由于历史地积淀了理性才与动物的存活区别开来,感性个体的实践只是群

---

〔1〕 李泽厚哲学文存:下编.安徽文艺出版社,1999.636.
〔2〕 同〔1〕.636.
〔3〕 同〔1〕.639.

体实践的体现而缺乏独立的意义,因而也必须放在巨大的群体实践框架中才能得到证明和说明。这样,李泽厚就忽略了感性个体生存实践对审美活动的本体论意义。一方面,美是群体实践产生的,个体生活实践对于美的有无没有影响;另一方面,事物之所以呈现为审美对象,恰恰是由于它与个体生活实践之间存在着一种亲和关系。那么,群体物质生产实践与感性个体生存实践之间,究竟哪一个是审美发生的本体根基呢?显然其观点在美学理论上形成了一种矛盾。

第二节

实践存在论

一、实践存在论的提出

在进入实践存在论美学思考方式的讨论之前,我们面临着三个前提问题需要解答。

第一个前提问题是:为什么在实践论和存在论之外另提实践存在论?

返观西方传统美学史和上个世纪的中国当代美学,我们不难看到,实践概念与存在概念并没有在本体论上自觉地、完整地统一和整合起来,甚至在很多情况下还处在相互隔膜、对立的局面。

在西方,传统的形而上学美学一再环绕存在来立论,一再从世界存在出发引导出美的存在,但是,它所说的存在,从柏拉图所谓永恒不变的原型、高居天国的理式，亚里士多德所谓因果系列的“第一因”，本身不动的“致动者”，普罗丁所谓的“太一”，到奥古斯丁、托马斯·阿奎那所谓“真善美三位一体”的“上帝”等，都是完全远离人类生存实践、不受人类实践任何影响的绝对永恒的本体。传统认识论美学到客体对象中寻找美的存在，经验主义美学家找到了小、光滑、变化、秩序、匀称、抛物线、蛇行线等感性形式，理性主义美学家找到了“单子”、“灵魂”、“实体”等本质属性。显然，这些所谓“美的存在”虽与人的认识能力、精神理解能力密切相关，但与人类生存实践彼此脱节，即使它们涉及实践，也只是认识论意义上的实践，即作为认识之来源、动力、手段、途径的实践。

在中国当代，客观论美学只识一个客观实在、自然属性，根本就排斥和敌视人生实践向审美领域的介入。主观论美学只识一个心灵投射、精神操练。它所谓的审美活动，根本就用不着切切实实的实践活动去奠基。主客观统一论美学虽然论涉到实践，但一方面，它所谓的实践仅仅是意识形态活动，与黑格尔所谓精神的外化极为贴近；另一方面，它之所以提出实践，是因为要给主观与客观两极之间的调停寻找根据，替以心物交融的意象解释美的存在提供理由。主流实践论美学以实践为坚核，从实践出发解说一切重大的美学问题，确实为实践与存在的本体论融合作了有力的尝试和厚实的铺垫。不过，由于主流实践论美学把实践仅仅归结为物质生产劳动，尤其是把物质生产劳动仅仅解释为“人向人诞生”、“自然向人生成”的历史本体，使用和制造工具的操作活动，因此，它所说的实践就只是相关于人类的总体存在和整个人化自然世界的存在，而与人生在世，与感性个体及其人生世界的存在就极为隔膜，这样，它仅仅为审美活动溯回一个历史根基和发生学视野，而忽略了审美活动的现实根据和本体论视野。

这种情况提醒我们,传统美学一直未曾找到真正的本体论上的实践概念或者存在概念,更未找到实践与存在的本体关联域,如此才会避开存在谈实践,避开实践谈存在,把存在遗弃在实践论的视野之外,把实践摈除在存在论的视野之外,实践与存在分道扬镳,各立门户,"老死不相往来"。

我们提出实践存在论,本意正在于试图沟通实践与存在在本体论上的联系,发掘两者交融共属的本体领域,使两者的互释成为可能。换句话说,也就是试图把"实践"背后的存在论维度亮出来,把"存在"背后的实践论维度亮出来,从而为突破和更新美学思考方式廓清一个本体论基础。

第二个前提问题是:为什么直接提实践存在,而不提实践与存在?凭什么把实践存在如此内在地连接在一起,以至于两者之间没有"之间",没有中介、过渡、牵引和暗示?

这首先与我们对实践与存在的理解有关。我们当然承认,无论从词源和词义上看,还是从哲学上讲,实践与存在都是两个范畴。它们各有自己的内涵和外延,也各有自己的起源、传承和发展线索,两者断不能等视齐观。但是,在我们看来,实践与存在却有一种本体论上的共属性,也就是说,实践揭示出来的本体与存在揭示出来的本体,不是两个本体,而是同一个本体。存在与实践在本体论上的这种共属关系,便成了我们把实践存在内在地连接于一处的首要理由。

其次,与我们对实践论美学和存在论美学的理解有关。近几年,国内美学界流行这样一种观念,认为存在论美学是实践论美学之"后",两者之间有一种内在的紧张;中国美学要发展,必须告别实践论美学,转向存在论美学;而在未来的存在论美学中,实践应该被悬置,被放逐,被超越。我们以为,这是一种未经审慎的辨析就贸然提出的观念。这种观念的不妥有二:一是对实践论美学的前史和前景估计不足,实践论美学并非一家之言,它除了具有主流派的美学思想之外,还包括非主流派的美学思想,这些美学思想之间存在着许多差异,不可一概而论;同时,即便是主流实践美学,也不是铁板一块,而是在长期的演变过程中不断丰富、发展和创新,因此至今不仅没有丧失存在的合法性和合理性,而且还大有创新、发展的空间。二是把实践与存在分割开来,既切断了存在论所内含的实践维度,又切断了实践论所内含的存在维度,从而使存在沦为与实践无关的生物之在、自在之在、概念之在,使实践沦为与存在无关的生物活动、自在活动、概念运作。考察西方哲学史,我们看到,从来的实践哲学,只要真正从本体论层面来理解实践,就总有一个存在论的维度含摄在内;从来的存在哲学,只要它真正从本体论层面来理解存在,就总与一个实践论的维度内在相关。在亚里士多德的著述中,本体论上的伦理政治行为的实践,与作为政治动物和城邦公民的人的存在彼此融洽。在康德的著述中,“按照自由概念”的道德实践,自始就与人是自由立法、自由遵守的理性存在者共属。在马克思的著述中,变革现存事物的革命实践,自始就与人的社会存在水乳交融。在海德格尔的著述中,对人的存在的本体论规定称为此在。此在的本体论规定称为“在世界中存在”,在世界中存在就是生存,生存就是实践,如此一体圆融。可以说,从最原初、最本真意义上看,实践美学与存在论美学之间不仅不存在一种“后”的关系,反而有一种共属关系。而这,便成了我们把实践存在内在地牵涉于一处的重要原因。

此外,与我们对连词有限性的理解也有关。连词譬如“与”、“和”,固然有牵引、指示、关联、导向的功能,但很有限。其一,连词容易让人误解为被关联者之间的关系是一种简单的叠加关系。“实践与存在”的提法就可能招致这种误解,它至少让人误以为是实践加存在,或者实践论加存在论,更可怕的是让人误以为是“马克思”加“海德格尔”。其二,连词难以揭示被关联者之间的内在同一性。“实践与存在”的提法便有这种欠缺,它没有也不可能揭示实践与存在的本体论相关性、共属性、圆融性。鉴于此,我们索性在实践与存在之间取消了连词,以求更贴切地表达我们对两者内在同一性的理解。

第三个前提问题是:如何从实践存在论过渡到美学思考方式?

按照历史与逻辑相统一的原则,我们可以初步理清实践存在论过渡到美学思考方式的基本思路。第一步,找出历史的起点。历史是人的历史。人的历史包括族类史和个体史,两者的起点都在生存实践。生存实践是历史的本体。生存实践起步的地方,正是历史开始的地方。第二步,建立实践存在的本体联系。通常所谓人生在世,既是对人的存在论表达,又是对人的实践论表达。因此,通过人生在世的分析,可以揭示出实践存在在本体论上的交融统一关系。第三步,以实践存在为本体论基础,发掘实践存在对美、美感、审美关系、审美活动、审美形态、审美经验等一切审美现象的奠基意义,确立思考美学基本问题的视野、途径和方法,建立实践存在论的美学思考方式。

二、实践存在共属于人生在世

从本体论的角度说,实践存在共属于人生在世。

人生在世不能按神学观念来理解。一个多世纪以前，尼采就果断地宣称：上帝死了。上帝自己已然没有地盘，已然缺失存在的根据。上帝造人随即就成为一种虚妄的设定，上帝予夺人生在世的神圣权利随即就被消解。从那一刻起，如果谁还到上帝的阈内寻找人生在世的根据和模式，就注定不合时宜。

人生在世不能作自然主义的理解。人的确离不开自然，人是自然的产儿，不仅禀自然以生，而且依自然而活。马克思说，植物、动物、石头、空气、光等，从理论领域看，是自然科学和艺术的对象，人的精神食粮，精神的无机界，从实践领域看，是人的生活和人的活动的一部分，或者作为人的直接的生活资料，或者作为人的生命活动的对象和工具；人的肉体生活和精神生活同自然界相联系，自然界是人为了不致死亡而必须与之处于持续不断地交互作用过程的人的身体[1]。但是，自然给予人的属性与自然给予植物、动物的属性只有量的不同，而并无质的差别。自然对待人和对待动物、植物一视同仁，而没有丝毫的偏爱。换言之，自然只能给出人的生物性、动物性，给出肉身的机能，而给不出人的社会性、历史性和精神理解性，给不出人之为人的存在特性和存在方式。因此，人不能只是依靠现成的自然而存在，不能只是听从自然的安排和使唤来生活。简单地维持肉体存在，把自然的机能当成最后的唯一的终极目的，早被马克思称为异化。异化的人不是真正意义上的人，异化状态不是人生在世的本真状态。

人生在世还不能仅仅从主客分立的角度来理解。无论从类来看，还是就个体而言，人最初都不是作为主体在世的。最初的人类

〔1〕 参见马克思恩格斯选集：第1卷. 人民出版社，1995. 45.

茹毛饮血，每前进一步都是获生的跳跃，哪里是什么主体？刚出生的婴儿，头脑一片空白，只有一个生物性的吃喝拉撒，哪里谈得上什么主体？主体只能是人，但人不等于主体。主体不是人的原始存在方式，而是人生在世所派生出来的存在方式。海德格尔指出："主体性和客体性已经建立在一种'存在'与'人之本质'的特殊显露性的基础上"[1]；"主体决不事先作为主体而存在，尔后也才——如果根本上有客体现成存在的话——进行超越；相反，主体之存在(subjektsein)意味着：这个存在者在超越中并且作为超越而存在"[2]。如此说来，从主客分立模式出发对人生在世的理解，不过是一种中介性理解，而非终极性理解。

人生在世由人、世界、人与世界的关系三项因素构成。"人"是置身于世界的存在者，是通过感性实践活动不断地塑造自身、改造世界的存在者，是"一切社会关系的总和"。"世界"是立体的多层累的现实生活世界。钱穆曾经以中国传统中的"天"来解释世界，认为"天"由大小内外不同的"圈"所构成：最大最外的一圈是不可知之天。由不可知之天落实缩小，即为天体天象，如日月星辰、阴阳寒暑、风雨晦明的一圈。由天体天象更落实或更缩小，则为形而下的地。地分两圈，外一圈是无生物，里一圈是有生物，这就是中国古人常说的天地万物。由物的一圈落到生命的一圈，再由生命的一圈转落到人的一圈。到人这一圈，又有社会文物、典章制度、人际关系等。钱穆认为，如此重重叠叠，一圈复一圈，构成了"天"，即"世界"[3]。英国哲学家卡尔·波普尔比钱穆更明确地

〔1〕 海德格尔. 海德格尔选集：上卷. 孙周兴选编. 上海三联书店，1996. 629.

〔2〕 同〔1〕. 169.

〔3〕 参见钱穆. 中国文化丛谈. 三民文库，1969. 209－213.

把世界分为三个层面:第一个层面称为“世界1”,指的是客观物质世界,即由山河大地、花草树木、鸟兽虫鱼、四时更替诸物质实体所构成的大自然;第二个层面称为“世界2”,指的是主观精神世界,即由欲望、渴求、情感、理性、思想所构成的观念世界;第三个层面称为“世界3”,指的是精神或生物的成果,即由国家、社会、宗教、语言等所构成的文明与文化。这三个世界层面构成广大的现实世界。

人与世界的关系是一种原始相关关系〔1〕。“人”、“世界”表面看来是两个单独的词语,实际上都有一词双涉的功能。一方面,谈人必有世界在,只要是人,就先天地牵挂着世界,先天地存在于世界之中,与世界相互缠绕、双向建构,不存在处身于世界之外的人;另一方面,谈世界必有人在,只要是世界,就先天地牵挂着人,先天地有人存在其中,不存在与人隔绝和脱节的世界。人绝非是赤裸裸的存在者,只是由于突发奇想才来接受某种对世界的关系,相反,人自始就在世界中,向来就在世界中,永远都在世界中承纳与世界的关系。世界也不是在人尚未出生之前就现成存在的等待人去居住、劳作、认识的容器;相反,世界自始与人同时诞生,向来与人同步发展。对人生在世中的人与世界的关系,熊伟曾经作过

〔1〕 人与世界的这种原始相关关系,不是从经验模式、认识论结构中抽象、演绎出来的主客关系,而是本体论层面上的实践关系和存在关系。因此,人与世界的原始相关性,不同于认识主体与认识客体的先验性。后者的意思是,要构成认识活动,必须先有认识主体和认识客体的存在;前者的意思是,人是先天地在世界中的存在,世界是先天地有人生存其中的存在;人不能摆脱世界独自飘零,而只能在世界中存在,在世界之中生成、开显、绽露、超越;人即使在独处中,也还是在世界之中独处,独处只不过是在世界之中的一种可能性形式。表达人对世界认识构成的前提条件,表达人与世界存在的天命。

非常精当的解释。他说,在世之人不是孤零零的主体;人在世乃是天地与我并生,万物与我为一;人不在世则已,一在世就是我在,世在,我与世同在[1]。

只有人才有属于自己的世界,只有人才与属于自己的世界建立内在的关系,只有人才能在世界中存在。对此,马克思曾经论述道:“凡是有某种关系存在的地方,这种关系都是为我而存在的;动物不对什么东西发生‘关系’,而且根本没有‘关系’;对于动物来说,它对他物的关系不是作为关系存在的。”[2]海德格尔曾经写道:“惟有人存在。高山是有的,但它不存在。树木是有的,但它不存在。马是有的,但它不存在。天使是有的,但它不存在。上帝是有的,但它不存在”[3];因为在海德格尔看来,所有的存在物当中,唯有人才具有在世界中存在的生存方式,唯有人才能牵挂和显明存在,其他天地万物并没有一个“世界”与之内在相关,无法与“存在”发生先天的牵挂关系,谈不上显明存在,更谈不上在“世界”中存在。

按照我们的理解,所谓人生在世,就是人在世界中实践,也就是人在世界中存在。或者换句话说,实践与存在在本体论上交融统一于人生在世。实践所陈述的本体境域,存在所陈述的本体境域,都是人生在世这一回事。

海德格尔曾经谈到“人使用锤子”,我们可以借用过来说明实践存在在人生在世中的本体共属关系。

海德格尔说,锤子是通过人的交道、作为人的上手之物才与人

---

〔1〕 参见熊伟. 自由的真谛——熊伟文选. 中央编译出版社,1997. 134－136.

〔2〕 马克思恩格斯选集:第1卷. 人民出版社,1995. 81.

〔3〕 海德格尔. 回到形而上学的基础. 哲学译丛,1964(2).

照面的。人“对锤子这物越少瞠目凝视,用它用的越起劲,对它的关系也就变得越源始,它也就越发昭然若揭地作为它所是的东西来照面,作为用具来照面”[1]。这话说得发人深省,至少带给我们如下启示:

首先,人使用锤子,最先并不知晓锤子的结构和属性,也并不把锤子当做认识对象摆在那里进行专题研究,而只是为了锤东西。这时,锤子仅仅是人的操劳活动的一部分,仅仅是“上手之物”,人与锤子的关系也仅仅是一种实践关系。在这种实践关系中,锤子如其本然地显现它的存在意义。可是,如果人把锤子当做手边的一个对象和专题加以注视和研究,那么锤子就成了“现成在手之物”,人也开始了对锤子的理性认识。锤子从“上手之物”到“现成在手之物”的转变,实际上就是从实践到认识的转变。推而广之,人在世界中,总是先同天地万物及他人打交道,以后才在打交道的过程中去了解、认识天地万物及他人。打交道、使用就是实践。所以,人生在世,实践在先,人同天地万物的交道在先,这也就是马克思所讲的“哲学家们只是用不同的方式解释世界,而问题在于改变世界”[2]。由此可以说,人生在世的始源模式是实践←→存在模式,而不是主体人认识、征服、改造客体世界的认识→实践模式;人与世界的始源关系是实践存在关系,而不是人对世界的认识知解关系。

其次,人不是先存在然后使用锤子,也不是先使用锤子然后存在;相反,人就是在使用锤子的实践中确证自己的存在的,锤子就

---

〔1〕 海德格尔. 存在与时间. 陈嘉映,王庆节译. 北京三联书店,1987. 81.

〔2〕 马克思恩格斯全集:第3卷. 人民出版社,1960. 6.

是在人与它打交道的实践中实现其存在的。人就在使用锤子的实践活动中不断生成为人,实现人的存在,显示出人的存在的意义。锤子也就在人对它的使用中"是其所是"、"成其所是",实现了锤子的存在,显现出锤子的存在意义。人使用锤子既是对人的实践的一种证明,又是对人的存在的一种证明;既意味着人在世界中实践,又意味着人在世界中存在。由此推而广之,人在世界中实践与人在世界中存在不是轮流登场,而是相反,人在世界中存在着就是人在世界中实践着;反过来,人在世界中实践着就是人在世界中存在着。在这里,实践与存在没有先后之分,没有主次之分,没有因果之分;不是先有实践然后有存在,也不是先有存在然后进行实践,而是二者同时发生,相互牵挂,打成一片,融为一体。

再次,人只有存在于世的时候才能使用锤子及天地万物,也只有在使用锤子及天地万物的时候才真正存在。这就是说,唯当人在世界中存在,他才能实践;唯当人实践,他才真正在世界中存在。同时,人使用锤子及天地万物,人同世内存在者打交道,并非偶然地心血来潮,而是人生在世的一种天命,是人无可推卸、无法回避的确证自己和世界存在意义的方式。这用海德格尔的语式来表达就是:只要人在世界中存在,他自始必在实践中;只要人在实践中,就无可置疑地确证他存在于世。

所以,我们认为,人生在世既是实践的始源境域,又是存在的始源境域。从人生在世的角度着眼,可以说,存在之外并没有实践可言,实践之外也没有存在可言。实践就是人的存在方式,也是揭示世界存在意义的方式,人与世界的存在就在实践中生成开显。实践与存在原始地、内在地相关共属于人生在世。人生在世是实践存在的本体根基,也是实践存在论得以成立的本体论根据。

三、马克思的实践存在观念

马克思的实践哲学,是关于人生在世的本体论哲学。在这种本体论哲学中,实践论与存在论是交融统一在一起的。

马克思把实践看做新世界观的全部理论基石,看做理解人的存在、世界的存在、社会历史的存在的全部理论基石。他在《关于费尔巴哈的提纲》中指出,包括费尔巴哈在内的一切旧唯物主义的主要缺点是:"对对象、现实、感性,只是从客体的或者直观的形式去理解,而不是把它们当作感性的人的活动,当作实践去理解,不是从主体方面去理解",而唯心主义则发展了人的能动方面,但只是抽象地发展了,"当然,唯心主义是不知道现实的、感性的活动本身的"[1]。这一论述揭示了他同费尔巴哈、黑格尔的重大差异。费尔巴哈把一切都诉诸感性直观,认为现实世界是人通过感性直观可以直接把握和认识到的客观对象,人是感性存在的、纯粹自然的、肉体的、生理的主体,主客体之间依靠消极被动的感性直观而连接起来。黑格尔把一切都归结为绝对精神、意识,他虽然强调了主体人的能动的对象化活动及其意义,却把人的能动活动看成抽象的精神劳动,而不是看成现实的物质生产劳动,所以,他同费尔巴哈一样"不知道现实的、感性的活动本身"[2]。马克思则明确肯定,"全部社会生活在本质上是实践的"[3],无论人、社会、历史还是自然界,总之整个生活世界,都必须从实践、从人的感性

---

〔1〕 马克思恩格斯选集:第1卷.人民出版社,1995.54.

〔2〕 同〔1〕.

〔3〕 同〔1〕.56.

活动出发加以理解。正是在这个意义上,马克思、恩格斯曾经自称为“实践的唯物主义者”[1]。

马克思看到,人不能离开世界而孤立静止地存在,相反,只能在现实世界之中实践地存在,“人们自己创造自己的历史,但是他们并不是随心所欲地创造,并不是在他们自己选定的条件下创造,而是在直接碰到的、既定的、从过去承继下来的条件下创造。一切已死的先辈们的传统,像梦魔一样纠缠着活人的头脑”[2]。人是从事实际活动的、现实的、社会的、活生生的人,是处在一定条件下进行现实实践的人,而不是处在实践之外的人。“我们不是从人们所说的、所设想的、所想象的东西出发,也不是从口头说的、思考出来的、设想出来的、想象出来的人出发,去理解有血有肉的人。我们的出发点是从事实际活动的人”[3],“以一定的方式进行生产活动的一定的个人,发生一定的社会关系和政治关系……但是,这里所说的个人不是他们自己或别人想象中的那种个人,而是现实中的个人,也就是说,这些个人是从事活动的,进行物质生产的,因而是在一定的物质的、不受他们任意支配的界限、前提和条件下活动着的”[4]。“一个人,如果想在天国这一幻想的现实性中寻找超人,而找到的只是他自身的反映,他就再也不想在他正在寻找和应当寻找自己的真正现实性的地方,只去寻找他自身的映象,只去寻找非人了”;“人不是抽象的蛰居于世界之外的存在物。人就

[1] 马克思恩格斯选集:第1卷. 人民出版社,1995. 75.
[2] 同[1]. 585.
[3] 同[1]. 73.
[4] 同[1]. 71-72.

是人的世界，就是国家，社会"[1]。

马克思认为，人与世界都不是现成的存在，而是不断地生成开显的存在。人之所以能生成为人，能在世界中存在、发展，自然的天地万物之所以能生成为人的"世界"，成为人的生存须臾不可离开的"无机的身体"，根本原因就在于持续不断、生生不息的实践。实践是人、世界、社会历史生成、存在、发展的总根基。关于这一层思想，马克思在他的一系列论著中多次作过阐述："在思辨终止的地方，在现实生活面前，正是描述人们实践活动和实际发展过程的真正的实证科学开始的地方"[2]；人类周围的"感性世界决不是某种开天辟地以来就直接存在的、始终如一的东西，而是工业和社会状况的产物，是历史的产物，是世世代代活动的结果"[3]；"先于人类历史而存在的那个自然界，不是费尔巴哈生活其中的自然界；这是除去在澳洲新出现的一些珊瑚岛以外今天在任何地方都不再存在的、因而对于费尔巴哈来说也是不存在的自然界"[4]。"最简单的'感性确定性'的对象也只是由于社会发展、由于工业和商业交往才提供给他的"[5]；"这种活动、这种连续不断的感性劳动和创造、这种生产，正是整个现存的感性世界的基础"[6]。

照马克思的看法，人的存在的证明，世界存在的证明，以及人与世界关系的证明，都得依赖实践才能作出。他在《1844 年经济学—哲学手稿》等著作中写道："正是在改造对象世界中，人才真正地证

〔1〕 马克思恩格斯选集：第 1 卷. 人民出版社，1995.1.
〔2〕 同〔1〕.73.
〔3〕 同〔1〕.76.
〔4〕 同〔1〕.77.
〔5〕 同〔1〕.76.
〔6〕 同〔1〕.77.

明自己是类存在物。这种生产是人的能动的类生活。通过这种生产，自然界才表现为他的作品和他的现实"[1]，"全部所谓世界史，不外是人通过人的劳动的诞生，是自然界对人说来的生成，所以，在他那里有着关于自身依靠自己本身的诞生、关于自然的产生过程的显而易见的无可辩驳的证明"；人的生成、存在"具有实践的、感性的、直观的性质"[2]，"在我个人的活动中，我直接证实和实现了我的真正的本质，即我的人的本质，我的社会的本质"[3]。

马克思把各种形式的实践，包括物质生产劳动、变革现存社会制度和社会关系的革命实践以及广大的人生实践，都理解为人的存在方式，理解为人在世界中存在的感性活动。我们知道，在马克思之前，古代西方哲学总是以超越的理性智慧、能力来定义人的存在，把人理解为形而上的动物，能理性地回答理性问题的动物。近代西方哲学也一再奉行本质在先的原则，以某种永恒的始基、本原、本体、本质、本性来解释人的存在，人通常被理解为前定的现成的本质主义的存在物。从笛卡尔以"我思"所确证的"我在"，到康德的"理性存在"，再到"黑格尔的自我意识"，都是循着这一思路来看人的。在这种情况下，实践要么与人的存在无关，要么随之被理解为先验主体的自我实现，从康德、费希特的"道德行为"，到谢林的"历史活动"，再到黑格尔的"对象化"，都打上这一思想烙印。马克思的实践观与以往的实践观根本区别之处，就在于它不仅把实践看做不断改变现存事物、改造世界的活动，看做创造的、开放的、未完成的和具有无限可能性的感性活动，而且把实践看做人在

---

〔1〕 马克思恩格斯选集：第1卷. 人民出版社，1995. 47.

〔2〕 马克思. 1844年经济学—哲学手稿. 刘丕坤译. 人民出版社，1979. 84.

〔3〕 马克思恩格斯全集：第42卷. 人民出版社，1979. 37.

世界中的存在方式和发展方式。马克思明确写道,人与世界都在实践中存在,“不仅是五官感觉,而且是所谓的精神感觉、实践感觉(意志、爱等等)——总之,人的感觉、感觉的人类性——都只是由于相应的对象的存在,由于存在着人化了的自然界才产生出来的”[1]。当然,马克思也有“人是主体,自然是客体”的提法,但他所说的主体、客体都不是现成给定的,都不是固定不变的,而是在实践中生成,在具体、历史的社会关系中构成的。同时,马克思所讲的主体,多数情况下是指主体性,而并非在实体意义上使用的概念。照他说来,主体是人在实践中形成的人格定型。主体性是实践自身的性质,即指实践作为社会历史活动和现实活动的属人性。因而,不是主体决定着主体性活动,相反,主体性活动展开的深度和广度决定了主体的历史形式;不是主客体统一产生实践,而是实践产生主客体统一。这是马克思实践唯物主义的主客体关系观与认识论的主客体关系观的根本不同之处。

四、现象学存在论的实践存在观念

现象学存在论为实践存在论提供了重要的思想资源。

胡塞尔前期通过意识活动的现象学清理回溯人与世界的关系。现象学的要旨之一,是要求我们如其本然地看世界,世界如其本然地呈现给我们看。要达到如其本然,必得有所悬置,有所保留和剩余。胡塞尔就是在悬置了可疑的自然观点与历史观点之后,如其本然地回到意识活动绝对自明的前提的。这个绝对自明的前提,即是先验自我领域。胡塞尔以为,先验自我不是孤零零的主

[1] 马克思.1844年经济学—哲学手稿.刘丕坤译.人民出版社,1979.74.

体，而是一种不分主客、物我圆融的意识状态，也就是超越主客二分的认识论往前追溯到的“事情本身”，这就是所谓的意向性。意向性的概念表明，真正原初的意识并非主客二分的，而是不分主客的，恰切地说，是在主客分立之前的那种仿若以婴儿般素朴纯真的眼光打量世界的意识。用胡塞尔的说法，一切意识都先验地指向对象，一切对象都是意向相关对象。这就启示我们：人与世界的始源关系乃是一种主客不分，你中有我、我中有你的浑融关系，而不是主客二元分立的关系。

现象学的另一要旨是不给概念与感觉的离异留下任何余地，不给意识与对象的分裂留下任何可能。这使胡塞尔有充足的理由与黑格尔划清界限。黑格尔是先把概念和感觉分裂开来，让概念先行在自我孕造、自我异化、自我复归的历史逻辑过程中逐渐丰满起来，然后在概念复归阶段，再求得概念与感觉的同一。胡塞尔则不同，他一开始就设定了概念与感觉的同一。他认为，在意识活动中，我们感觉到的山河大地、花草树木，就是丰满的、有内容的、切切实实的山河大地、花草树木，就是“概念”或者“理念”自身，它们并不需要经过历史发展才能逐渐丰富，也不需要借助“经验”的充实才得以完善。由此，我们可以看出胡塞尔与黑格尔、现象学与认识论在思考方式上的一个重大分歧：在黑格尔和认识论，“概念”是从众多的经验材料中抽象概括出来的；在胡塞尔和现象学，“概念”是从我们的当下意识中直接开显出来的。在黑格尔和认识论，“现象”只是外部世界实存事物的表层映象，是到达“概念”的一个环节，概念一旦形成，必须“得意忘象”、“过河拆桥”，把现象放到括号里；在胡塞尔和现象学，“现象”就是概念“现出象来”，就是概念的直接显象，根本不可能有一个与现象分离的概念世界。

在黑格尔和认识论，意识与对象是两分的，意识是主观，对象是客观；在胡塞尔和现象学，意识与对象一体圆融，任何意识都是内在的与对象相关的意识，任何对象都是意识内在相关的对象，根本不存在主观与客观的分离。正是通过对概念与现象一体关系、意识与对象一体关系的言说，胡塞尔彻底颠覆了概念与现象二分、主客二分的认识论思考方式。

胡塞尔后期回到生活世界。这个生活世界更是一个不分主客的生存境域。胡塞尔认为，人永远处在生活世界中。生活世界具有奠基性，它是先于并构成"客观科学态度"和"哲学反思态度"的基础。"我们整个的生活活动和工作世界显然都处于那生活世界意义上的总体的存在界中。"〔1〕"生活世界是永远事先给予的，永远事先存在的世界。人们确认它的存在，并不因为某种意图、某个主题，也并不因为某种普遍的目标。一切目标以它为前提，即使在那科学的真理中所被认知的普遍的目标也以它为前提，并且已经和在以后的工作中一再以它为前提。"〔2〕胡塞尔的生活世界观启示我们：生活世界在先，客体世界在后，生活世界才是客体世界的本源；人与世界的生活关系在先，人与世界的认识关系在后，生活关系才是认识关系的本源。

海德格尔把胡塞尔的现象学原则和方法运用到存在论，开创了现象学存在论。

海德格尔以现象学的眼光看出，所谓存在，既不等于一个个具体的存在者，也不等于一切具体存在者之和，因为，无论是具体存

〔1〕 胡塞尔. 胡塞尔选集(下). 上海三联书店，1997. 1084.
〔2〕 同〔1〕. 1087.

在者还是一切存在者之和，都属于“有”。存在是意义。意义以“无”的状态存在。“无”即未显现，无限制，不可见闻，不可触摸，不可认识，不可用具体存在者来言说和表述。存在显现出来为“有”，存在未显现即为“无”。这里，“有”与“无”的区分全在显现与未显现。存在先于存在者，无先于有。所谓“先于”，不是时空意义上的优先，不是说在具体存在者产生之前，早有一个亘古就有、永恒不变的古老“存在”摆放在那里，不是说在具体存在者的背后，有一个终极的普遍的“存在”在分化。“先于”的意思，是指“存在”处于始源的发生、出现、存留领域，构成“存在者”的根据。同时，存在是存在者的存在，一切存在者都是存在的显现和见证；存在不能离开存在者独居于神秘王国，独处于“无何有之乡”。海德格尔存在论的要旨就是追问“存在作为虚无”的意义，追问那个“无之在”。传统存在论哲学的通病，恰恰就是从来只问“有之在”、“实体存在”，而不问“无之在”、“意义存在”。

海德格尔解释说，人的存在的先天表达只能是人在世界中存在，即“此在在世”。如何理解人在世界中存在？人在世界中不像椅子在教室中，教室在学校中，学校在城市中，城市在宇宙空间中。这里的关键有二：其一，人具有最真实的可能性，他每一次都要选择一种可能性在世界中存在，并通过这种选择来确定他的本性。就是说：人最先不是作为一个有特定身份的人，如丈夫、妻子、作家、教授、医生、乞丐、挑夫等在世界中存在的。人的特定身份只是一种可能性。可能性之为可能性，又不是一种固定的计划、目标，让人围绕着它而努力，而是一种不确定性。在世之人究竟成为一个什么样的人，是连续不断地选择、绽露、筹划、操心、领会、理解而达到的。其二，人作为此在，先天地拥有世界。海德格尔指出，人

"依寓世界而存在";"'依寓于'是一个生存论环节,绝非意指把一些现成物体摆在一起之类的现成存在。绝没有一个叫做'此在'的存在者同另一个叫做'世界'的存在者'比肩并列'那样一回事"〔1〕。因此,人在世界之中,并不是两个现成的东西偶然相碰,其中一个现成的东西放在另一个现成的东西中,而是人与世界的水乳交融,原始相关,缠绕生发。人与世界的这种原初关系就构成了此在的生存结构。此在在世,也就是人与世界原初关系的开显、绽露。很明显,海德格尔在存在的终极之处没有设定任何现成性,而是确立一个非现成性的识度。有了这个非现成性的识度,他就在根基上消解了形而上学和认识论的现成存在观。

那么,人如何在世界中存在? 海德格尔讲,人不是坐守在世界中,享受现成的天地万物,而是"消散在世界之中"〔2〕。所谓"消散在世界之中",其实就是不断地与天地万物打交道,不息地在世界之中烦忙、筹划、领会、理解。这就是说,人在世界之中存在是一种存在建构,具有生存论性质,"在之中"的表达式就意味着"我已住下,我熟悉,我习惯,我照料"的生存实践〔3〕,"此在就是它的展开状态"〔4〕,世界在本质上是随着此在的存在而展开的;"如果'在世界之中'是此在的一种基本建构,如果此在不仅一般地活动在世界中,而且特别按日常生活的样式活动在世界中,那么'在世界之中'也就一向已经在存在者层次上被经历着"〔5〕,"生存只有

〔1〕 海德格尔. 存在与时间. 陈嘉映,王庆节译. 北京三联书店,1987. 64.

〔2〕 同〔1〕.

〔3〕 同〔1〕. 63.

〔4〕 同〔1〕. 155.

〔5〕 同〔1〕. 70.

就人的本质才说得上"，"只有就人之存在的方式才说得上"，"只有人坠入了生存之天命"[1]。一句话，存在只能由生存的实践带上前来，只能通过生存的实践来切身领会；人必须实践才能在世界中存在。

但是，海德格尔特别告诫我们，从始源状态上讲，生存实践并不是人作为主体去改造客体、征服客体，把客体据为己有，而是一种超越。所谓超越，并非跨越一条主客分隔的鸿沟，而是指人作为此在超越其自身所是的那个存在者，不断地实现自身的可能性。在超越中，人自身成其所是，世内存在者向在世的人显露其存在的意义。由此可见，海德格尔的"此在在世"不仅是存在论，而且是实践论。

海德格尔以为，人与世界的原初关系不是认识关系，而是实践关系和存在关系，不是在两个现成的东西之间搭建起来的外在关系，而是同时发生、双向建构的生成构成关系。在认识论理解此在之前，此在早已以生存实践的方式认识着，早已对世界、对人与世界的关系作出"亲证"[2]。认识论对此在和世界的确证，不仅不着此在和世界的边际，而且根本上是画蛇添足。"如果我们把在世的存在展示出来，从而先使生存论存在论的基地完全得到保障，那么我们事后自然可以来对上述那种相关关系加以认识，而这种关系实是一种形式化的、在存在论上无关宏旨的关系。"[3]海德格尔在《存在与时间》中辟有一节来谈"对世界的认识"。他认为，此在在世完完全全的隐而不露是不可思议的，其中必有认识活动、精

〔1〕 海德格尔. 海德格尔选集：上卷. 孙周兴编. 上海三联书店，1996. 368.

〔2〕 参见王金林. 世界历史意义的本质道说. 上海教育出版社，2002. 84.

〔3〕 海德格尔. 存在与时间. 陈嘉映，王庆节译. 北京三联书店，1987. 240.

神性理解的绽出。但是,海德格尔郑重说道:"认识仍然不是现成的",人在世界中存在,先于人对世界的认识,"当对这种存在关系有所反思之时,被称作自然的那个存在者作为被认识者乃是当下给定了的。于这个存在者处碰不上认识活动本身"〔1〕。"认识是在世的一种存在方式。"〔2〕在海德格尔说来,认识活动、精神性理解都奠基于此在在世,从属于此在在世。它们本身都不过是此在在世的停顿和间歇,都不过是处于此在在世的中途。从原初的角度讲,存在意义决不能依靠理论认识来掌握和陈述,而只能通过实践活动来指引、揭示、显现、带上前来。实践是人生在世的最基本、最源始、最本真的存在方式。

五、中国当代美学的实践存在论方向

上文提到,通常所谓实践美学,其实有主流形态与非主流形态之分,两种形态之间存在着不少的差别。蒋孔阳先生是实践美学非主流形态最重要的理论代表之一。他在数十年的美学研究中,不仅以其实际的理论建树对实践与存在的本体关联作了有益的探索,而且还明显地展示出实践存在论的发展方向。

蒋先生坚持以实践为美学的本体论基础,从实践入手直探人的存在和美的存在。他指出,实践包括物质生产劳动,但不限于物质生产劳动,而应当包括人的一切感性活动,"所谓'感性活动',就是实践"〔3〕。人不是在自然状态中存在,而是在实践活动中存

〔1〕 海德格尔.存在与时间.陈嘉映,王庆节译.北京三联书店,1987.70.
〔2〕 同〔1〕.71.
〔3〕 蒋孔阳.美学新论.人民文学出版社,1993.168.

在;漫长的社会历史实践把人的自然属性培育、锻炼为社会的精神器官,使人由自然存在生成、发展为社会存在;"人的本质不是先天的,而是在劳动实践过程中创造出来的。劳动没有止境,永远在创造之中,因此人的本质也没有止境,永远在创造之中。人的本质在创造之中,作为人的本质力量对象化的美,自然也永远处于创造之中"[1]。在蒋先生看来,人在实践中是以"对象化"的方式存在的;"对象化"包括两种基本的方式:一种是马克思所说的"在精神上把自己划分为二",即理论的方式;一种是马克思所说的"在实践中、在现实中把自己划分为二",即实践的方式。审美的方式归属于实践的方式,审美是"以形象化的实践方式进行的"。这里,蒋先生不仅将人的实践活动与人的基本存在方式初步关联起来,而且将人的实践活动与美的存在方式、美的实践论研究与美的存在论研究初步关联起来,从而在实践美学中初步引导出一种实践论与存在论相互融合的美学视野和思路。

蒋先生突破和超越传统美学的现成论观念,全面揭示了人、世界、人的本质力量对象化以及"美"的多层累性和生成性。蒋先生认为,从人这一方讲,人作为实践活动的主体,不仅具有自然的本质力量,而且具有精神的本质力量,同时"只有当人具有了精神的本质力量,他才告别动物,具有丰富复杂的内心生活和精神生活,成为真正的人";人也不是在蓝天之下、大地之上坐享自然万物的存在物,而是在实践中不断生成的存在者,人"不断超越自然、动物,超越人自己,从而不断地从自然的动物生活上升到人的社会生

[1] 蒋孔阳. 美学新论. 人民文学出版社,1993. 167.

活，从人的社会生活上升到理想的自由生活”[1]。就世界一方讲，世界既多层累，又无限流变；它不仅包括广大的自然天地万物，而且包括复杂的社会结构和人伦关系；无论自然天地万物还是社会人伦关系，又都处在不断地变化、发展之中；这样，世界向人展示出来的美也就是多层累的和无限发展的。就人的本质力量对象化而言，由于“人是一个有生命的有机整体，所以人的本质力量不是抽象的概念，而是生生不已的活泼泼的生命力量”[2]。人的本质力量对象化不仅体现在整个人类的劳动实践中，而且体现在感性个体的生存实践中，“每一个具有自我意识的人，都力图把自己的本质力量，通过实践的活动，最充分最彻底地表现出来”[3]。人的本质力量对象化不是单向的，而是双向的，不会停留在某个固定的状态和水平上，而会不断趋向新的水平和状态。美诞生于人的本质力量对象化，“当一个人的本质力量，得到了完美的表现，实现了自己的目的和愿望，达到了自己的要求，于是，就感到满足、幸福、愉快，感到自己与现实的关系，是和谐而自由的，这时，就产生了美”[4]。美的生成、创造是一种多层累的突创，既有自然物质层的凸显，又有知觉表象层的呈现，还有社会历史层的崛起。可见，蒋先生关于人、世界、人的本质力量的对象化的美学思考，完全突破了认识论的现成观，而全面提升到了实践论的生成观。在他看来，不存在现成的单一的僵死的人、世界和人的本质力量对象化，只存在生成的多层累的人、世界和人的本质力量对象化；不存在现成

[1] 蒋孔阳. 美学新论. 人民文学出版社，1993. 169.

[2] 同[1]. 171－172.

[3] 同[1]. 172.

[4] 同[1]. 172.

的、凝固不变的、等待人去静观的“美”，只存在在人的本质力量对象化的实践中不断生成的、恒变恒新的“美”。蒋先生美学思想中凸显出来的这个“生成”视野和“生成”观念，正是实践存在论美学思考的根本视野和根本观念之一。

蒋先生突破和超越传统认识论美学的思考框架，从实践论与存在论相融合的视野着眼解说审美关系。其一，他把人对现实的审美关系看做全部美学研究的出发点，看做审视一切美学问题的切入点，认为实践论还仅仅是美学研究的根本基础，并不能代替美学研究，只有以审美关系为切入点，才能从实践概念的一般论述进入美学基本问题的阐释。他指出，“美学当中的一切问题，都应当放在人对现实的审美关系当中，来加以考察”〔1〕。其二，他把审美关系放在人的本质力量对象化的实践中加以审视，认为审美关系的根基不在认识活动，而在对象化的实践活动，审美关系不是由现成的主体和客体搭建起来的认识关系，而是在对象化的实践中产生、形成出来的关系，只有从对象化的实践着眼才能洞悉审美关系产生、形成的奥秘。他说：“只有人化了的自然，才能与人发生审美的关系，人的本质力量才能在它的上面显现出来，成为人的审美对象。因此，从主体方面说，美不美，在于人的本质力量；但从客体方面来说，则美不美，在于对象（自然）是不是人化，是不是与人发生了关系。”〔2〕其三，蒋先生指出，人在现实生活实践中与世界结成了各种各样的客观联系，其中包括实用关系、认识关系、工艺关系、道德关系、审美关系等，但审美关系与其他关系，尤其是认识关

〔1〕 蒋孔阳. 美学新论. 人民文学出版社，1993. 3.

〔2〕 同〔1〕. 173.

系有着明显的区别:它是人通过感觉与现实建立起来的感性关系;是人作为一个整体与现实发生的关系,完整地、全面地展现出人的各方面、各层次的本质力量;是人对现实的自由关系和情感关系。其四,蒋先生认为,不是先有审美主体和审美客体,然后构成审美关系,而是审美关系、审美主客体同时发生、同步显现,审美主体和客体不过是审美关系当中的主体和客体,离开审美关系,审美主体和审美客体也不复存在,“美是人在对现实发生审美关系的过程中诞生的。人是这一审美关系的主体,美就是对人而言的。‘世界的美’,不在于自然,而在于人。美不是自然现象,而是社会现象”[1];“审美主体与审美客体的关系,则像坐标中两条垂直相交的直线,它们在哪里相交,美就在哪里诞生”[2]。蒋先生关于审美关系的一系列论述启示我们,只有从对象化的实践入手才能发现审美关系的真髓,只有从审美关系入手才能洞悉美与美感诞生的内在根据。在美学研究中,“美”与“美感”的研究应当把优先地位让给审美关系的探究,对审美关系的认识论思考应当把优先地位让给实践论思考。

蒋先生认为,人是世界的美。“美的各种因素也必须围绕着一个中心转。这个中心是什么呢?这就是人。美离不开人,是人创造了美,是人的本质决定了美的本质。人总是通过自己的实践活动,来把自己的本质力量在客观现实中实现出来。”[3]这一论述,明显已经涉及美的存在与人的存在的关系:一方面,美只是对人才显发出来,只是对人而言才存在;另一方面,美为人而有,为人

〔1〕 蒋孔阳.美学新论.人民文学出版社,1993.153.
〔2〕 蒋孔阳.美学与艺术论集.江西人民出版社,1988.144.
〔3〕 同〔1〕.160.

而生,人是美的目的和归宿;同时,人的存在决定着美的存在,如何理解人的存在,就如何理解美的存在。

在蒋先生看来,人是自由的存在。但是自由并非指对客观世界必然性的认识,而是人类通过实践创造、摆脱各种现实的束缚和限制所获得的精神解放,是人类不断走向理想性生存的本质力量,也是人类最高的存在状态。人只有到达自由的境界,才能成为真正意义上的审美主体,世界只有显示出人的自由,才能成为真正意义上的审美对象。美就是自由,美的形象就是自由的形象,美的理想就是自由的理想。这样,人的存在与美的存在就以自由为中介而内在地统一起来。

总起来说,正如朱立元先生所评价的:蒋先生的实践美学,"已开始超越认识论而向存在论深入,即走向实践论和存在论的结合"。"美学在蒋先生这里就成为一个以人为中心,以艺术为主要对象,以人生实践为本源,以审美关系为出发点,以创造—生成观为指导思想和基本思路的理论整体。这个理论整体体现出一种突破形而上学思维方式的尝试,也是对美学的一种新的存在论奠基。"[1]

[1] 朱立元.寻找存在论的根基——蒋孔阳美学思想新探之二.学术月刊,2003(12).

第三节

实践存在论美学思考方式

一、实践存在论美学思考方式概说

实践存在论的美学思考方式，是在马克思的实践论和存在论的指导下，吸收现当代西方实践哲学和存在哲学的思想资源，沿着蒋孔阳先生的实践本体论美学发展方向而建构起来的，是以人生在世——实践存在为始源境域和本体根基，以“生成”为基本视角，审视和解说美学基本问题的一种思维、格局和模式。

实践存在论的美学思考方式试图取得以下三个突破：

首先，把“人生在世”确定为美学思考的本体根基。我们知道，一定的美学思考方式都是建立在相应的本体论根基之上的。柏拉图和黑格尔认定美学的本体论根基是理念世界，于是有走纯灵方向的形而上学的美学思考方式；亚里士多德认定美学的本体论根基是个别实体，而个别实体又不离具体事物，于是便有了走经验论路向的形而上学美学思考方式。海德格尔坚认美学的本体论根基在存在，而存在又是“非现成性”的纯显现境域，从而便有从存在之生成构成境域入手的基本存在论美学思考方式。可以说，有怎样的美学本体论根基，便会有怎样的美学思考方式。

按照我们的思路，人生从哪里开启，实践就在哪里发生，存在也就在哪里涌现；实践在哪里发生，存在在哪里涌现，审美活动就在哪里扎根萌发,美学思考的根本基础就应当在哪里确立。上文述明,实践与存在的本体关联域乃是人生在世。审美活动、审美现象根本上归属于人生在世。美学只有从人生在世出发,才能整合实践论与存在论的思想资源,沟通实践与存在的本体联系,才能廓清思考起点,找到本体论基础,也才能找到解答一切重大问题的根本依据。

以人生在世为本体根基思考审美问题,我们以为能够获得比传统美学更为全面、更为完整、更为本真、更为深入的理解和认识:通常所谓的审美活动,其实就是一种特殊的人生实践,是人生在世的一种理想的实践存在方式;通常所谓的美、审美,其实就是对人生在世的理想性方式状态的领会和理解,对人类自身存在和生存于其中的世界的关系性认同与分类;通常所谓的美学,其实就是对人生实践的理想状态,人生在世的理想存在方式,人与世界的和谐、健康、自由关系的思考和探索[1]。我们也能建立一种比传统美学更为贴近审美实际、更为贴近美学发展大势,从而更为合理、更为有效的思考方式。

其次,把"生成"确认为美学思考的根本视角。按我们的理解,人生在世既是人与世界一体圆融、双向建构的生生不息的实践过程,又是人在世界中不断生成、开显、涌现自身和世界存在意义的生成过程。"生成"是人生在世的根本特性。"生成"视角是实践存在论区别于传统实践论和存在论的根本标志。我们应当牢牢把握这个"生成"视角,并且应当本着这个"生成"视角

〔1〕 参见朱立元.发展和建设实践本体论美学.美学与艺术评论:第六集.复旦大学出版社,2002.347.

去审视和思考美学的一切基本问题。

再次,把“关系”逻辑上在先确立为美学思考的重要识度。我们看到,人生在世包含着人、世界、人与世界的关系三个要素。“三个要素本身都很复杂,而它们的复杂性又复杂地交织在一起,互相制约、影响,决定着总体内涵的确定与变化”,但是,在三者中,作为中间项的“人与世界的关系”是更为根本的,因为“关系”勾连着“人”和“世界”,“人”和“世界”只有通过“关系”或者在“关系”中才能得到深刻的揭示和正确的说明。更重要的是,作为中间项的“关系”,在逻辑上是先在的,是先于“人”与“世界”的,也就是说,“人”与“世界”是在“关系”中建构,并确证和肯定自身的[1]。同样的道理,在人对世界的审美活动中,审美关系在逻辑上就先于审美主体和审美客体。这个“审美关系逻辑上在先”,乃是实践存在论美学思考所特有的一个重要识度。

这样,我们所谋求的实践存在论美学思考方式,就与传统美学的思考方式区别开来:

传统美学按“感性—理性”二分模式或者“主体—客体”二元模式来理解人与世界,思考美学问题,把终极的思考视野设立在感性与理性关系或者人与世界的主客关系;实践存在论美学则突破感性与理性二分、主体与客体二分的视野往前追溯,一直追溯到人生在世的始源境域,并且按照“人—世界”一体结构和“实践—存在”一体圆融模式来理解人生在世,从人生在世出发思考美学问题。

---

〔1〕 参见朱立元.发展和建设实践本体论美学.见美学与艺术评论:第六集.复旦大学出版社,2002.348.

传统的美学思考是“彼岸式”的。“彼岸式”意味着把“美本身”、美的本质看做处在彼岸世界的“物自体”、“自在之物”，或者理解为超感性、超时空的抽象概念。传统美学思考的根本目标，就是通过“不断地挖掘客体”〔1〕，求索彼岸的“美本身”。实践存在论的美学思考则是“此岸式”的。它就在现实当下的人生在世中思考、理解美，而不再对那种无根的、虚无缥缈的美本身或美的本质抱有兴趣和信心。在它的视野里，美是此岸的人生境界，审美感是此岸的人生享受，审美关系是此岸的人与世界关系，审美活动是此岸的人生实践活动。审美主体是从在世操劳着的此在而生成出来的审美此在，审美客体是由世内存在者而生成出来的审美存在者。实践存在论的美学思考绝对不去考虑美在主观还是在客观，美在先还是美感在先这一类认识论问题，它的思考重心始终落实在美、美感、审美关系、审美活动在人的生存实践中的此岸生成。

“人生在世”的本体根基、“生成”的根本视角、“关系逻辑上在先”的重要识度，是建构实践存在论美学思考方式的关键。但是，如何从“人生在世”的生存实践出发，本着“生成”视角和“关系逻辑上在先”的识度，层层切入，过渡、推进到美学的基本命题，同样是亟待解决的重要问题。

对此，我们拟沿着如下思路展开叙述：

第一，在人生在世的始源境域中，重新解释实践概念和存在概念，敞亮“实践”的存在论维度和“存在”的实践论维度，发掘实践存在的本体内涵，建立审视和解说美学重大问题的根本出发点。但我们考虑到，在西方哲学和美学思想史上，实践概念和存在概

〔1〕 张世英.进入澄明之境.商务印书馆，1999.3.

念、实践之思与存在之思都源远流长，有丰富的资源可资承纳、吸收，因此，本书辟有专章讨论西方思想史上的实践概念和存在概念及其源流演变。这样安排的目的，仍然是为建构实践存在论的美学思考方式廓清地盘，夯实地基。

第二，在重新解释实践存在概念的基础上，重新解释自由概念。自由一方面表征着人在世界中实践存在的理想状态，另一方面启示着审美活动的发生和来临，因而是实践、存在切入和过渡到审美活动的绝对中介。如果离开自由，人生在世、实践存在将无法推进和落实到审美活动，审美活动将无法链接和扎根到人生在世，实践存在论美学思考方式的历史逻辑线索也将中断。但是，出于继承和吸收自由理论的思想资源、建构实践存在论的美学思考方式的考虑，我们开辟专章梳理了西方思想史上的自由概念及其与美学思考的关系。

第三，把广义的“美”思考为人生境界。实践存在只是“美”得以生成显现的基础，自由只是从实践存在到“美”的中介，境界才是“美”的存在方式。只有到达“境界”这一层，实践存在论美学思考方式才真正历史逻辑地深入到美学的基本问题。也就是说，只有到达“境界”这一层，实践存在论才真正转换为美学的思考方式。但是，我们考虑到，境界观念虽然中西方都有，在中国传统中却尤为悠久而突出，况且，“境界”一词属于汉语世界的独家词汇，为符合史实和表述方便起见，本书主要扣住中国传统思想史，辟专章检讨和叙述了境界范畴及其与“美”的内在联系，以求在整个美学思考行程的最后归宿处，建构和展示实践存在论美学思考方式。

最后，我们要补充说明的一点是，从古至今，美学经历了从审美意识到美学思想再到美学学科的漫长发展过程。这个漫长的发展过程应当包括美学的思考方式。美学思考方式本身应当有历史。美学思考方式的历史清理,乃是实践存在论美学思考方式建构的重要一环和题中之义。为此,本文在进入实践、存在、自由、境界诸概念之前,专辟一章叙述西方美学思考方式。

二、美是“生成”的

“生成”视角的建立和凸显,是实践存在论美学思考方式区别于形而上学、认识论美学思考方式的一个根本标志。

生成,英语 becoming,本意为正在成为、正在发生、正在变为,表示某种东西正在连续不断发生的动态过程,而且这个发生过程是自动、自在、自然的,而不是被动的,受他者、他物驱使的。

人生在世就是一个“生成”的始源境域,一部恒变恒新的“生成”活剧。在这一境域和活剧中,人在生成,世界在生成,人与世界的关系在生成,一切都不会停留在一个固定的水平上。无论是族类意义上的人,还是感性个体的人,都不是驻足留居的归人,不是静观世界的现成主体,而是踌躇满志、栉风沐雨、马不停蹄的匆匆过客,是通过实践不断改变世界,塑造自身,开显自身和世界的存在意义,向“人”诞生的人,是处在生生不息的生成建构过程中的人。人的历史就是人的生成史,就是“人类本性的不断改变”的历史[1]。同样,无论是人类总体生存其中的世界,还是感性个体生存其中的世界,都不是固定不迁的居所和永久停留的归宿,不是预先摆在那里等候人去栖息的实体世界,而是纷至沓来、变动不居的时机境域,是在人的实践中不断改变、不断向人生成的世界。还

---

〔1〕 马克思恩格斯全集:第4卷. 人民出版社,1958. 174.

有，人与世界的关系，包括人类总体与世界的关系，感性个体与世界的关系，都不是现成的固定不变的关系，而是不竭生成、无限流变的关系。因此可以说，人生在世也好，实践也好，存在也好，根本特性都在生成。除了生成性，人生在世别无他性。马克思说得深刻："历史同认识一样，永远不会在人类的一种完美的理想状态中最终结束；完美的社会、完美的'国家'是只有在幻想中才能存在的东西；相反，一切依次更替的历史状态都只是人类社会由低级到高级的无穷发展进程中的暂时阶段。"[1]

中国思想历来是以"生成"为根本视角来观照自然宇宙社会人生的。《周易》以"生成"为主题，提出"天地之大德曰生"，"富有之谓大业，日新之谓盛德，生生之谓易"，"天行健，君子自强不息"，把宇宙描绘为一个创新变化、生生不已的大流，把人生描绘为一幅和谐协调、生生不息的图画。儒家认为，天地变迁，万物流逝，人生日新，生生成了宇宙的根本性德。"孔子赞易，于宇宙生命之玄秘，更是洞见其几微。天地之所以广大，即在其生生不已。天德施生，如云雨之滋润，人物各得其养以茂育，地德成化，如牡马之驰骤，人物遍受其载以攸行。"[2]从《论语·子罕》所谓"子在川上曰：逝者如斯夫，不舍昼夜"，直到二程《语录》所谓"天地之化，自然生生不穷"，"天只是以生为道"，都表明了儒家的生成观念。老子、庄子彻悟创造的生命，以"道"为自本自根、无为无形的生成天势，认为人和天地万物都是一个由"道"所生、"德"所养的创化过程，一个自然而然、一刻不止的生成过程。《老子》云："道生之，

〔1〕 马克思恩格斯选集：第4卷. 人民出版社，1995. 216－217.
〔2〕 方东美. 中国人生哲学. 黎明文化事业公司，1980. 54.

德畜之,长之育之,亭之毒之,养之覆之”,“道生一,一生二,二生三,三生万物”。《庄子·秋水》云:“物之生也,若骤若驰,无动而不变,无时而不移。”中国禅宗虽然超越一切生长、运作、流变、动静,甚至有无的界限,将本体世界抹成一片虚无,追求常住不灭的佛性,但它仍然看重生成。在禅宗说来,成佛之路不在别开生成境遇去冥思枯坐,而就在随处可见、常变常新、变动不居的现实遭际中,就在人与自然、社会、他人的当下交道中。禅宗的特色正是在不住中把握常住,在不断生成的机遇中成就永恒。正因为如此,所以,中国历代美学都本着“生成”的视野,对人和天地万物有深情的审美体察。不独孔门儒家常把宇宙人生体会成美妙的大和境界,以一种“游于艺”的审美态度来感受天地自然交泰和会、生成演化的局面;以老庄为代表的道家更是以其逍遥自由的心胸,体察那充塞宇宙、周遍天地生命,使人和万物孕育、生成、流行、演化的生生大道,即“天地之大美”。老子看到,在“道”的率领下,天地万物呈现出美妙的诗境,“天得一以清,地得一以宁,神得一以灵,谷得一以盈,万物得一以生,侯王得一以为天下贞,其致之一也”。庄子《天道》:天道生生,犹如一首和谐的乐章,“夫明白于天地之德者,此致为大本大宗,与天地和者也,所以均调天下,与人和者也,与人和者谓之人乐,与天地和者谓之天乐”。禅宗心体无滞无碍,遇山则山,遇水即水,挑水砍柴,穿衣吃饭,无非妙道,总之在一切感性生存境遇中,均可当下成就一个审美式的真如妙境。

人生在世的生成特性,不仅决定了一切审美现象的生成性,而且在根本上奠定了美学思考的生成视野。

美是生成的。因而,我们可以作出如下断定:其一,人类产生之前,日月星辰、大地山河、莽莽丛林、飞禽走兽早已物质地存在,但无美可言。美的历史发生领域，只能是人化的自然，美的历史发生根源，只能是人类的生存实践，首先是征服、改造自然的劳动实践；其二，即使是在人类历史实践中人化了的、与人的族类之间的关系发生根本改变的自然界，如鸟语花香，山明水秀，风清月白，即使是人类实践直接创造的社会文化成果，如楼台亭阁、农田果园、城市村镇、人工湖泊以及种种文化景观，即使是人类艺术创造的各类艺术品，包括文学、音乐、绘画、雕塑、建筑等，所有这些东西原本没有一套现成的美的属性在。它们的美是生成出来的。

美的生成包括发生学意义上的历史生成和个体意义上的当下生成。

前一种生成已经由实践美学作了非常深入的分析论证，兹不赘述。这里引用捷克斯洛伐克美学家弗·布罗日克的一段话，对美的历史生成性质加以强化："只有在社会实践中，有用的地下矿物才变成了原料，锋利的石块才变成了工具，草地才变成了牧场，山洞才变成了住所，最后，声音才变成了语言，布才变成了旗帜。然而，原料、工具、牧场、住所和旗帜，这一切都是客观实在的东西，都具有事物的社会的规定性。不仅人的存在是社会的存在，而且事物的存在也日益变成了社会的存在。"〔1〕

我们在此要着重指出的是，仅仅局限于从发生学意义上讨论美的历史生成，是远远不够的。理由之一是，人生在世本来就包括人类总体的在世和感性个体的在世，实践本来就包括人类总体的实践和感性个体的生存实践，存在本来就涉及人的族类存在和人的个体存在，因此，美学一方面应当揭示美在人类总体生活实践中

〔1〕 弗·布罗日克. 价值与评价. 知识出版社，1988. 8－9.

的历史生成,另一方面应当揭示美在感性个体在世的生存实践中的当下生成。理由之二是,发生学意义上的美的生成问题,只是涉及自然万物何以可能历史地进入人类总体审美活动的问题,即人类审美活动的历史起源问题。曾经在历史上进入人类审美活动的自然万物,并不能普遍必然地成为现实感性个体的审美对象,正如我们的族类祖先曾经欣赏狼牙齿,"我"未必欣赏狼牙齿,更未必一定欣赏狼牙齿。人类总体的历史发生学上的审美活动,人类总体历史地生成为审美主体,整个自然界历史地生成为审美客体,与感性个体当下生成为审美主体,个别事物当下生成为审美对象,完全是两个不同层面上的问题。如果限于美的生成的历史发生学分析,那么,"美"就有可能与实实在在的感性个体生存实践脱节,而化为一种凝固的、僵死的、现成的、永世长存的历史景观,美的生成论最终会沦为现成论。事实上,主流实践美学把美看做物质生产实践的历史成果,就正是落下了这个病根。因此,在美的历史生成研究之外,我们更应当关注美的当下生成。〔1〕

事实上,人与世界的交道是当下的交道;世界万物是在人生在世的时机境域当下"是其所是"、"成其所是"的;世界存在意义的生成显现是当下生成显现。比如,"我"与西湖的交道就是当下交道;西湖并非本来就是"我"的"世界",亦非永远都是"我"的"世

〔1〕 笔者以为,与发生学意义上的美的历史生成相比,个体意义上的美的当下生成,更具有本体论的意义。因为,只有在感性个体在世生存的时机境域中,"美"才存在,离开感性个体在世生存的时机境域,无"美"可言,感性个体在世生存乃是"美"存在与否的真正的本体根基。同时,只有把感性个体在世生存理解为"美"的本体根基,才可能将"生成论"的思想贯彻到底。如果以人类历史实践为本体根基,将人的族类存在理解为人的终极存在,将历史生成的"美"理解为"美"的终极存在,那么,"美"对于感性个体就可能变成现成的东西。

界”,更非每时每刻总是“我”的“世界”;西湖对“我”的存在意义不是现成的、固定的,而是在“我”在世生存的时机境域中当下生成显现出来。推而广之,举世之间,无论春日的鲜花、夏日的小溪、秋天的月亮、冬天的太阳,无论巍峨的楼台、别致的亭阁、古朴的城堡、幽雅的园林,还是先秦散文、魏晋小赋、唐诗宋词、元明戏曲,它们的美都不是现成的实体存在,而是在个体的直接照面中当下生成显现的意义存在。

美永远处在“现在进行”时态,永远处在“未完成”的状态,永远处在生成构成状态。

应当指出的是,美的当下生成意味着审美关系、审美经验、审美形态等的当下生成。因为,美、美感、审美关系、审美经验、审美形态总是同时生成、同步发展、相互依存、相互建构的,而不是单独生成、超前生成或滞后生成的。其中,每一种质素的当下生成必然牵一发而动全身,牵动着全部审美活动的当下生成。

同时应当指出,美的当下生成是从本体论层面上来说的,指的是世界存在意义在感性个体生存实践中的当下审美地诞生、出场、在场,而不是指某个现成的审美客体当下映入现成审美主体的感官,造成直观印象。如果把美的当下生成理解为后者,那么,美的本体论思考就会滑向认识论思考,生成视角就会被现成论所取代。

三、审美关系逻辑在先

美学不能绕过美与美感两大主题。但我们知道,美与美感只是在审美关系中才得以产生和形成的,也只有置于审美关系中才可能得到准确的理解和说明。离开审美关系,美是子虚乌有,美感是无本之木、无源之水。从这种意义上讲,审美关系应当成为美学思考的起点和焦点。

审美关系不仅根植于人生在世，而且本身就属于人与世界之间的特殊关系[1]。对人与世界关系的理解，从根本上决定着对审美关系的理解。张世英先生曾经概括说，人与世界的关系历来有两种基本的解释模式：一种是"人—世界"一体模式，一种是"主体—客体"二分模式。在前一种模式中，人与世界的关系被解释为不分主客的、内在的、相融相通的关系；在后一种模式中，人与世界的关系被解释为主客二分的、外在的、对象性的、认识桥梁型的关系。

与此相应，审美关系也有两种基本的解释模式。传统美学包括形而上学美学和认识论美学常用主体—客体二分模式来解释审美关系，认为在审美关系产生、形成之前，就早已有一个既定的、先在的、实体化的审美主体存在，这个审美主体拥有特定的审美态度和审美能力，同时也早有一个永恒的、不变的、实体化的审美客体存在，这个审美客体拥有美的形式、结构、属性和规律。所谓审美关系，就是由先在的审美主体与现成的审美客体支撑与搭建起来的实体关系。这种解释显然是有问题的。且不说它无法把审美关系与认识关系乃至功利关系区分开来，就是审美主体与认识主体乃至常人的区分，审美客体与认识客体乃至物质实体的区分，在它那里也都是一笔糊涂账。

---

〔1〕 从逻辑上讲，将实践、存在理解为人生在世，必定引出审美关系归属于人与世界的实践关系和存在关系的论断。这里有一个关键问题需要说明。表面看来，认识关系似乎是人和世界的精神联系，实践关系、存在关系是人与世界的物质关系，但实际上，认识关系恰恰是两个现成实体——主体与客体之间的关系，实践关系、存在关系恰恰包括人对世界的精神感悟领会关系。因为，"此在在世"同时就有此心在世，此心一旦在世，必定有所感悟、有所领会。庄子所谓"乘物游心"，孟子所谓"反身而诚"，王阳明所谓"感应之几"，"圣人感人心而天下和平，至诚发见也"，都可以印证这一点。

我们主张从实践存在论的角度，按照人—世界一体模式来思考审美关系。

审美关系在逻辑上先于审美主体和审美客体。诚然，在事实上看，审美关系与审美主客体是同时发生、同步发展、相互建构的。但是，从逻辑上讲，审美关系在先，审美主客体在后。首先，审美关系之外或者之前，不存在任何现成的审美主体和审美客体。一旦离开审美关系，即使是最富于创意的艺术家和最富有经验的鉴赏家，也算不得审美主体；即使是最伟大的艺术作品和最优雅的田园山水，也不是什么审美客体。人能否成为审美主体，世界能否成为审美客体，都取决于有否审美关系。审美主客体是在审美关系中生成和存在的。其次，审美主体是审美关系中的主体，审美客体是审美关系中的客体。审美关系是审美主客体的逻辑确定者。譬如，我们只能在陶渊明与南山的审美关系中，才能把陶渊明确定为审美主体，把南山确定为审美客体。当陶渊明"不为五斗米折腰"而置南山于不顾的时候，他就不是南山的审美主体，南山也不是他的审美客体。所以，不是先有审美主体和审美客体然后由两者结为审美关系，而是审美关系为审美主客体的确定提供了逻辑前提。再次，"审美客体"与"审美主体"并非实体概念。我们不能把凡是与人相关的事物都称为审美客体，更不能把客观物质世界等同于审美客体；不能把在世界中存在、与世界打交道的人都视为审美主体，更不能从人的肉体或者精神着眼去界说审美主体。审美主体与审美客体都是在人与世界的审美关系中生成构成的。其四，人与世界的实践存在关系是审美主客体发生存在的本体根基，也是审美主客体生成之前的"事先情况"。人必须首先在生存实践中与世界打交道，然后才能生成为主体；同样，世界万物必须首先成为人的“上手之物”,被人使用和熟悉,然后才谈得上成为客体。换言之,人与世界的实践存在关系是优先的,人对世界的认识关系是派生的,前者比后者更原始、更根本。审美主客体奠基于审美关系,最终奠基于人生在世的实践存在关系。审美主客体是关系概念。并且,审美主客体关系在根本上不是认识关系,而是实践关系和存在关系。

从历史的维度看,审美主客体不是从来就有的,而是在人类生存实践中从无到有地、逐步地、历史地形成的。最初,人类刚刚揖别动物界,每前进一步都几乎是获生的跳跃,肉体生存竟如此艰难,自我意识与对象意识更未能定型成熟,因此无法充当审美主体。另一方面,世间万物还刚刚进入人的“交道”之时,还是人类生存的一种异己力量,譬如,水在很长一段时间里就只是与人为敌的水,太阳在人类鸿蒙时代就只是晒死大地草木、威胁人类生存的太阳,这种情况下,它们根本无法成为人类的“审美客体”,著名的“大禹治水”、“羿射九日”等都证明了这一点。人与世界的关系最初也不是审美主体对审美客体的关系。马克思指出:“自然界起初是作为一种完全异己的、有无限威力的和不可制服的力量与人们对立的,人们同自然界的关系完全像动物同自然界的关系一样,人们就像牲畜一样慑服于自然界,因而,这是对自然界的一种纯粹动物式的意识(自然宗教)。”〔1〕

从现实的角度看,人并非每时每刻都是审美主体,世界并非每时每刻都成为审美对象,人生在世并非每时每刻都处在审美状态,人与世界的关系并非每时每刻都呈现为审美关系。相反,每一个

〔1〕 马克思恩格斯选集:第1卷.人民出版社,1995.81-82.

个体的身份、角色有多种可能性。就是在同一天中，他有时可能是平庸的人、低俗的人、粗鲁野蛮的人，有时可能是文明的人、道德高尚的人、脱离低级趣味的人，有时可能是严谨的人、实事求是的人，还有一些时候可能是有情的人、超功利的人等。人不可能始终以一种状态存在，更不能只有一种存在状态。人周围的各种事物，由于与人的具体关系不同，而对人呈现出不同的存在方式和存在状态。朱光潜先生曾多次举例说，同是一棵树，商人看成赚钱的质料，植物学家看成优良树种，道德家看成公共财物，艺术家看成诗意对象。这种情况也可能在同一个人那里发生。所以，没有一个一直都处于审美状态的主体，没有一个始终处在审美状态的对象。同样，人与世界的关系不限于审美的关系，不可能始终处在审美的关系状态。在科学探索中，人与世界的关系是科学关系；在利用万物满足生存需要的活动中，人与世界的关系是功利的关系；此外，还有政治的关系、法律的关系、道德的关系、审美的关系等。

审美关系在人生在世的时机性境遇中当下生成。世间不存在绝对的、无条件的审美关系，只存在特定条件、情境、机缘下当下生成显现的审美关系。一切从生生不息的生成之流中截取出来的静止的固定的审美关系，都是抽象的，也是无根的。同时，我们还应当注意到，审美关系具有多层次性和流变性。人与世界的审美关系是极其复杂、丰富、多层次的。处在审美关系中的主体，不是单个人的抽象物，而是一切现实的社会关系的总和，是自然性与社会性、物质性与精神性、现实性与历史性的多重统一；处在审美关系中的客体，同样不是孤立的、单独的物质实体，而是包含着自然的、社会的、人文的多种因缘的汇合。这样，审美关系就必然呈现为多层次的结构。此外，审美关系一经形成，就不可能停留在一个固定的水平和状态上,而会不断地生成、变化和发展。这不仅体现在人类总体与世界的审美关系中,而且体现在感性个体与他的世界的审美关系中。就前者而言,不同时代、不同历史阶段具有不同的审美关系,从早期原始巫术礼仪、神话传说到当今时代,人类与世界的审美关系就已经发生了翻天覆地的变化。就后者而言,不同的感性个体与不同的世界产生不同的审美关系,同一个感性个体在不同的人生阶段、不同的情境下与世界形成不同的审美关系,就是同一次审美活动中,审美关系也处在不断的流变状态。

人与世界的日常关系与审美关系虽然同出一源,但两者之间存在区别。其中,最重要、最根本的区别在于:人与世界的日常关系包含各种世俗、现实、物质、功利、认识关系在内,人与世界的审美关系则是超越的自由关系。从这种意义上说,只有当人生在世进入自由境界之时,只有当人的实践存在进入自由状态之时,人与世界的审美关系才可能生成显现。以自由为直接肇因和诱因,审美关系从三个层面展开深化:

第一层是"静观"。静观起自于人生在世对于功利的自由超越。在人生在世的过程中,人一旦超越利害计较,放弃对于对象实用性的关心,摆脱功利欲望的纠缠,就会以一种无所为而为的自由的静观态度来观照天地万物,天地万物也以其非有用性和非实用性的方式而当下凸显在人的面前,这个时候,人与世界便结成了审美关系。

第二层是"对话"。由于审美对象的意义不单体现在形式,更主要地体现在它所内含的人生意蕴,审美主体对审美意义的接受就不能单靠静观,而要从形式的静观层层转深,领悟对象的内在意蕴,从而达成审美主客体的"对话"。"对话"意味着自由交流,意味着审美主客体双方你中有我、我中有你，不存在一方支配和宰制另一方的局面。审美关系的主客体之间所以可能“对话”，是因为一切审美对象都是在人生在世中生成显现的意义对象，它们总是或深或浅、或明或暗地打上了人生的印记，渗透着人生的内容，表达着人生的况味。

第三层是“存在领悟”。这是审美关系的最高发展。在静观、对话层面，审美主体与对象之间或多或少存在着间隔与分离，而尚未到一体圆融的程度。随着审美关系的进一步展开，审美对象展示出它的“存在”，即中国古代所谓的“道”，审美主体从对象身上发现了自身的存在意义，从而进入一个物我不分、人和世界浑然一体的自由境界。

第二章

西方美学思考方式

第一节

古希腊至中世纪的美学思考方式

一、西方美学思考方式的发展、演变

黑格尔在《哲学史讲演录》中指出：传统“通过一切变化的因而过去了的东西，结成一条神圣的链子，把前代的创获给我们保存下来，并传给我们”[1]。西方美学的情形正是如此，它历经三千年的发展，不仅在基本范畴上形成了一个悠久的传统，而且在思考方式上也存在着一条“神圣的链子”。

按照我们的归纳，西方美学思考方式的发展、演变可以从两个维度来概括。从纵向的维度来概括，西方美学思考方式的变革大致经历了本体论、认识论、语言学三个阶段。从横向的维度来概括，西方美学思考方式的发展、演变与存在、实践、自由范畴的发展、演变内在相关。

本章主要述说西方美学思考方式的纵向发展。

从古希腊至中世纪，是本体论美学思考方式占主导地位的阶段。这个阶段美学思考的总体特色，乃是从本体与现象、理性与感性的二元分立框架着眼，将“美”区分为美的本质与美的事物两个

[1] 黑格尔.哲学史讲演录：第1卷.商务印书馆，1959.8.

层面，把前者定位于形而上的理性层面或者本体层面，把后者定位于形而下的感性层面或者现象层面，然后循着自下而上、从经验到本体的基本思路把两个层面加以沟通。

从文艺复兴至黑格尔，是认识论美学思考方式占主导地位的阶段。这个阶段美学思考的重心转向"审美何以可能"，美学思考的范式转换为主体与客体二元对立的思考方式，即通常所谓的认识论思考方式。这种美学思考方式的总体特色，是把"人"看做审美主体，把"世界"看做审美客体，把人对世界的审美关系看做审美主体对审美客体的认识关系。正是基于这一点，我们看到，同为"美是什么"，运用认识论思考方式与运用本体论思考方式去追问思考，会有很大不同：本体论思考方式侧重于从理性与感性二元分立的视野着眼，从"世界的始基和本体"出发，把"美"理解为终极的本体存在；认识论思考方式则侧重于从主体与客体二元对立的视野着眼，从客体出发，把"美"理解为审美对象的最高属性。

从20世纪起，西方美学的思考方式进入到语言学阶段，呈现出一种播散状态和多元状态。但是从整体上讲，我们依然可以从中理出两种基本倾向：一种是回归苏格拉底之前即古希腊早期美学原初思考方式的倾向，另一种是批判、瓦解和清理苏格拉底、柏拉图之后西方美学传统思考方式的倾向。这两种倾向的交互作用，使20世纪以来的西方美学在思考方式上显得杂色纷呈、众声喧哗。

二、古希腊罗马时代的美学思考

古希腊时代是一个崇尚美的时代。在古希腊人的心灵上和生活中，"美"都占有极为重要的地位。那时候，不用说主管美和爱的女神阿佛洛狄忒受到广泛的崇拜，也不用说神谱中众多以美著称的女神，她们含情脉脉，令人着迷，受人推崇，就是不朽名著《伊利亚特》，也居然是以一个"给最美的女神"的金苹果揭开那场绵延十年的特洛伊战争的序幕的。完全可以说，古希腊人对美的崇尚与热爱，促进了自身的发展，推动了雕塑、绘画等艺术的高度繁荣，同时也催生了人类最初的美学思想。

古希腊的哲人们是如何思考"美"的？

我们首先看到，联系人的内心感受和心理状态来解释美，乃是古希腊美学的思路之一。早在公元前9世纪，古希腊诗人赫西奥德在其《神谱》中，就已经将美、丑与人的快感联系起来加以考察，提出"美的使人感到快感，丑的使人感到不快"〔1〕的说法。到古希腊思想发展的鼎盛时期，亚里士多德更是把"闲暇"看做审美活动得以构成的先决条件，认为人只有处在闲暇状态才会拥有审美快感："我们多次说过，人的本性谋求的不仅是能够胜任劳作，而且是能够安然享有闲暇。这里我们需要再次强调，闲暇是全部人生的惟一本原。假如两者都是必须的，那么闲暇也比劳作更为可取，并是后者的目的，于是需要思考，闲暇时人们应该做些什么。自然不应该是嬉戏，那样的话嬉戏就会成为我们生活的目的。"〔2〕亚里士多德的这一说法，为后世美学审美无功利观念和审美游戏说的提出准备了最早的思想资源。伊壁鸠鲁也同样从快感出发来解释美，他反复指出："即使你在谈论的是美，你也是在谈论快感，因为美如果不是令人感到快感的，也就不会是美"〔3〕；"假使美、美德和诸如此类的事物，给我们提供了快感，我们就珍视它们；但是要是它们不能给我们提供

〔1〕 转引自蒋孔阳，朱立元. 西方美学通史：第1卷. 上海文艺出版社，1999. 46.
〔2〕 亚里士多德. 政治学. 颜一，秦典华译. 中国人民大学出版社，2003. 269.
〔3〕 同〔1〕. 723－724.

快感,我们就抛弃它们"[1]。

联系人的内心感受和心理状态来解释美,体现了古希腊早期美学自下而上、由审美经验而追溯美的本体的原初思路。但是,我们在此应当指出:第一,古希腊美学联系人的内心感受和心理状态来解释美,并不等于近代主客二元对立的认识论美学思考方式,因为,在古希腊时代,认识论意义上的主体概念并没有充分发展出来,审美活动中的主观条件并没有成为美学思考的核心问题。第二,自下而上、由审美经验而追溯美的本体,还不能算整个在古希腊占主导地位的美学思考方式。

古希腊占主导地位的美学思考方式,是从世界的始基和本原出发,在本质与现象、理性与感性的二元分立中探求美。这种思考方式内在地包含着古希腊美学的两个基本特色:首先,每一种美学思想都与一种世界观相呼应,每一种"美"的背后都牵涉着世界的始基和本原;其次,大多数美学家都把"美"区分为两个层面,一个是理性的本质的层面,一个是感性的现象的层面。在这两个层面中,古希腊初期的哲人们偏重于从感性的现象的层面理解世界始基和本原,故而这个时期的美学思考也带有明显的感性化倾向。进入古希腊鼎盛期之后,哲人们转向理性的本质的层面探究世界始基和本原;与此同时,他们的美学思考也就带有理性化倾向。

毕达哥拉斯学派突破先前的哲学从具体事物入手探究世界始基的做法,认为世界的始基是"数","数"在整个自然中是最先存在的东西。它标志着一个永恒而有序的世界,美在本质上就是由"数"

---

〔1〕 阿特纳奥.博学宴饮集:第12卷.转引自蒋孔阳,朱立元.西方美学通史:第1卷.上海文艺出版社,1999.724.

所构成的尺度、比例和秩序。在毕达哥拉斯学派看来，不仅音乐的音程和音阶可以用数字比例来表达，而且包括天宇在内的所有其他事物也都以数为原型，"围绕宇宙中心运动的各个天体之间的距离，都是有一定的数的比率的，有的天体运行得快些，有的慢些；运动得比较慢的天体发出深沉的音调，比较快的发出高昂的音调；而这些和距离成比率的音调，就结合成为和谐的声音。所以他们说数是这种谐音的起源，由此，他们自然而然地断定数是天体和宇宙的本原。他们说，太阳和地球的距离是月亮和地球的距离的两倍，金星是三倍，水星是四倍，每个个别的天体都处于一定的比率；天体的运行是和谐的，距离越大的天体运动得越快，距离越小运动得越慢，各居间的天体按照它们环行的大小成比率地运行。基于事物和数之间的这种相似性，他们设想存在的事物既是由数构成的，同时它们自身也就是数"〔1〕。

赫拉克利特认为，世界的始基原本和谐，因此，"美"即是由对立或者杂多的因素造成的和谐。他说："互相排斥的东西结合在一起，不同的音调造成最美的和谐；一切都是斗争所产生的"〔2〕；"自然是由联合对立物造成最初的和谐，而不是由联合同类的东西。艺术也是这样造成和谐的，显然是由于模仿自然。绘画在画面上混合着白色和黑色、黄色和红色的部分，从而造成与原物相似的形相。音乐混合不同音调的高音和低音、长音和短音，从而造成一个和谐的曲调。书法混合元音和辅音，从而构成整个这种艺术"〔3〕。

〔1〕 亚里士多德残篇选. 转引自西方美学通史：第1卷. 上海文艺出版社，1999. 69－70.

〔2〕 北京大学哲学系美学教研室. 西方美学家论美和美感. 商务印书馆，1980. 15.

〔3〕 同〔2〕.

柏拉图上承苏格拉底的“相”论，将“美”区分为“美本身”和美的事物两个层面，并把“美本身”定位于理念世界，把美的事物定位于现实世界，认为“美本身”是绝对的、超越的、永恒的、无始无终的、不生不灭的存在，是美的根源和本质，美的事物只是对“美本身”的分有，是“美本身”的影子，变动不居、摇晃不定的感性存在者。在著名的《大希庇阿斯篇》中，他首先通过逐层辩解，一一否定了从感性具体的美的事物所引出的种种“美”的定义，诸如“美就是一位漂亮小姐”、“美就是黄金的点缀”、“美就是适当”、“美就是家里钱多，身体好”、“美是好的原因”、“美就是由视觉和听觉产生的快感”等，继而主张超越现实世界的美的事物，到理念世界去探寻“美本身”，即一切美的事物成为美的共同原因。在《会饮篇》中，他把“美本身”称为“美的相”，认为“美的相”“并不表现于一张脸、一双手，或者身体的某一其他部分，也不是言辞或知识，更不是在某某处所的东西，不在动物身上，不在地上，不在天上，也不在别的什么上，而是那个在自身上、在自身里的永远是唯一类型的东西，其他一切美的东西都是以某种方式分沾它，当别的东西产生消灭的时候，它却无得亦无失，始终如一”[1]。这就是说，“美的相”虽向感性具体事物投射微弱的光辉，但它本身却属于理念世界，是独立自足、不生不灭、永恒存在的“型”。真正的美学研究，应当以“美的相”为根本目标，应当超越感觉的实在去捕捉超感觉的实在。正是基于这一点，后来黑格尔在反思西方美学史的时候，对柏拉图作了高度评价，认为他是第一个对美学研究提出了哲学要求的思想家。

---

〔1〕 柏拉图. 柏拉图对话集·斐洞篇. 王太庆译. 商务印书馆，2004. 337－338.

亚里士多德虽然不同意柏拉图把美的本体与美的事物划归为两个世界的观点，但却坚持把美的本体与美的事物划归一个世界的两个层面。他相信，无论本体、理性，还是现象、感性，都属于同一个现实世界。在《形而上学》中，亚里士多德一方面指出，"在感觉事物以外有一个永恒，不动变，而独立的本体"，"这本体没有任何量度，没有部分而不可区分"〔1〕；另一方面指出，"美的主要形式是秩序、匀称与明确"，数理学科正是最明白地揭示它们〔2〕；显然，在这里，他把"永恒不动的本体"看做美的本原，把秩序、匀称和确定性看做美的标志。在《动物的构造》中，亚里士多德强调，"美"在客观事物本身，从自然界可以寻找到美的根源，美就是"自然的创生与组合的目的"，"整个生物界向我们表达着自然的美，每一生物也各向我们表达着某些自然的美。在自然的最高级的各种创作中，绝没有丝毫的胡乱，殊途而同归，一切都引向一个目的，而自然的创生与组合的目的就是美的形式"〔3〕。在《论宇宙》中，亚里士多德继承了古希腊早期哲人如赫拉克里特、毕达哥拉斯等的和谐观念，结合自然现象和艺术现象分析美的构成。他说，自然喜欢相反的东西如雌与雄，从相反的东西的结合中求得和谐，美与艺术就是对自然的模仿，"绘画就是把白与黑、黄与红混合起来，才创造出与自然一致的作品；音乐是糅合了高音与低音、长音与短音，才谱写出一曲不同音调的悦耳乐章；文法也是把母音与子音结

〔1〕 亚里士多德. 形而上学：吴寿彭译. 商务印书馆，1959. 249.

〔2〕 同〔1〕. 265－266.

〔3〕 亚里士多德. 动物的构造. 转引自蒋孔阳，朱立元. 西方美学通史：第1卷. 上海文艺出版社，1999. 419.

合在一起,才从中形成了这门整体的艺术"[1]。

普罗丁的美学算得上是柏拉图美学的罗马版。在《九章集》中,普罗丁指出,按照流行的观点,"部分与部分、部分与全体之间的匀称,再加上一些悦目的颜色,就造成肉眼可见的美"[2],但事实上,美并不在比例和匀称,因为,如果将美即比例、匀称的观点放置到广阔的社会生活中去衡量,就显得很不合理,譬如,谁能够说在美的事业、法律、知识或学问中也有对称呢? 又怎能说各种学术的定理是彼此对称的啊。由此,普罗丁越过比例、匀称,以"分有"说为思路探求了美的本源。他按照由低到高的次第追问美的本源:此岸的美与彼岸的美之所以相似,是因为它们都分有了理念;理念之所以产生,是因为它来自于神明;所谓神明,即"太一",亦即集真善美于一体的最高存在,相当于柏拉图所说的"美本身"、"美的相"、"美之本体"。普罗丁找到"太一"之后,又按照从高到低的顺序描述美的最高本源"流溢"出美的事物的过程。他论述道,"太一"是一切之父,一切都从"太一"中派生出来的一样,"为了使万物能够是实在的存在物,'太一'便不是一个存在,而是各种存在的父亲"[3]。"'太一'降生美,并使美变得更美,由于这种美是由于美的过度而自'太一'中流溢出来的,'太一'是美的源泉和顶点。'太一'作为美的源泉,使无论什么样的美都产生自'太

〔1〕 亚里士多德全集:第2卷. 中国人民大学出版社,1994. 618.

〔2〕 普罗丁. 九章集:第1集第6章第1节. 转引自蒋孔阳,朱立元. 西方美学通史:第1卷. 上海文艺出版社,1999. 908.

〔3〕 普罗丁. 九章集:第5集第2章第1节. 转引自章安祺. 缪灵珠美学译文集:第1卷. 中国人民大学出版社,1998.

一’。”[1]“太一”最先流溢出来的是理念，理念流溢出世界灵魂，世界灵魂流溢出个别灵魂，最后，由灵魂流溢出物质世界，物质世界离“太一”最远，所以，到物质世界美只剩下一丝丝回光返照。总起来说，“理念到来了，把一件由许多部分组成的东西加以组织安排，使之成为一个统一体，于是创造了一个和谐统一的东西，因为理念本身是统一的，而那因理念而取得形式的东西，在杂多所能够成为统一的范围内，也应该是统一的。所以一旦结合为整一体，美就安坐在它上面，使得它的各部分和全体都美。但是，当理念落到一个统一而且均匀的东西上面时，它就以美授给了整体。这仿佛是大自然独运匠心，把美有时授予整个大厦和它的各部分，有时却授予一块砖石。由此可见，物体美是因分享了一种来自神明的理性而产生的”[2]。

三、中世纪的美学思考

一般认为，长达一千余年的中世纪仅仅给西方美学留下了一片“荒漠”，但实际上，中世纪的西方美学不仅有它独特的生命活力，而且有它独特的思考方式。正如阎国忠先生所述：“基督教神学给了美学以新的契机，新的生命，美学在神学的庇护下进入了历史发展的第二个时期——以神学方式完善和展现自身的时期。对于这一点，如果我们意识到了所谓神学不过是被扭曲和被夸大了的人学，或以异在形式表现出来的人学时，就不会感到多么困惑，

〔1〕 普罗丁. 九章集：第6集第7章第32节. 转引自章安祺. 缪灵珠美学译文集：第1卷. 中国人民大学出版社，1998.

〔2〕 普罗丁. 九章集：第1集第6章第2节. 转引自章安祺. 缪灵珠美学译文集：第1卷. 中国人民大学出版社，1998.

相反会为之欣慰和庆幸。"[1]中世纪对"神"、"上帝"的膜拜,其实就是以一种曲折的形式表达对完善的"人"的企盼与向往,因为"上帝"虽然超越,但却并非远离尘世的存在,而不过是"理想中的全人类"的一个代名词。就美学思考方式而言,中世纪扩延了古希腊罗马美学本体与现象、理性与感性二元分立思考方式,并且开始将美与人的存在、人的生活关联起来。

在《圣经》中,"美"多用如形容词,用以摹写人体的美,尤其是女性的美貌。譬如,《创世纪》中第六章第二节就写道:"上帝的儿子看见人的女子美貌,就随意挑选,娶来为妻。"但是,《圣经》谈"美",一方面往往有凶险相伴,往往被认为是一种过眼烟云式的东西,另一方面常常与上帝相涉,常常被看做上帝"神性"的显现;前者有如《箴言》所谓"艳是虚假的,美是空幻的",后者有如《诗篇》所谓"我曾求耶和华,我仍要寻求,就是一生一世住在耶和华的殿中,瞻仰他的荣美",以及《雅各书》所谓"各种美善的恩赐和各种全备的赏赐,都是从上头来的,从众光之父那里降下来的"等。《圣经》结合上帝的神性理解美,为整个中世纪美学规定了主导思考方式和主要思考方向。

中世纪美学最普遍、最根本的思考方式,乃是以上帝为"美"的本原和本体,从上帝出发思考美的生成和构成。这种思考方式与古希腊罗马美学的思考方式在实质上是属于同一类型的。所不同的只是,古希腊罗马美学确认的"美本身"、"美的相"、美的木原和本体在超越的"理念"世界、内在的"实体"、神明的"太一",到中世纪转换成了"上帝";古希腊罗马美学本体与现象、理性与感性的分立,到中世纪转换

〔1〕 阎国忠. 美是上帝的名字——中世纪神学美学. 上海社会科学院出版社, 2003.3.

成了上帝与尘世的对立。

圣·奥古斯丁是从古希腊美学向中世纪美学过渡的一个关键人物。他对"美"的思考可分以为前后两期。在前期,他写有《论美与适宜》,书中继承古希腊早期美学流行的思考方式对美下定义,认为:"美是事物本身使人喜爱,而适宜是此一事物与另一事物的和谐。"〔1〕在后期,奥古斯丁皈依基督,其美学思考方式和思想观点都发生了重大转换。他将柏拉图的"理念"、普罗丁的"太一"推演为上帝(主),主张避开事物本身而到事物之外,即超越的上帝那里寻找美。他反复颂扬上帝:"是你,主,创造了天地;你是美,因为它们是美丽的;你是善,因为它们是好的;你实在,因为它们存在,但它们的美、善、存在,并不和创造者一样;相形之下,它们并不美,并不善,并不存在。"在奥古斯丁看来,上帝"至高、至美、至能,无所不能;至仁、至义、至隐,无往而不在;至美、至坚、至定,但又无从执持,不变化而变化一切,无新无故而更新一切"〔2〕;上帝之所以美,是"因为它是全然美好的,是超出一切的美者。它永远如此,不变换,不变化;它是美的,但不是像那些有生有死,有长有衰的东西,并非在一个方面美好和又在其他方面丑陋。它不是'现在'美,而'其他时间'又不美;不是与某一事物联系起来美,但与另一事物联系就不美了。它并非在一地美,但在另一地就不美,好像它能对有些人美,而对另一些人就不美了似的。决不是这样!它在自身中,根据它自身,使出独特的和永恒的美"〔3〕。上帝本身是绝对的美,上帝所创造的一切同样显耀着美的光辉,因为它们分享着

〔1〕 奥古斯丁.忏悔录.周士良译.商务印书馆,1981.66.

〔2〕 同〔1〕.4.

〔3〕 圣·奥古斯丁.三位一体论:第三部第4章中引伪狄奥尼修斯语.阎国忠.美是上帝的名字——中世纪神学美学.上海社会科学院出版社,2003.80-81.

上帝的美。在这里，我们可以听到普罗丁"分有说"的回响。在《论自由意志》一文中，奥古斯丁用诗一般的语言描绘道："看那天空、陆地、海洋以及充塞其间的一切，当空照耀的、地下爬行的、天上飞的、水中游的，所有这一切都有其形式，因为它们都有数的尺寸。去掉这些尺寸，它们将不复存在。它们来自何物？只能来自创造数的造物者。数量是它们存在的条件。而制作各类物体的人类艺术家在其工作中也运用着数。因此如果你想寻找驱动艺术家双手的力量的话，它就是数。"[1]这里，"创造数的造物者"就是"上帝"。

托马斯·阿奎那认为，上帝是真善美三位一体，美的本原与本体在于上帝，从上帝出发思考美，不仅合情合理，而且名正言顺。他说："存在之万物莫不源出于美和善，也就是源出于上帝，属于一个因果原则。故万事万物的存在，如在一个存有原则之中那样，沐浴在美和善之中。它们趋向美善，欲求美善，以为目的……万事万物，皆因美善而得其形，它们观望美善，仿佛观望一个范例因，而它们就以一个范例因作为尺度，来统辖它们的行为。"[2]在《神学大全》中，托马斯·阿奎那提出了美之为美的三个重要条件："美有三个条件。第一是整一或者说完善，因为不完整的东西，就这一条件来看就是丑的。其次是比例或者说和谐。此外还有明晰，因为我们称色彩鲜明的东西是美的。"[3]在整一、比例、明晰三者中，第一个条件表明人在自身之中真实完美地拥有圣父的性质；第二

---

〔1〕 奥古斯丁.论自由意志:第2卷第42章.转引自沃拉德斯拉维·塔塔科维兹.中世纪美学.中国社会科学出版社,1991.75.

〔2〕 《神名论》疏证:第4章第8节.转引自蒋孔阳,朱立元.西方美学通史:第2卷.上海文艺出版社,1999.212.

〔3〕 托马斯·阿奎那.神学大全:第1编第39题.转引自蒋孔阳,朱立元.西方美学通史:第2卷.上海文艺出版社,1999.217.

个条件表明只要有非凡的比例和绝好的匀衡，只要和谐，圣父哪怕再现了一个丑的形象，也是美的；第三个条件表明圣言充满理性智慧的光辉，是无一缺欠的万能的艺术。阿奎那通过这三个条件的分析，构建了美的“三位一体”结构，其中，“整一”是美的本质，“比例”是美的形象，“明晰”是美的表现。

综上所述，我们不难见出，中世纪美学作为整个美学史的一个重要的组成部分，在古希腊美学和近代美学之间起到了重要的过渡作用。这种作用不仅表现在观念上的承前启后，而且体现在思考方式上的承接过渡。

第二节

文艺复兴至启蒙时期的美学思考方式

一、文艺复兴的美学思考

文艺复兴时期西方哲学的显著特征，是由本体论向认识论转变，从追问“世界的始基是什么”向人“何以可能掌握世界”转变，从探索外部世界向反思人自身的主体性，尤其是主体的认识能力转变。经过这种转变，“本体”成了最高的认识对象，成了依靠主体理性能力加以把捉的终极实在、属性和根据。认识论成了一切自然科学思考自然世界的主导方式，也成了一切人文科学思考人生世界、人文世界的主导方式。文艺复兴时期的美学正是喝着认识论的“乳汁”成长起来的。从英国经验主义美学、大陆理性主义美学,到德国古典美学,虽说其理论观点和具体思路多有分歧,甚至对垒,但是,在把美当做认识对象、把审美活动当做认识活动、把美学当做认识论这一点上,却有相同相近之处。

我们知道,早在柏拉图的著述中,认识论的基本原则就已经初露端倪,理念世界与现象世界二分中蕴藏着主体与客体二分的思想萌芽。经过亚里士多德的阐发、运用,认识论的基本原则和方法得到了丰富和发展。亚氏把"实体"概念区分为"第一实体"与"第二实体",这个区分不仅暗示着从本体论向认识论转换的思想契机,而且暗示着两条不同的认识路线,因为,虽然"第二实体"意味着事物的"怎是",即"存在",标示出"实体"的本体论意义,但"第一实体"却意味着具体个别事物,表示实体的认识论意义,因此,从"第一实体"开始把握"实体",即是后来的经验主义,从"第二实体"着手把握"实体",即是后来的理性主义。但尽管如此,我们仍然要说,系统的哲学认识论及其思考方式则是文艺复兴的产物。文艺复兴对近代西方思想的发展具有两种重要的意义:"一是它在'复兴'古代文化的旗号下,唤醒了在古代曾经流行而在'黑暗的'中世纪被压抑已久的人文精神,并使之在与启蒙思想的结合中获得了与古代不同的近代含义;二是它使人在直面自然而不是听命神意的世俗实践活动中,培养了以认识自然、改造自然为目的的科学精神,使之成为近代自然科学进步的思想基础。"[1]正是这种人文主义和自然科学的合力,

〔1〕 叶秀山,王树人. 西方哲学史:第4卷. 凤凰出版社,江苏人民出版社,2004. 4-5.

使人的主体地位、世界的客体地位以及人与世界之间的主客体关系得以确立，也使主客二元对立的认识论思考方式得以提到近代哲学的前台。

文艺复兴时期的美学思考方式是认识论哲学思考方式在美学领域中的投影。这种思考方式的特色是：越过中世纪神学美学，回到古希腊罗马美学中吸取思想资源，消解上帝与神灵在审美活动中的本原地位，以人为主体，以自然为客体，从人和自然的主客体关系出发思考美，用自然对象本身固有的形式、结构、属性解释美。

当然，我们应该指出，自文艺复兴开始，西方哲学确实从根本上转向了认识论，不过，这并未动摇形而上学的基础地位，更未抛弃形而上学的基本问题。事实反而是，在这个时期里几乎所有注重认识论的哲学家同时就是形而上学家。原因在于，认识论必须以世界的存在及其本质规定为依据，否则就会变得无根[1]；同时，认识论的基本目标之一是运用理性去把捉世界的本体和本质，认识论的重大使命之一乃是为形而上学提供论证。这样，我们就不难理解，近代西方认识论哲学为何总是牵涉对世界本原的探索，近代西方认识论美学为何一再到客观对象世界中去追问美的终极本体和最高属性。

同时，我们还应当指出，西方美学进入文艺复兴之后，中世纪神学美学的影响并未完全消失，许多美学思想家的论述中甚至还保留着神学美学的提法。譬如，但丁就因袭着中世纪的美学术语：

---

〔1〕 参见叶秀山，王树人. 西方哲学史：第4卷. 凤凰出版社，江苏人民出版社，2004.11.

“每一种本质和美德，都是来自那个最初的本源，较低的理智之接受它，犹如受光于一个光源，像镜子那样，将来自上方的光辉反射到它们的下方”，“所以显而易见理性是可昭示，神圣之光，即神圣的美善、智慧和德行，是怎样地普照万方。”[1]达·芬奇的美学理论中也重复着“神性”、“神力”一类概念：“绘画的科学性也就是神性，它转化画家的心智，使之相似于那神圣的心智。它以自由的神力，观照各式各样的动物、植物、果实、风景、田野、山坡，考究它们各不相同的性质，画上可怕可惧的事物，这给观者带来恐惧；也画上柔合明快使人愉悦的事物，用斑斓的色彩点缀鲜花盛开的草地”[2]；但是，可以肯定，文艺复兴从根本上以“人”的主体地位取代了“上帝”的主宰地位，以人的创造性的本质力量取代了上帝的造物能力。

事实上，在文艺复兴美学思想家们的心目中，上帝已经不再是全知全能的造物主，不再是美的本原。人和自然回到了美学思考的中心。

库萨的尼古劳在《论美》一文中，挣脱上帝智慧流溢万物之美的观点，将美学思考的目光投向审美对象的感性形式，认为美是“形式的光辉”，美从感性事物向更高层次的精神升华发展。他指出，美有三个方面值得注意：第一，能够清晰地显现出物质的各个匀称的、固定的部分的那种形式的光辉；第二，能够激起他人（物）

---

〔1〕 转引自蒋孔阳，朱立元. 西方美学通史：第2卷，上海文艺出版社，1999. 291. 译文可参见但丁. 致斯加拉大亲王书. 章安祺. 缪灵珠美学译文集：第1卷. 中国人民大学出版社，1998. 315.

〔2〕 达·芬奇. 论绘画（英文版）·片断 280，433. 麦克马洪译. 普林斯顿大学出版社，1956.

的爱；第三，能把一切都汇集一起，形成整一的形式。可见，事物自身的美开始成为美学思考的主要对象，“上帝”、“神”开始退出美学思考的视野。

阿尔伯蒂在《论建筑》中更为明确地梳理了美同“比例”、“和谐”的关系，表现出回归古希腊，告别中世纪，从人和自然出发，到事物本身的比例、和谐中去寻求美的美学思考意向。他写道：“美是所有部分之间的和谐，各部分和它的存在于中的整体是那样吻合无间，那样比例有序，以至添加一分或减去一分，就会毁了整个对象。它肯定是伟大而神灵的东西。达成这一完美须竭尽人的才能才智，因而不但在人是世所罕见，即令自然，圆满创造出一切方面都完美无缺的作品，也殊为少见。”[1]在阿尔伯蒂看来，“美是事物各部分之间的一种协调和相互作用。这一协调是通过和谐所要求的特定的数、特定的比例和安排实现的，而和谐是自然的基本原则所在。这于建筑尤为必然。因为一座建筑物要求高贵、漂亮、庄重，以使人景仰。为了这 原因，我们的先辈在研究了事物的性质之后决定应当去模仿自然。自然是一切形式的大师。人类就其心智所能，汇集自然造物中所以体现的法则，将它们转化(为)建筑的原理”[2]。

二、经验主义的美学思考

文艺复兴之后，西方认识论美学进入了黄金时段。这个黄金

---

〔1〕 阿尔伯蒂. 论建筑：第6卷第2章. 转引自蒋孔阳，朱立元. 西方美学通史：第2卷. 上海文艺出版社，1999. 398.

〔2〕 阿尔伯蒂. 论建筑：第9卷第5章. 转引自蒋孔阳，朱立元. 西方美学通史：第2卷. 上海文艺出版社，1999. 399.

时段，历史上称为“启蒙”时代。“启蒙”一词，原初含义是指“照亮”，尤其是指思想精神的“揭蔽”、“启发”，去除蒙昧。“启蒙”的根本方略正是要以理性精神“照亮”和“启发”人们的心灵，引导人们运用理性思考世界与人生。“启蒙”时代的哲学家们不仅全面发展了人类运用逻辑推理的能力，形成了经验主义和理性主义两大哲学派别，而且全面构建了一种有别于本体论哲学的思考方式，即以人为主体，以世界为客体，用人的理智来观察认识世界、理解人的地位价值的主客二元分立的认识论思考方式。

经验主义美学是认识论美学的一个重要分支。经验主义美学思考方式是认识论美学思考方式的一种特殊形式，其特点是：把“美”看做经验对象，主张从当下的感觉经验入手，采用归纳方法，逐步探求美的本质。由于经验既包括客观因素，又包括主观因素，是主客因素的统一，所以细加分析，经验主义的美学思考也就包括三条途径，一条途径是从客体的感性形式探求美，其代表人物有培根、荷迦兹等；一条途径是从主体的感觉知觉探求美，其代表人物有洛克、休谟等；另一条途径是从客体感性形式与主体感觉知觉的统一中探求美，其代表人物有博克等。

培根虽然没有对认识论的相关问题作出系统的梳理和揭示，也没有为认识论的大厦建构起基本的理论框架，但是，他较早地关注人的认识能力，提出归纳方法，主张用自然科学的目光审视人与自然的关系，追问认识论的核心问题，即知识何以可能。培根认为，真正的哲学家应该像蜜蜂，从各种花蕊中采取甜汁，通过自己的消化力，而酿造成蜜；真正的哲学应该从感性经验出发，层层归纳经验对象的本质属性，而不应该从概念出发，由概念推演出经验对象。美学研究也同样如此。美不在感性具体的客体对象之外，不是离开感性物体而独立存在的“美的相”，而就在目可见、耳可闻、手可触的客观事物本身，在不以人的主观意识为转移的客体对象上；我们不应当离开出现在经验中的客体对象，而应当从感觉经验出发去求索和思考美。

雷诺兹提出，不存在所谓专门用于审美的“第六感官”，美来自于自然，审美活动扎根于自然，美学思考应当从自然出发。他说：“我们无法设想有一种超越自然的美，正如无法设想有一个第六种感官，或是有什么优美是在人心界限以内产生的。最不哲学的莫过于这样一种假设：说我们可以设想有一种美或优异品质是在自然之外或自然之上的，自然是，而且必须是，我们的一切观念所自出的源头。”[1]在雷诺兹看来，艺术是对自然的摹仿和再现，一切伟大完美的艺术形象，一切卓越的审美形式，都来自大自然这一“伟大联合体”的馈赠。

威廉·荷迦兹的美学思考方式是一种典型的经验归纳方式。他从具体的审美实践和艺术作品中发现，审美对象乃是经验对象，经验对象来自于感性自然，而感性自然和艺术作品都可以归纳出大量的美的原则，譬如“适宜”、“变化”、“一致”、“单纯”、“错杂”和量等，这些美的原则可以直接引起我们的美感，其中尤其是把各种因素和各个部分有机组合为一种完整结构的“适宜”，更能取悦于人。因而，如果探求美，就要从客观存在的自然界及其对我们的感官发生作用而形成的表象出发，而不是从各种先入为主的成见或某位大师的好恶出发。

---

〔1〕 北京大学哲学系美学教研室. 西方美学家论美和美感. 商务印书馆，1980. 115.

沙夫兹博里看到，美与自然的形式、比例之间存在着内在联系，“凡是美的都是和谐的和比例合度的，凡是和谐的和比例合度的就是真的，凡是既美又真的也就在结果上是愉快的和善的”〔1〕。但沙夫兹博里主张，不能把“美”简单地归结为客体，而应当从客体对象的感性形式出发归纳美的本质，揭示“美本身”；形式并非客观事物本身所固有的，而是“心灵”赋予的，只有心灵才能控制和调节物质，使物质服从于意图，也只有心灵才是物体之所以美的本原，“美、漂亮、好看，这些都决不在物质（或材料）而在艺术和构图；决不在物体本身而在形式或是造成形式的力量”〔2〕。沙夫兹博里经过细致的考察，把美的形式分为三类：第一类是“死形式”，即由人和自然以不同材料赋予的一切形状；第二类是“赋予形式的形式”，即构成各种形式的造型力量，包括智力、行为、作为等，艺术所创造的美就属于这一类；第三类是“最高序列”的形式，包括用我们的双手赋予无生命物体的形式和形象、社会思想赋予形象的美等。这三类形式造成了感性世界的美。

英国哲学家洛克就主张到主体感知觉中去寻访美的本源：“由几个简单观念所合成的观念，我叫它们为复杂观念；就如美、感激、人、军队、宇宙等等。这些观念虽然都是由各种简单观念复合而成的，虽然是由简单观念所合成的复杂观念复合而成的，可是人心可以任意认它们是整个的一个东西，并且用一个名词来表示它们。”〔3〕

法国思想家帕斯卡尔认识到，人人都是上帝的造物，人人都是

---

〔1〕 北京大学哲学系美学教研室. 西方美学家论美和美感. 商务印书馆，1980. 94.

〔2〕 同〔1〕.

〔3〕 洛克. 人类理解论：商务印书馆，1959. 130.

一种原初的美,人人都有自己的感知觉,人人都禀具美的标准:"喜悦以及美都有一定的典型,它就在于我们的天性(无论它实际的情况是强是弱)与令我们喜悦的事物两者之间的一定的关系"[1];人"只有在美当中才能寻找到这种爱的对象,因为它自身就是上帝所创造的最美的创造物,它必须在自身之内寻找这种美的标准"。基于这样的认识,帕斯卡尔提出,美学研究应当从人自身出发,以人的主体性因素为基点追溯美的原本,到人所在的感性世界中寻找美的形象。

休谟则坚定地认为,美的产生同效用有着密切联系,效用直接影响到某个对象是否能引起我们的愉快。比如,一所房屋的舒适,一片田野的肥沃,一匹马的健壮,一艘船的容量、安全性和航行迅速,"就构成这些各别对象的主要的美"。"在这里,被称为美的那个对象只是借其产生某种效果的倾向,使我们感到愉快。那种效果就是某一个其他人的快乐或利益"[2]。但另一方面,效用并非构成审美对象的唯一条件。追溯起来,一个审美对象的构成,最终的根源却在于审美主体的感性心理因素:"美不是物自身里的性质,它只存在于观照事物的人心之中,每个人在心中感受到的美是彼此不同的。对于同一对象,一个人可以感受到的是丑,而另一个人却感受到了美;各个不同的人都应该默认他自己的感受,不必去随声附和别人的看法。"[3]因此,把捉美的起源和本质,必须求助于主体的感觉和心灵。

博克是从经验主客体的统一中思考"美"的重要代表。

---

〔1〕 帕斯卡尔.思想录.何兆武译.商务印书馆,1985.15.
〔2〕 休谟.人性论:下册.商务印书馆,1980.618.
〔3〕 休谟.审美趣味的标准.见休谟散文集.上海三联书店,1988.144.

首先,博克发现,通常所谓的美,离不开经验对象的感性形式,离不开物体中能够引起爱或类似的感情的一种或几种品质。这些品质即人类通过感官接受、为经验对象自然而然具有的性质。它们概括起来主要包括下列几种:“第一,比较小;其次,光滑;第三,各部分见出变化;但是第四,这些部分不露棱角,彼此像熔成一片(例如曲线——原注);第五,身材娇弱,不是突出地现出孔武有力的样子;第六,颜色鲜明,但不强烈刺眼;第七,如果有刺眼的颜色,也要配上其他颜色,使它在变化中得到冲淡。”[1]从这个角度讲,美可以定位在事物可感觉的性质上面。

其次,博克又发现,美离不开经验主体的感官的干预,离不开经验主体的感性心理因素。譬如,人观照某个美的事物时所产生的感动,以及在内心中所感觉到的那种满意或者“爱”等等。从这个角度说,“美”又可以从经验主体的感知觉上找到根源。

博克把两方面综合起来,得出一个基本结论:“美是不得不依靠某些实在的品质而感动人的东西。而且因为它不是理性的创造物,因为它在打动我们时与效用无关,甚至在根本不可能看出效用的场合下打动我们,因为自然界的秩序和方法一般说来与我们的尺度和比例大相迥异,所以我们必须断定,美大半是借助于感官的干预而机械地对人的心灵发生作用的物体的某种品质。”[2]基于此,博克主张从感性经验出发,在经验主客体的统一中思考美。

---

〔1〕 北京大学哲学系美学教研室. 西方美学家论美和美感. 商务印书馆,1980. 122.

〔2〕 博克. 关于崇高与美. 转引自马奇. 西方美学史资料选编:上卷. 上海人民出版社,1987. 553.

三、理性主义的美学思考

从表面看，理性主义美学与经验主义美学在思考起点、重心和路向上都存在着巨大分歧：前者从形而上的“美本身”出发，坚持理性、本质的层面，走自上而下演绎的思维路向，后者从形而下的经验对象出发，坚执感性、现象的层面，走自下而上归纳的思维路向；但深入到实质上看，理性主义美学与经验主义美学却不过是同一辆马车的两个转轮：两者同属于认识论美学，共有主客二元分立的思考方式，都在主体与客体的认识关系中求索美的本质。

理性主义美学思考方式的绝对出发点是理性。但是理性有两种含义：一种是与具体事物、感性形式相对立的理性，指客体对象世界的最高属性和普遍本质；另一种是与感觉经验、感性认识相对立的理性，指主体思维和认识活动所达到的最高层次。因此，理性主义美学思考方式大体包括从主体的理性能力思考美，从客体的本质属性思考美，从理性主客体的关系思考美。

从主体的理性思考美，最早是笛卡尔开启出来的美学思考方式。黑格尔曾经断言，笛卡尔开创了西方思想的新时代，“从笛卡尔起，我们踏进了一种独立的哲学。这种哲学明白：它自己是独立地从理性而来的，自我意识是真理的主要环节”[1]。这是符合史实的。笛卡尔从“我思”入手寻找认识外界事物的前提，确立主体的中心性、优先性和基础性，开启了以主体证客体、思想理念证感性实在的认识论模式，把西方思想推进到认识论阶段。笛卡尔之后，认识论模式成了近代西方哲学和美学研究的思考范式。在这

---

〔1〕 黑格尔. 哲学史讲演录：第4卷. 贺鳞，王太庆译. 商务印书馆，1978. 59.

个思考范式的规导下，美学的中心任务就落实为追问“美的本质”，求解“美是什么”，获取“美”的知识。经过鲍姆嘉通，尤其是德国古典美学家的进一步发展，把“美”作为一个纯粹客观和固定不变的对象来分析、研究和认识，探求“美”的确切定义，多角度、多方位获得对美的本质认识，建构美的知识论体系，遂成为西方美学的大势。

笛卡尔坚信，哲学追求的目标是数学推理的精确性和可靠性；精确可靠的前提是清楚明白、无可置疑；最为清楚明白、无可置疑的前提，即“自明”的前提是“我思”；因此，应当把“我思”作为认识的绝对开端。在某种意义上说，确立“我思”的优先地位，就是把人设立为主体，把世界设立为展现在“自我”面前的客体，把人对世界的关系设立为主体对客体的关系，这就必然导致主客二分的认识论思考方式的设立。笛卡尔看到，虽然“思想”包括在我们身上发生、被我们意识到的各种理解、意欲、想象，甚至知觉，但其本质和主要的构成成分却是理性；虽然在审美认识中，“我思”洋溢着怀疑精神，主体的判断充满复杂性，如我们无从确定凡是能使最大多数人感到愉快的东西是最美的，又如同一件事物，可以使这批人高兴得要跳舞，却使另一批人伤心得想流泪；但是，“思”在实质上就是运用理性，运用逻各斯。同样，在审美之思中，理性占有优先地位，美和主体的理性“判断”不可分离，“一般地说，所谓美和愉快所指的都不过是我们的判断和对象之间的一种关系”[1]。这样，笛卡尔得出结论：应当从主体的理性出发展开美学思考。

〔1〕 北京大学哲学系美学教研室. 西方美学家论美和美感. 商务印书馆，1980. 78－79.

斯宾诺莎以“实体”为本体。“实体”以自己为原因，在自身通过自身而被认识，无需借助于别的概念而存在。“实体”具有无限多样的属性，并通过诸多属性显示出绝对无限的存在，这就是“神”。世间唯有“实体”是自由因，是永恒的存在，是最高的理性，是第一个清楚明白的真观念，是原初的诗意。斯宾诺莎从“实体”出发思考人的美好的生活方式。首先，他认为，人们要拥有美好的生活方式，必须经过理性的启蒙，从黑暗的洞穴和愚昧的存在状态中摆脱出来。其次，他认为，功利性的快乐享受，如财富、名誉和感官带来的快乐享受，并不是人生的真正幸福。拥有美好生活方式的人是自由人。自由人绝不是放纵情欲的人，而是用理性指导自己行为、不受他者他物他律支使的人。因此，只有改变功利性的生活方式，脱离财富、荣誉、感官享受的追求，以“实体”为原型建立稳定的生活方式和生活秩序，进入心灵的自由安宁和无纠纷状态，才能接近真正的幸福和诗意。在《知性改进论》中，斯宾诺莎写道：“热爱具有永恒和无限性质的事物就是用纯粹的幸福滋养心灵，从一切忧伤中解放出来。”[1]

莱布尼茨的美学思考残留着普罗丁“太一流溢说”的影子。他认为，世界万物是由不可分割的“单子”构成的。“单子”是精神实体，每一个单子都是一个灵魂。单子作为灵魂有等级之分：无生物和植物的单子处在最低级，仅仅有细微的知觉；动物的单子处在较高级的，它除细微知觉之外还可记忆；最高级的单子只属于人，具有理性灵魂。每一个单子又都是世界的一面镜子，都不同程度地反映着整个世界。莱布尼茨强调，“单子”通过神的

〔1〕 斯宾诺莎. 知性改进论. 沃特出版社，1960. 5.

创造而开端、毁灭而终结，在神的某种安排之下变化、吻合[1]；神是"至高无上的原因"，代表着一种"预定和谐"。单子从神那里接受了既是能动又是被动的本性，各自在其自身之内按照活动的规律内在地、和谐地发展着，从而产生多样统一的和谐秩序，亦即美："多样性中的统一性不是别的，只是和谐，并且由于某物与一物较之与另一物更为一致，就产生了秩序，由秩序又产生出美，美又唤醒爱。"[2]不言而喻，理性化的"单子"乃是探寻美的本原和本质的当然起点。

布瓦洛倡导，美学思考必须以理性为起点。因为，美和真高度统一："只有真才美，只有真可爱，真应统治一切，寓言也非例外；一切虚构中的不折不扣的虚假，也只为使真理现得格外显眼。"[3]"真"即"自然"，"自然"即"由理性所统治的"自然的普遍性和规律性，亦即"理性"本身。

鲍姆加登把美学思考的原初起点建立在"完善"的概念上。"完善"既表征着客体对象的最高的存在状态，又标志着主体思维的和谐统一。美就是感性认识的完善。他在《形而上学》一书中谈到："完善的外形，或是广义的鉴赏力为显而易见的完善，就是美，相应不完善就是丑。因此，美本身就使观者喜爱，丑本身就使观者嫌厌。"[4]他在《美学》一书中指出："感性认识的美和事物的

---

〔1〕 哲学原理：第十八节. 转引自黑格尔. 哲学演讲录：第3卷. 贺鳞，王太庆译. 商务印书馆，1959. 170.

〔2〕 莱布尼茨. 论智慧. 转引自卡西勒. 启蒙哲学. 顾伟铭译. 山东人民出版社，1988. 118.

〔3〕 北京大学哲学系美学教研室. 西方美学家论美和美感. 商务印书馆，1980. 81.

〔4〕 同〔3〕. 142.

美(的)本身,都是复合的完善,而且是无所不包的完善。"[1]所谓"无所不包的完善",从客体方面讲,即指对象的完整、协调、明晰,从主体方面讲,即指思维内容上的相互协调、思维次序上的和谐、思维表现上的内在一致。

温克尔曼明确主张,从"完善"着手进行美的探索,从主客体的统一点上理解"完善"。他认为,"完善"是一切美的事物的原型,但是,如果仅仅拘泥于对自然的精心研究,那还远不足以获得关于美的完善的观念,只有在心灵和自然的统一中形成"普遍观念",才有可能达成"完善"。基于此,温克尔曼指出,美学思考的关键就是要寻找完善的普遍观念,把握美的原型,"经常性地观察人体的可能,驱使希腊艺术家们进一步形成对人体各个部位和身体整体比例美的确定的普遍观念,这种观念应该高于自然,只有用理智创造出来的精神性的自然,才是他们的原型"[2]。

狄德罗看到,过去的美学多以形式、秩序、结构、比例、统一等概念为美的定义,其思考方式建筑在经验归纳的基础之上,显然留有不足。为深入探讨美的本质,狄德罗提出"关系"的概念。他所谓的关系,既指事物内部各部分之间的关系,又指事物与事物之间的关系,还指事物与人之间的主客体关系。狄德罗的全部美学思想,包括美的本质的解释、美的类型的区分、审美活动的辨析等,都是以"关系"为轴心而展开的。他首先肯定,一切事物,"凡是能够在我们的悟性里唤起'关系'这个概念的",就叫

---

〔1〕 鲍姆加登. 美学:第1卷第24节. 参见马奇. 西方美学史资料选编:上卷. 上海人民出版社,1987. 695.

〔2〕 温克尔曼. 一些意见. 见论古代作品. 中国人民大学出版社,1989. 31.

做外在于"我"的美[1];一切物体之所以美,是由于我们借助于感官觉察到它身上的各种关系;美在关系。其次,他认为,关系是一种悟性的活动,关系的基础虽在客观事物之中,但它依赖于我们的悟性而存在,需要凭借我们的悟性理解而获得。再次,他指出,"美总是由关系构成的"[2],美因关系而产生,随关系而增长、变化、衰退、消失,因而也只能通过"关系"才能得到恰当的说明。关系普遍存在,哪里有客观事物,哪里就有关系;关系来自于实践需要,而非与生俱来;正是关系构成了美学思考的根本出发点。狄德罗的美在关系说强调美存在于事物的客观关系之中,在思维层次上要高于单从客观事物的形式、结构、属性找美的美学观点。但是,狄德罗所说的关系还局限于物质世界,并没有提升到人类社会生活实践的层面。

第三节

德国古典美学的思考方式

一、康德的美学思考

就整体而言,以康德为开端,由黑格尔集大成的德国古典美学,以其包罗万象、严密完整的美学思想体系,融合并且超越了经验主义美学和理性主义美学。

---

〔1〕 狄德罗美学论文选.人民文学出版社,1984.25.

〔2〕 同〔1〕.31.

康德的美学思考方式属于经典的主体性美学思考方式。这种主体性美学思考方式,一方面是对经验主义美学思考方式和理性主义美学思考方式的调和融合,另一方面又是出于时代需要而提上思想前台的。就前一方面来说,世界是人的唯一活动场所,康德既想通过真实而细致的经验论,在世界上确立纯粹科学的正确性和重要性,又想靠超感官之物来确定无限的价值和道德形而上学的信念,同时想以美学思考在两者之间架设桥梁。从后一方面来说,哲学本来就是时代的自我意识,康德哲学尤其打上了深深的时代印记。谢林当年就敏锐地感受到,"对于一个精神崩溃、道德解体的时代,康德的贡献在于,令僵死的精神重新活跃起来"[1]。这种精神其实就是康德哲学和美学思考所表现出来的主体精神。

康德的美学思考可分为前后两期。在前期著作《人类学》中,康德提出,人类的主体本质表现在自我意识、自由本性、自身生成人化的感性能力等方面[2];人类文明史的根本目的在于追问人类的本质以及人类的可能性;美学作为人类文明的重要组成部分,乃是人类实现和确证自我的重要环节。从人类学的角度讲,"适中尺度只是美的基本标准和基础,但决不是美本身,因为美需要某种显现性格的东西"[3];美学思考的根基在人的主体本性以及人类实现和确证自身的可能性。

以后,康德以其批判哲学全面确立了"主体"的优先地位,并

---

〔1〕 转引自雅斯贝斯. 大哲学家. 社会科学文献出版社,2005. 542.

〔2〕 参见蒋孔阳,朱立元. 西方美学通史:第4卷. 上海文艺出版社,1999. 32-39.

〔3〕 康德. 实用观点的人类学. 转引自蒋孔阳,朱立元. 西方美学通史:第4卷. 上海文艺出版社,1999. 39.

对认识领域、道德领域、审美领域的主体性原则作了全面的考察和论证。他认为,人在认识领域的是理论即“知”的主体性,在道德领域的是实践即“意”的主体性,在审美领域的则是“情”的主体性。康德《判断力批判》的根本取向和全副精力,就在于以主体性为核心来思考美,以消除传统经验主义美学和理性主义美学各执一端的弊端,并通过审美活动在隔岸相望的认识领域和道德领域之间架设桥梁。

康德在美学思考中充满了小心精神,因为他碰到的美学难题过于严峻。在他那里,审美活动一方面要能够成为沟通认识与道德、理论与实践、现象与本体的桥梁;另一方面要保证自身的纯粹性,谨防受到自然界因果必然性的影响和感觉材料的制约,受到日常经验感受、功利欲望的污染,受到实践意志的宰制;同时还要实现使人自身的到全面发展的目的和希望,防止人由目的沦为手段,防止世界变成一片无人在场的蛮荒。

康德首先澄清的是一个简单的事实:现象界不存在现成的客观的美,“不存在任何规则让某个人根据它而必然地将一个东西认作美的”[1],无论是一朵花、一件衣服,还是一座山、一栋房子,它们本身都找不到美的物理因素,审美判断来自于我们的主观感受与现象纯形式的契合。这个简单事实却揭示出康德美学的一个基本原则:强调主观感受,以确保主体性在审美中的优先地位,强调现象纯形式,保证审美本身的自律性和纯粹性。

康德美学的核心内容,是从质、量、关系、情状四个方面细心地展示审美的主体性原则,深入地分析主体与客体在审美判断中的

〔1〕 撒穆尔·伊诺克·斯通普夫等.西方哲学史.中华书局,2005.450.

结合。

从质的属性看，审美一方面令人愉快，另一方面又无利害计较。审美令人愉快，所以要划归情感领域。但愉快多种多样，有功利满足引起的感官快适，有善的实现引起的道德满足，有审美引起的愉快，等等。康德认为，其他愉快都与对象的实存有关，都以人的欲求能力为规定性根据，唯有审美愉快是最纯粹的，因为它是一种“无利害计较”的自由愉快。“无利害计较”一词，最为传神地刻画了康德美学的精魂，它是审美主体性的集中表现，是审美愉快之纯粹性的内在根据，是审美和艺术得以独立的理论基石，是审美活动区别于功利活动、认识活动、道德活动的根本标尺。对于从前的西方美学来说，这个“无利害计较”高度地综合了一切关于审美主体精神态度的观念，包括柏拉图所谓失去日常理智、听凭神灵凭附，直到沙夫兹博里等人提出的审美“第六感官”，对于后世的美学来说，这个“无利害计较”又是一种开山话语，引发了现当代形形色色的审美态度理论。譬如，席勒的“游戏”说，叔本华的审美“自失”观，布洛的“心理距离”论，乃至中国近现代王国维的“可爱玩而不可利用”，朱光潜的“无所为而为的玩索”，宗白华的“唯美的眼光”，范寿康的“无我的境地”、“艺术观照的态度”，李泽厚的“功利二重性”，等等。

从量的属性来看，审美一方面普遍令人喜欢，另一方面又不涉及概念。康德认为，审美与功利快适相似，都涉及个别对象，并且都有主观性，但两者不同，功利快适仅仅与对象的实存（质料）相关，因而没有普遍性，审美则虽然涉及个别对象却普遍地令人喜欢。审美与认识形似，都有普遍性，但两者不同，认识与概念相关，其普遍性是通过概念表达出来的普遍性，审美的普遍性则是由于想象力与知性的自由协调而引起的主观情感的普遍性。这样，在康德那里，审美判断一方面只涉及感性的、个别的对象形式，另一方面又能引起普遍的主观的愉快。

从关系上看，审美一方面无客观的目的，另一方面又符合主观的目的性。康德说，审美不能有客观目的，因为一旦有客观目的，审美就不再以自己为原因，不再为自身而存在，不再自由。事实上，自然界的花、观赏鸟、贝壳，人所创造的无标题音乐、无意义装饰等，就不受对象概念的制约，没有什么客观目的。但是，美却又有主观目的，即要以人为目的，以人的理想存在状态为目的，美是对象的合目的性形式。

从情状或方式上看，审美一方面不含概念的必然性，另一方面又必然引起主观“共通感”。康德主张，审美判断具有必然性，但这种必然性并非概念的必然性，而是一切人对于一个判断表示主观赞同的必然性。这种主观赞同的必然性来自于人的先天的“共同感”。人同此心，心同此感。“共同感”就是只通过情感而不通过概念，普遍有效地规定何物令人愉快、何物令人不快的先验能力。这个“共同感”是康德美学的一个坚核，是审美主体性中的“自由因”。康德认为，人人都有“共同感”，“共同感”规定着审美的必然性，并且这种必然性不是来自概念，只是来自情感。

由上述四点可见，康德通过他独特的美学思考，既克服经验主义美学和理性主义美学的片面性，使人类的“认识活动”和“实践活动”两大领域得以沟通，又赋予“美”以存在的必然性和合法性，极大地深化了对美的主观性和主体性的理解。

二、黑格尔的美学思考

黑格尔的美学思考方式从属于他的哲学思考方式。在哲学上，黑格尔不愧为西方传统形而上学和认识论的集大成者。在他之前，实体与主体在本体论的层面上一直未曾统一，斯宾诺莎只谈实体，康德以及费希特只谈主体（自我），黑格尔则统而言之：实体就是主体。他说："全部关键就在于，不把真东西当实体，而把它同样理解为、表达为主体。"[1]实体与主体的统一，就是世界精神与人的意识的统一，主观与客观的统一，自由与必然的统一，统一为那个包罗万象的"绝对理念"。于是，在黑格尔那里，绝对理念就成了人、世界、自然、社会、历史发生发展的总根基。

黑格尔认识到，从本体论的高度看，绝对理念是独立于肉体之外，能够自我运动、自我认识、自我实现的精神实体；整个世界历史的发展过程就是绝对理念自我孕造、自我异化、自我复归的过程；绝对理念也划定了美学思考的原初起点。

黑格尔的美学思考就是从最高的理性层面——"美是理念"开始的。首先，美是理念，但理念不同于柏拉图所谓的相，它不是静止、孤立的客体，而是能够能动地创造万物的主体，是普遍的无限的绝对的心灵；不是抽象、片面、与客观实在分离的概念，而是"本身已包含各种差异在内的统一"的具体的整体[2]，是由于自身的矛盾运动可以使自己的本质在感性对象中实现、发挥出来的绝对精神。其次，美作为理念，必须符合真理，必须符合

〔1〕 北京大学哲学系．西方哲学原著选读：下卷．商务印书馆，1982．366．

〔2〕 黑格尔．美学：第1卷．朱光潜译．商务印书馆，1979．137．

客观事物的本质和规律，甚至可以说，美与真是一回事，这是前提。再次，美与真之间又是有区别的：真是指理念符合它的自在本质与普遍性；真只有在取得外在感性存在的形式，即体现于个别具体事物之时，才具备成为美的可能性，只有当这种包孕真的个别事物的外在现象同它所体现的理念完全统一，即在事物的外观完满地体现其内在本质和真理之时，才是美的理念。换言之，美的理念是具体的理念，是与具体的现实形象融为一体的理念。因此，美既不是意志（欲念）的对象，也不是知解力的对象。最后，只有当美的理念以感性形式"直接"地呈现于人的感官和意识，成为人的感觉对象时，它才生成构成为现实的审美对象，从这个意义上讲，离开作为审美主体的人，也就无所谓美，无所谓审美对象。

黑格尔美学思考的独特性，在于它从绝对理念出发理解"美的理念"，从"理念的感性显现"来理解美，而且在于它赋予"美的理念"以历史逻辑的客观属性和辩证发展的主体属性，在主客体相统一的视野中观照"美"的历史发生和现实存在。黑格尔认为，自然是理念的最浅近的客观存在，因此，第一种美就是自然美。不过，在黑格尔看来，自然的美不是自身固有的，一方面，只有活的有机的自然才是理念的一种现实，才可能有美，另一方面，自然生命是为人的审美意识而美的。自然即便有美，它的美也没有使形象成为内在方面的表现，因而仅仅是抽象形式、感性材料的外在美。换句话说，自然美的缺陷就在于自然生命的内在因素还只是内在的，理性灵魂还没有灌注到外在形象的每一部分。黑格尔指出，只有在艺术中，自由自觉的心灵才真正为形象所表现，美才真正得以发生存在。于是，黑格尔美学思考的重点就放在艺术。按照他的描述,美的理念的发展过程体现为艺术的不同历史阶段,反过来讲,艺术的历史行程正展示着美的理念本身及其具体形象的发展过程。艺术的历史脚步最初起自于象征型艺术。象征型艺术作为真正艺术的一种准备和过渡,其内在的意义与表现形式尚未完全契合,还只是用自然事物的形式把真实而普遍的理念内容转化为可以观照的形象的艺术。象征型艺术之后是古典型艺术。古典型艺术是对象征型艺术的扬弃,它与象征型艺术相比,已经明显取得了独立自足性,其精神意义与自然形象互相渗透。古典型艺术的内容是人的精神和人的生活,它不仅能把这种内容塑造为完美的艺术形象,而且能通过艺术形象标划出人的自由个体所处的和谐、静穆和幸福的历史存在状态。古典型艺术为浪漫型艺术所扬弃。浪漫型艺术是绝对精神离开肉体、返归自身的产物。因此,在浪漫型艺术中,最高的美不再是形象的美,而是精神的美,最高的原则不再是自然的原则,而是内在的主体性原则,最高的内容不再是外在的形象,而是绝对的内心生活,是精神的主体性,即主体对于自己的独立自由的认识。

黑格尔在美学思考方式上的独特贡献,还在于他第一个把实践概念引入美学领域,第一个用对象化活动来解释实践概念,第一个从对象化活动入手思考“美”的生成和构成。黑格尔深刻地指出,美和艺术乃是为了满足人类“最后”和“最高范围”的需要而产生的,“因为人有一种冲动,要在直接呈现于他面前的外在事物之中实现他自己,而且就在这实践过程中认识他自己。人通过改变外在事物来达到这个目的,在这些外在事物上面刻下他自己内心生活的烙印,而且发现他自己的性格在这些外在事物中复现了。人这样做,目的在于要以自由人的身份,去消除外在世界的那种顽强的疏远性，在事物的形状中他欣赏的只是他自己的外在现实”[1]。这就是说，实践是主体(理念)的对象化活动，对象化活动即主体创造客体的同时见到了自身、创造了自身，美就诞生于对象化实践。

德国古典美学发展到黑格尔达到顶峰，无法向前迈进。费尔巴哈正是在黑格尔终止之处继续作美学思考的。他发现，审美活动的根源并不是黑格尔所说的“理念”，而是人自身的感性本质力量，包括人的情感、能力、潜力等。他说：“理性的对象就是对象化的理性，感情的对象就是对象化的感情。如果你对于音乐没有欣赏力，没有感情，那么你听到最美的音乐，也只是像听到耳边吹过的风，或者脚下流过的水一样。那么，当音调抓住了你的时候，是什么东西抓住你呢？你在音调里面听到些什么呢？难道听到的不是你自己的心的声音吗？”[2]在费尔巴哈说来，美固然属于对象世界，但美不是理性对象，而是感性对象。美作为感性对象，是感情的独白，是人的感性本质的对象化或显现，包含着人的本质的丰富性。费尔巴哈强调指出：“凡是在主观上或者在人一方面具有本质的意义的，在客观上或者在对象一方面，就也因此而具有本质的意义”；人类的一切对象，都来自他自己的本质规定，“他只是在这种规定中摹绘出自己，使自己对象化而已”[3]。由此，费尔巴哈的美学找到了一个完全不同于黑格尔美学的逻辑起点：人的主体“类本质”。

---

〔1〕 黑格尔. 美学：第1卷. 朱光潜译. 商务印书馆，1979. 39.

〔2〕 北京大学哲学系美学教研室. 西方美学家论美和美感. 商务印书馆，1980. 210－211.

〔3〕 费尔巴哈哲学著作选集：下卷，商务印书馆，1984. 36－37.

三、其他德国古典美学家的美学思考

席勒美学的思考重心是美和自由之间的关系。他提出:“美不是别的,而是现象中的自由”[1]的命题。所谓“现象中的自由”,是指事物的自我规定性,即一种形式上的自由或自由的形式。这一命题告诉我们,现象必须自由地、按其所是地显现在直观中,才向主体呈现为美。美学应当从客体在直观中显示的自由出发,而不是从概念出发,思考和解释说明美。席勒确切地说:“美是不需要说明或不借助于概念说明自身的形式。”[2]在《审美教育书简》中,席勒进一步考察“美”与“自由”的关系。他指出,美是活的形象。活的形象是指对象的形式在我们的感觉里活着,对象的生活在我们的知性中取得形式。在这里,席勒实际上综合了经验主义美学与理性主义美学的观点,强调美是生活与形象的统一,感性与理性的统一,内容与形式的统一。以此为基础,席勒又提出游戏冲动的命题,认为只有达到实在与形式的统一,偶然与必然的统一,受动与自由的统一,人性才会完满实现。审美的正当功能就在于使人性得到完满实现,在于它是解决人性异化和分裂状态的理性的工具、手段和中介。所以,自由人性的完满实现,在席勒那里就成了美学思考的根本起点、途径和目标。

赫尔岑曾经在歌德与谢林之间作过一个比较,认为歌德是

---

〔1〕 席勒. 论美书简:第二封信. 见秀美与尊严. 张玉能译. 文化艺术出版社,1996.45.

〔2〕 同〔1〕.52.

“诗人思想家”,谢林是“思想家诗人”。的确,歌德始终是从诗意的角度思考世界和人生的。他虽然明确怀疑过传统美学关于美的定义,但却从来没有中止对世界和人生美学的思索。在歌德看来,人与自然原本和谐,只是凭着精神、智力、道德诸因素,人才得以高出于其他自然物,成为能够进行感觉、体验和思维的统一体,成为“每天每日开拓生活和自由”的主体。艺术审美既是人类适应自然的完整性、统一性而产生出来的精神活动,又是充分体现人类持续不断地超越自然、开拓生活的创造活动,同时还标志着人类能够达到的最高的精神境界和享受。自然充满着无限的创造力,人通过他的创造与自然融为一体,达到诗意的境界。歌德认为,“美”虽然能通过丰富多样的感性活动和具体事物显现出来,但它本身却始终藏匿在感性活动和具体事物的背后,“美其实是一种本原现象(urphanomen),它本身固然从来不出现,但它反映在创造精神的无数不同的表现中,都是可以目睹的,它和自然一样丰富多彩”〔1〕。美乃是表现在人类活动及其感性成果中的“有自由的完善境界”〔2〕。所谓“自由”,其一是指具有超越直接功利目的和需要的活动,其二是指合目的又合规律的活动,其三是指听从意志支配的活动,即精神自由。所谓“完善”,其一是指符合其生存的目的和更多的更高的目的,其二是指形成一个和谐的整体,其三是指“多样性的统一”。基于上述认识,歌德美学思考的起点和基点定位在自然,更定位在人类生生不息的创造活动及其对象成果上。

---

〔1〕 歌德谈话录.人民文学出版社,1980.132.

〔2〕 参见蒋孔阳,朱立元.西方美学通史:第4卷.上海文艺出版社,1999.504.

谢林与歌德的相同之处在于,他们都诗意地思考自然,都能从自然中体味到一种勃勃的生机与活力。但与歌德不同,谢林把自然整体理解为能动的世界精神,把审美和艺术理解为自然与自我的最后汇合,理解为无限者的有限表象,理解为上帝的自由通过人而实现的反映形式。在《艺术哲学》和《先验唯心主义体系》等著作中,谢林指出,美是现实地直观到的绝对;"艺术本身是绝对者之流溢(ausfluss)"[1],它让我们洞见绝对,发现精神与自然的原始合一,"可以说,艺术对于哲学家来说就是最崇高的东西,因为艺术好象给哲学家打开了至圣所,在这里,在永恒的、原始的统一中,已经在自然和历史里分离的东西和必须永远在生命、行动与思维里躲避的东西仿佛都燃烧成一道火焰"[2]。谢林认为,世界存在着"永恒的美"和"一切美的原型",即"原初的美"和"绝对的美"。这种原初绝对的美与柏拉图所谓"美的相"大体相当,它不可闻,不可见,不生不灭,先于任何美的事物而存在,并派生了一切美的事物。谢林把这种原初绝对的美看做美学思考的原点,并由此出发,进一步追问美的本质,描述美的显现生成。他提出,"美是现实地直观到的绝对"。所谓"绝对",就是原始本体,也就是没有任何前提和原因、不隶属于任何事物的存在本身。这个存在本身就是宇宙和自然,就是不可解释的、没有上位概念的神,或者"绝对精神"(absoluter geist)和"世界精神"(weletgeist)。不过,谢林所说的"神",并不是无所不能、全知全能的"上帝",而是绝对无限的实体存在,这也就是斯宾诺莎在他的《伦理学》中所提出的那

[1] 谢林. 艺术哲学. 中国社会科学出版社,1996. 26.

[2] 谢林. 先验唯心主义体系. 梁志学,石泉译. 商务印书馆,1976. 276.

种宇宙神、存在神:“神,我理解为绝对无限的存在,亦即具有无限‘多’属性的实体,其中每一属性各表示永恒无限的本质。”[1]在谢林看来,神是宇宙的构型规则,宇宙就是神按照美的规则构成的一件伟大的艺术品,美就在宇宙自然本身;美是无限的、和谐的、与自身完全同一的;美符合理性地产生出人和万物,使人和万物在宇宙的怀抱中自得、安宁、亲切、相互融洽。但是,美作为终极本质,无论怎样解释都是抽象的,都是不能直接诉诸感官的。美必须借助于具体事物才能显现出来。每一个美的具体事物既是特殊的、个别的,又是一个整体,能把总体性、绝对性或神性直接呈现在人的感官面前,让人“直观”。谢林强调,“当特殊事物与其概念是如此相符,以至于作为无限事物的概念进入有限事物,并在具体事物中被直观到时,美就被设定了”[2];美是“有限和无限的统一”,“理性与感性的统一”,“主观和客观的统一”,“自由与必然的统一”[3]。因此,应当从客体世界寻找本原的美,从本原的美出发展开美学思考,构筑美学体系。

---

〔1〕 斯宾诺莎. 伦理学. 商务印书馆,1958. 3.

〔2〕 谢林选集:第3卷. 转引自蒋孔阳,朱立元. 西方美学通史:第4卷. 上海文艺出版社,1999. 284.

〔3〕 参见蒋孔阳,朱立元. 西方美学通史:第4卷. 上海文艺出版社,1999. 284-287.

第四节

19世纪的美学思考方式

一、对德国古典美学思考方式的批判和改造

德国古典美学后期，以柏林大学为核心逐渐形成了黑格尔学派。嗣后，黑格尔成为整个欧洲美学的“权威”，他的思想几乎统率着整个欧洲的美学界。直到晚期黑格尔学派的分裂，这个在西方哲学史上最为庞大的哲学和美学体系才走向解体，欧洲的哲学和美学才开始新的探索。

19世纪的西方世界，随着人类认识视野的不断开拓，自然科学得到迅猛发展，正如英国科学史家丹皮尔所述：“最近一百年或一百五十年中，人们对于自然的宇宙的整个观念改变了，因为我们认识到人类与其周围的世界，一样服从相同的物理定律与过程，不能与世界分开来考虑，而观察、归纳、演绎与试验的科学定律与过程，不但可应用于纯科学原来的题材，而且在人类思想与行动的各种不同领域里差不多都可以应用。”[1]在这种情况下，美学思考也出现了形形色色的新取向：以费希纳为代表的自下而上的实验美学、丹纳提出的艺术社会学等，凸显了这一时代的科学主义美学取向；叔本华、尼采、狄尔泰等人从人类涌动不羁的“生命意志”出发思考审美

〔1〕 丹皮尔.科学史及其与哲学和宗教的关系：下册.商务印书馆，1989.283.

活动所形成的美学思想，凸显了这一时代的生命美学取向；摆脱虚幻的哲学演绎，以人类实践活动、人类生活的历史进程为根本出发点的马克思的美学，标志着这一时代最重大的美学变革。

德国美学思想家费舍尔以其《美学或美的科学》对黑格尔的美学体系作了反思和改造。费舍尔与黑格尔有相近的一面，他把美与艺术看做是绝对理念自我运动的具体样式。车尔尼雪夫斯基在《艺术与现实的审美关系》一书中引述了费舍尔的美学观点："美是在有限的显现形式中的观念；美是被视为观念之纯粹表现的个别的感性对象，因此在观念中没有一样东西不是感性地显现这个别的对象上，而在个别的感性对象中，没有一样东西不是观念的纯粹表现。从这方面说，个别的对象就叫形象(das bild)。这样，美就是观念与形象之完全吻合，完全的统一。"[1]但另一方面，费舍尔对黑格尔的美学作了一定程度的改造，从而同黑格尔拉开了距离。他认为，黑格尔将美学仅仅理解为"艺术哲学"，贱视自然美和"偶然性"的美学价值，不能不说是一种严重的理论疏忽。为此，他在《美学》中花费大量篇幅对自然美和"偶然性"作了极其详尽的讨论：自然界的事物，比如狮子之所以让人感到美，是因为它本身符合了审美规律，具有影响其构成的偶然因素，这些偶然因素使狮子免于变成一种单纯的类型，变成一种"食肉动物"的抽象观念；"一切生活、一切历史，以及一切领域中的一切精神活动，实际上都是消灭和同化偶然性的历史"[2]；偶然性因素对于审美对象的构成具有不可忽视的意义，只有在美中偶然性才不会被根除。

〔1〕 车尔尼雪夫斯基. 艺术与现实的审美关系. 人民文学出版社，1979.3.

〔2〕 费舍尔. 美学：第6卷第41节. 转引自吉尔伯特，库恩. 美学史：下卷. 上海译文出版社，1989.664.

费舍尔把“偶然性”作为美学思考的一个焦点，不仅意味着黑格尔高标的那个完整严密的“理念”世界开始出现裂缝，而且意味着以感性审美经验为重心的实证主义美学思考方式正在兴起。

新黑格尔主义的主要代表人物鲍桑葵提出著名的“使情成体”说，认为“美是情感变成有形”[1]，“美首先是一种创造，一种新的独特表现，使一种新的情感从而获得存在”[2]。按照“使情成体”的思路，鲍桑葵给出了美的定义：“凡是对感官知觉或想象力，具有特征的也就是个性的表现力的东西，同时又经过同样的媒介，服从于一般的也就是抽象的表现力的东西就是美。”[3]在这里，鲍桑葵用“情感”置换了黑格尔的“理念”，从而一方面暗示出19世纪心理学的发展给美学思考带来的深刻影响，另一方面又暗示出黑格尔的“理念”论美学正在走向终结，20世纪表现主义美学悄然拉开序幕。

洛采大体赞同黑格尔的理念论美学观，同时把“价值”引入美学，对黑格尔“美是理念的感性显现”的基本命题作了补充和改造。洛采一方面不同意把美与善、舒适截然分开，主张从价值的层面去理解美，认为“只要美对我们起作用，这个被称做‘美’的东西，从它本身来看，就具有一个绝对价值，这个价值为我们的美感快感的正当性提供论据。也就是说，我们要求美具有一个客观的意义”[4]。另一方面，他又反对仅仅从形式的角度界定美，认为“一切使我们似乎只注意纯形式比例的审美趣味，完

〔1〕 鲍桑葵. 美学三讲. 上海译文出版社，1983. 51.

〔2〕 同〔1〕. 9.

〔3〕 鲍桑葵. 美学史. 广西师范大学出版社，2001. 3－4.

〔4〕 李醒尘. 十九世纪西方美学名著选（德国卷）. 复旦大学出版社，1990. 479.

全建立在这样的事实上,即这些审美趣味完全是最高级的东西为了自己的目的所惯常采取的一些形式。高级的美赋予我们快感,不是由于它是各个单个美的成分的一种适当组合,而是由于使我们愉悦的这些成分是它们能够使我们联想到的那种整体美的组成部分"[1]。

哈特曼则试图以"无意识"为审美活动的本体根基,调和、改造黑格尔的"理念论"和叔本华的"意志论"。他断言,在哲学和美学的研究中,如果我们不肯定意志对自然的作用,就不能说明自然的发展;但是,如果我们肯定意志对自然的作用,就必须肯定意志的背后有目的观念在支撑,并且必须肯定目的本身是无意识的。哈特曼认为,宇宙的本体正是这种"无意识"。无意识原本处于不活动的状态,仅仅被没有根据的意志所推动,但由于它具有潜在的逻辑理性,所以才被理性目的所统率,合乎逻辑地发展、演化。哈特曼指出,美就根源于无意识。无意识的展开是主观与客观的显现过程,一方面使实体事物引发一种理想化的、非个人的形象情感,另一方面又使审美主体把自我投射到对象之中而生成一种现实的审美愉悦,这两方面的结合使主体和客体、知性的直觉和情感的投射之间暂时契合为一。哈特曼坚信,美与美感是在无意识的显现过程中同步发生的,"美就是对自己在理念中的基础和目的有所领悟的爱的生活"[2]。从哈特曼的美学思考,我们可以看到19世纪中后期西方心理学美学的踪迹,以及理性主义美学和非理性主义美学之间的调和折衷。

---

〔1〕 洛采.德国美学史.转引自吉尔伯特,库恩.美学史:下卷.上海译文出版社,1989.671.

〔2〕 鲍桑葵.美学史.广西师范大学出版社,2001.343.

车尔尼雪夫斯基在《艺术与现实的审美关系》等著作中，把美学思想的矛头直接指向黑格尔。首先，他认为，黑格尔提出的“美是理念的感性显现”的命题，“只是由于未受哲学思想启发、缺乏洞察力而发生的‘假象’，有了哲学思想，观念在个别对象上的显现之貌似的完全，就会消失，结果（按照黑格尔的体系）思想发展得越高，美也消失得越多，直至我们达到思想发展的最高点，那就只剩下真实，无美可言了”〔1〕。在他看来，如果肯定黑格尔这一命题，肯定事物的美是由于显现了出类拔萃的本质属性，那么，就等于肯定“一只出类拔萃的田鼠”也是美的了。其次，他针对黑格尔贬低自然美的观点指出，现实美不仅完满，而且还高于艺术美，因为艺术不过是生活的替代物，譬如说，艺术到现在还没有造出甚至像一个橙子或苹果那样的东西，一个塑像的美决不能超过一个活人的美，一张照片决不会比本人更美。

车尔尼雪夫斯基站在一种无可置疑的人文主义立场，对美与人、美与人类生活的关系作了充分的肯定：“在人觉得可爱的一切东西中最有一般性的，他觉得世界上最可爱的，就是生活”〔2〕；“美是生活；任何事物，凡是我们在那里面看得见依照我们的理解应当如此的生活，那就是美的；任何东西，凡是显示出生活或使我们想起生活的，那就是美的”〔3〕。显然，车尔尼雪夫斯基将美从抽象的理性王国拉回到现实人间、日常的社会生活，从而人的丰富多彩的个性、人类的社会生活便成为最高层次的审美对象，成为美学

〔1〕 车尔尼雪夫斯基全集：第2卷．转引自舍斯塔科夫．美学范畴论．湖南文艺出版社，1990．79－80．

〔2〕 车尔尼雪夫斯基．艺术与现实的审美关系．周扬译．人民文学出版社，1979．6．

〔3〕 同〔2〕．

思考的出发点:“在整个可感觉的世界中,人是最高级的实体;所以人的个性是我们所能感受得到的、世界上最高的美,而世上其他各级的存在物只有在其暗示到和提示到人的时候,才具有美的意义,而且这种美是由那种暗示和提示达到什么程度而决定的。许多个别的人结合成整体——构成社会;因此,美的最高范围是人类社会。”[1]

二、科学主义的美学思考

科学主义美学可分为形式主义美学和心理学美学两大流派。形式主义美学坚持运用严谨的科学方法,对审美客体自身的属性进行追问,在经验事实中寻找美学的理论依据。心理学美学则努力提倡“自下而上”的思考方式,以对抗“自上而下”的形而上的传统美学思考方式。

赫尔巴特是形式主义美学的主要代表人物。他认为,美学应当追问客体自身的因素,尤其是形式因素:“客体本身有哪些因素会引起自发的惬意感和不惬意感,对这一问题的最简单的原始规定便是美学原理。”[2]在《美学导论》中,赫尔巴特区别了美和快感,把美理解为价值。他说:“快感和不快感随着文化教育的发展逐渐退居到一种次要和暂时的地位,而美作为一种其价值不容否认的持久存在越来越显示其重要性。然而,从美自身的剩余部分中又可分离出道德成分来,它不仅作为一种有价值的东西被占有,而且还决定着人格本身的绝对价值。最后,从道德成分中又进一

〔1〕 章安祺.缪灵珠美学译文集:第3卷.中国人民大学出版社,1998.290.

〔2〕 李醒尘.十九世纪西方美学名著选(德国卷).复旦大学出版社,1990.360.

步分离出人与人的相互要求所必需的法律成分,忽视这种成分就无法形成必不可缺的社会秩序。"[1]这表明,美是摆脱了模糊性、不确定性的一种价值;道德从属于审美,从美的体系中分离出来;伦理学也可以视为美学的一个组成部分。

汉斯立克把美解释为纯粹的形式。他论述道:"'美'是没有什么目的的,因为美仅仅是形式,这个形式要看它的内容怎样,它可以用于各种不同的目的,但它本身并没有其他目的,只有它自己是目的。观看美的事物可能使观看者发生愉快的情感,但是这些情感是与美的事物本身,就其本身而论,并没有什么关系。尽管我们把美的事物置放在观看者的面前,并且怀有明确的目的,要让他得到快感,但这个目的是与被置放的事物的美本身,丝毫没有什么关系。美的事物始终是美好的,即使它不产生什么情感,甚至在没有人观看它时也是这样;因此它仅是使观看者的主体愉悦,而不是由于这愉悦才是美的。"[2]

唯美主义美学家佩特和王尔德都特别强调形式对于美的重要意义。他们认为,形式就是一切,艺术家只要拜倒在形式的脚下,就可以参悟美的秘密,洞察艺术的奥妙。正是由于具有第一性的形式,艺术才显得美;正是由于局限在对形式的模仿和追随,生活才是痛苦的,甚至虚幻的。王尔德声称:"我把艺术当做最高的实在,把生活当做艺术虚构的唯一样式"[3];"生活对艺术的模仿远远多于艺术对生活的模仿";"一个伟大的艺术家创造一个典型,

---

〔1〕 赫巴特.美学导论.转引自十九世纪西方美学名著选(德国卷).复旦大学出版社,1990.358.

〔2〕 汉斯立克.论音乐的美.人民音乐出版社,1982.17.

〔3〕 转引自吉尔伯特,库恩.美学史.上海译文出版社,1989.641.

而生活就是去模仿它,在通俗的形式中复制它,就如一位大胆敢为的出版家那样"[1]。佩特指出,美和真关系密切,但这个所谓"真"却是主体感受的真,而非客观现实的真:"一切美毕竟都仅仅是真实所具有的精美,或者是我们称为表现的东西,即对谈吐中的幻象作更好的调节"[2];佩特强调,为达到"真",必须有智力的明晰,"思想的纯粹的明晰性所拥有的充满诗意的美,心灵的冷漠性和严峻性在实际上所拥有的美的磨砺,它们同肉眼的明晰性之间有着亲缘性关系,这不仅仅是一种形象说法"[3]。唯美主义美学家坚信,不涉内容的纯粹形式,乃是艺术与审美存在的根本所在。

心理学美学与形式主义美学不同,它致力于运用科学的方法考察人的主体心理状态对审美活动形成的重要意义。

费希纳创立实验美学,将从自上而下的逻辑思辨转变为自下而上的实验归纳,使西方美学的思考方式产生根本变革,从而,感性经验、心理实验方法在美学研究中取得了前所未有的重要意义。费希纳认为,美是一种心理—物理现象,是一种可以直接和即刻激起快感之特征的事物。美学研究必须以美感经验为出发点和中心内容,但美感经验不能局限在艺术家与鉴赏家,而应当扩展到不同的日常人。美学思考必须以实验方法为主导,实验方法包括选择法、制作法、常用物测量法等。费希纳的实验美学确实给西方美学产生过重大影响,特别是对把握人类共同的审美心理和人类审美心理的共同性,对艺术作品、工艺美术、日常用品的结构布局带来

---

〔1〕 王尔德. 谎言的衰朽. 转引自蒋孔阳. 十九世纪西方美学名著选(英法美卷). 复旦大学出版社,1990. 211-212.

〔2〕 蒋孔阳. 十九世纪西方美学名著选(英法美卷). 复旦大学出版社,1990. 207.

〔3〕 佩特. 伊壁鸠鲁的信徒马丽厄斯:他的感觉与思想(英文版)1885. 102.

了重要的启示。但是,由于审美活动具有多元性、美学思考具有多维性,因此单靠实验方法不能解决美学的全部问题;同时,由于费希纳仍然坚持上帝的本体地位,把美的最后根源归结于上帝,因而,他的美学思考含摄着一种深刻的矛盾。

康拉德·朗格继承费希纳的实验美学,沿着自下而上的心理学路径探索美。他认为,美学不是一般意义上的美的科学,而是关于审美快感的科学,属于生物学和心理学的一个部分。美学思考的中心应该放在艺术的本质,起点应当放在审美效果。

移情论和内模仿说进一步推进了心理学美学研究。立普斯看到,虽说不是所有的移情作用都导致审美,但移情却是一切审美活动得以发生的必要条件。所谓移情,包括三层意思:一是审美主体设身处地享有对象经验,假定无生命的对象具有人的心灵生活;二是审美主体内在地参与到对象的动作中去,揣摩对象的流动性;三是审美主体把内在的同情移植到对象上,使自我转变成为生活在对象中的自我。可见,移情是审美活动的发生之源。美学思考如果要追根究底,最终就得追究到移情上去。谷鲁斯提出内模仿说,把在立普斯那里仅仅作为与移情相伴随的内模仿感觉,提升为一种独立的身心活动。他认为,单有移情并不是真正的审美,真正的审美活动必然发生着内模仿,就像我们欣赏奔马必然会心领神会地模仿马的跑动。内模仿构成人们审美欣赏的身心基础,处在审美活动的核心,其功能是把主体的过去经验和当前知觉融为一体,使人享受到审美快感。所以,美学思考应当从内模仿出发。

审美态度理论的提出,拓展了心理学美学的研究视野,强化了心理学美学从主体心理状态入手探讨审美活动的思考意向。审美态度的渊源可以上溯到经验主义美学，夏夫兹博里视为“趣味”前提条件的非功利态度，就是审美态度的最早提法。以后，康德所说的“无利害计较”，叔本华所说的超利害、超自我的心态，尤其是谷鲁斯所说的伴随于内模仿的“游戏态度”，都在不同程度上揭示了审美态度的基本特征。但是认真说来，真正从审美发生的根源上讨论审美态度，并从审美态度着手展开美学思考的，当推布洛。布洛深受“审美无利害”观念的影响，提出“心理距离”说，认为主体与对象之间只有保持恰当的距离，才能形成审美态度；只有保持审美态度，事物和情境才可能转化为无利害关系的审美对象，主体自身才能生成为超越现实关系的审美主体，才能把对象作为审美对象加以观照。审美关系的建立，审美活动的发生，审美快感的获得，关键在于由心理距离所形成的审美态度。

三、人本主义的美学思考

随着黑格尔学派的分裂和终结，原本秉承浪漫精神、带有人本主义色彩的“生命”美学异军突起，成为 19 世纪一个重要的美学流派。生命美学的代表人物是叔本华、尼采、狄尔泰、西美尔等，他们拟构了 19 世纪人本主义美学的强音。

19 世纪人本主义美学思想产生之初，德拉克罗瓦以否决传统美学的口吻宣称：“美——这是坚持不懈的劳动所产生的，经常不断的灵感的结果。它像一切应该生存的东西一样，是带着痛苦到这个世界上来的。人们从它那里找到快乐和安慰，所以它不可能是昙花一现的印象,或者陈腐的传统的结果!"[1]初步亮出人本主义美学的思路:美之所以给人以快乐感受,原因在于它使人的情感在痛苦中得到解脱超越,美不是由于传统的安排,而是对于传统的否决,因此,美学的思考方式也应当是一种否决传统的方式。库申认为,美学思考涉及人类生活的各个领域,"美的范围比暴露在我们眼前的物质世界更为广阔;美的领域也就是整个自然界的、心灵的、人的才能所及的领域。目睹着英雄事迹,回忆起伟大的牺牲,甚至想到一个从简单而又丰富的体系里演绎出来的极其严密的抽象真理;或是在另一类的事物面前,在艺术作品面前,上述那种产生美的判断的现象就会在我们身上发生。这些事物尽管殊异,我们承认它们都具有一个共同的性质,作为我们判断的对象,而这一性质,我们便称之为美"[2]。

19 世纪人文主义美学洋溢着浪漫精神,特别重视非理性的情感,并且常常以非理性的眼光看待审美活动。这在叔本华那里体现得非常鲜明。从整个美学思考方式着眼,我们以为,叔本华一方面没有离开德国古典美学一脉相承的自上而下的思路,另一方面又毫不留情地以感性的实在的生命之力,即非理性的"意志",取代了德国古典美学,尤其是黑格尔美学以理性为核心的自由意志,即绝对精神。叔本华认为,世界是由主体所创造、为主体而存在的。主体的知觉、记忆、想象、判断和推理又由"意志"所统率,人类的智慧全部连接于意志之上,意志是主,智慧是仆。所以,世界

---

〔1〕 德拉克罗瓦. 论美. 转引自蒋孔阳. 十九世纪西方美学名著选(英美法卷). 复旦大学出版社,1990. 396.

〔2〕 库申. 论真善美:第 2 篇第 6 章. 转引自蒋孔阳. 十九世纪西方美学名著选(英美法卷). 复旦大学出版社,1990. 345 – 346.

作为意志的表象而存在。准确地说,世界一面是意志,一面是表象,二者缺一不可。意志为自由,表象为必然;意志是表象的本质(自在之物),表象是意志显现自身、向外客体化的目的。意志从不直接进入表象界,而只能通过客体化才能进入表象界。意志的直接客体化就是理念。理念充当着意志在表象世界的直接代理人。基于这一观点,叔本华主张从主体的意志出发来思考美。他在《作为意志和表象的世界》一书中集中表述了这一主张:"当我们称一个对象为美的时候,我们的意思是说这对象是我们审美观赏的客体,而这又包含两个方面。一方面就是说看到这客体就把我们变为客观的了,即是说我们在观赏这客体时,我们所意识到的自己已不是个体人,而是纯粹而无意志的认识的主体了;另一方面则是说我们在对象中看到的已不是个别事物,而是认识到一个理念……比方说当我以审美的,也即是以艺术的眼光观察一棵树,那么,我并不是认识了这棵树,而是认识了这树的理念;至于所观察的是这棵树还是其千年以前枝繁叶茂的祖先,观察者是这一个还是任何另一个在任何时间任何地点活着的个体,那就立即无足轻重了;〔这时〕个别事物和认识着的个体随着根据律的取消而一同取消了,剩下来的除了理念与'认识'的纯粹主体外,再没有什么了。"〔1〕这一系列的论述无非是说,审美和艺术本源于理念。在审美和艺术欣赏中,主体的理念摆脱遗忘,忘却表象,而沉浸在自身,进入一种观照的宁静的境界。这也就意味着,主体成为一个纯粹的无意志的认识的主体,一个非理性、超功利的纯粹主体。叔本华说,美的对象只是理念。理念是意志直接生成的,而不是由经验知

〔1〕 叔本华.作为意志和表象的世界.商务印书馆,1982.291-292.

识推断出来的理论概念,所以超越日常理智算计;同时,作为美的对象的理念,体现着意志最微弱的客体性、物质性。可见,叔本华的美学思考既接近康德又接近席勒。他与康德一样强调审美无功利,但与康德不同,他将审美视做人类挣脱“意志”带来的人生悲剧命运的重要途径。他同席勒一样力图以审美救世,但他强调审美的非理性属性,认为人类只有摆脱意志的束缚才能成为审美的纯粹主体,又与席勒拉开了距离。

尼采以一声“上帝死了,必须重估一切价值”的呐喊,颠覆了欧洲思想的主流传统,从而思想的使命不再是接受外来的印象,寻求确定不变的可靠知识,建立恒固的理性大厦,而是追求一种纯粹的本身完满的创造力。尼采沿用叔本华的术语,把这种创造力称为“强力意志”〔1〕。这种强力意志与叔本华所说的意志大为不同。叔本华所说的意志是一种盲目的冲动、感觉、需求、欲望,而他所谓的意志则代表一种积极、昂扬、向上、永恒轮回的生命劲力。尼采认为,拥有这种“强力意志”的人就是“超人”。“超人”意味着不断创新、创造的“真正的人”。“真正的人”乃是始终保持着一种现实的肯定精神的人,只要一息尚存就将奋斗不止的人,由乎自己、凭借自己的能力创造价值的人。在尼采看来,永恒轮回的强力意志在创造中摧毁,在摧毁中创造,既无开端,亦无终结,构成一个

〔1〕 按照我们的认识,尼采所谓的意志,乃是一种肯定的积极力量,而不是否定的消极力量。在尼采那里,意志既不指向超乎现实人生而走向神秘天国的绝对精神,也不指向否定或者摆脱现实感性世界的世外桃源,而是指向现实人生中的积极进取、自强不息、开拓前进。质言之,尼采根本不承认有什么天国,有什么超越的、绝对的、真善美三位一体的价值世界,他只承认现实的人生建构、创新、创造和超越,只相信人自己做主,在现实人间打破一切信条,在牢靠的大地上自由开创自己的人生、自己的事业,实现自己的价值。

生生不息的生命创造流程。在这个流程中,过去的不曾过去,现在的尚未开始,未来的处在无限的可能性之中。美就属于人的创造,为人所独有;从人的创造性生活出发思考美,乃是美学的天命;相反,如果试图离开人的生命创造思考美,就会失去根据和立足点;"没有什么是美的,只有人是美的:在这一简单的真理上建立了全部美学,它是美学的第一真理。我们立刻补上美学的第二真理:没有什么比衰退的人更丑了——审美判断的领域由此而被限定了"[1]。基于这一考虑,尼采一方面反对从康德到黑格尔的德国古典美学,认为它们只是探索那种与人类生命相脱离的"自在之美",纯粹属于空话;另一方面,他也反对以叔本华、瓦格纳为代表的颓废美学,认为这种美学憎恨和敌视以丰盈和力量来证明自身合法的一切,代表着衰落生命的道德。

狄尔泰美学思考的重心在于生命的意义。他与其他生命哲学家一样,把人的本质理解为充满世界的生命活力,把生命的本质理解为"生成"(becoming)、创造过程,把世界理解为一个人化的、充满生机活力的整体。狄尔泰认为,生命的意义并不表现在自然物质上,也不表现在传统意义的"精神"上,而是表现在生命的实践、进取、创造上。人类生活就是由于生命的实践、进取、创造而形成起来的。哲学应当从生活本身去认识生活,把生活本身当做理想和评价的源泉。生活发生在社会中,社会不仅是过去、现在、未来构成的整体,而且由许许多多的个人所组成,而每一个个体又都是知、情、意相统一的整体。数不清的个人之间交互作用、共同活跃,并且匆匆行进在生命的舞台上。生命乃是一股的"体验"之流。由此,狄尔泰

〔1〕 尼采.尼采美学文选·悲剧的诞生.周国平译.三联书店,1986.322.

以“体验”为核心概念展开美学思考。他所谓的“体验”，是指能动的生命活动，也就是个体和人类的社会——历史的生活过程，因而带有浓重的人文主义情调。狄尔泰认为，艺术创作的根源和全部出发点都在于“体验”，正是由于体验，艺术才得以发生。他说：“个人体验，对外界的认识，通过思维来扩大和加深自己的经验便是诗歌创作的基本条件了。诗歌创作的出发点永远是生活体验，即作为亲身体验的或者对他人理解的、现实的和过去的，以及对经验在其中共同发挥作用的，对事件的理解。”不过，狄尔泰之所以重视体验，不仅仅是由于体验是艺术创作的源泉和起点，更重要的是，体验还是人类把握生命真谛、理解社会生活的根本途径：“从心理学的角度看，诗人所经历的无数生活状态中的任何一种都可以算作体验，然而在他的生活因素中只有那些能向他揭示生活特征的体验才属于他的诗的有效范围”[1]；“诗扩大了对人的解放效果，以及人的生活体验的视界，因为它满足了人的内在渴求：当命运以及他自己的抉择仍然把他束缚在既定的生活秩序上时，他的想象则使他去过他永不能实现的生活。诗开启了一个更高更强大的世界，展示出新的远景”；“诗与生活的关系是这样的：个体从对自己的生存、对象世界和自然的关系的体验出发，把它转化为诗的创作的内在核心”；“诗并不企图像科学那样去认识世界，它只是揭示在生活的巨大网络中某一事件所具有的普遍意义，或一个人所应具有的意义。在此，生活之谜自身展现在一个全部生活关系的关联中，这一关联恰似把人、命运、环境编织在一起的网，在展示行为、性格、命运复杂地纠缠在

〔1〕 狄尔泰．体验与诗．李醒尘．十九世纪西方美学名著选（德国卷）．复旦大学出版社，1990．542－543．

一起的生活关联时，各门艺术获得了自己的生活观"[1]。从这一系列论述可以看出，在狄尔泰那里，正是扎根于社会历史过程的生命体验，不仅把诗提升为人类反思生命存在、揭示人类社会历史之谜的中介，而且产生了美。美对于人的意义，并不在于它能给我们提供快感的源泉，而是在于它昭示并参与人类的精神世界的生成建构。"美学和艺术批评把这个僵死的'美'的概念推向艺术理论的宝座已经太久了。同样，把艺术品产生的快感进行孤立的观察也无法让人理解作品的意义。只有从艺术家天然强健伟大的心灵的影响出发，从充分把握了其意蕴的现实对由各色人等组成的、能被伟大事物吸引的公众的影响出发，艺术对于人类的伟大而神圣的意义才可能被理解。"[2]

西美尔是从艺术形式和生命的关系入手展开美学思考的。他在《现代文化的冲突》一文中提出，包括艺术作品在内的所有文化形式，都蕴涵着生命之流，并由生命之流提供内容和形式、自由和秩序；包括艺术史在内的全部文化史，都是为了解答生命在超出动物水平向着精神水平进步，以及精神水平向着文化水平进步所出现的内在矛盾。所以，艺术、审美奠基于生命，表现生命，高扬生命，"一个完美而有意义的纯粹作为形式的形式能充分表现直接的生命，它依附于生命之上就像它是生命有机地生长出来的皮肤一样，这在原则上是完全可能的"；"我们也可以这样说，艺术在完美而有用的艺术形式的范围以外，表现了某些充满生气的东西。每一个重要的艺

---

〔1〕 狄尔泰. 生存哲学. 转引自刘小枫. 诗化哲学. 山东文艺出版社，1986. 167－168.

〔2〕 李醒尘. 十九世纪西方美学名著选（德国卷）. 复旦大学出版社，1990. 512－513.

术家,每一件伟大的艺术品,其蕴含的源泉都比艺术所能表现的要更为深广”[1]。在西美尔说来,尽管艺术的形式并不能囊括生命的全部,但它却与生命内在相关。艺术是生命的形式。当艺术形式同生命之间发生矛盾,甚至摧毁艺术形式时,生命便会达到更高的境地。形式的变化并非形式自身被打破,而是生命的扬弃。西美尔强调,美学不仅应当把起点和重心放在艺术形式和生命的关系上,而且要拒绝把生命看成技术、追求普遍原则的机械学,拒绝以其他因素来控制生命、把形而上学奉为首要东西的观念。

陀思妥耶夫斯基的美学思考同样显示出一种人文主义的基本意向。他强调,美和艺术对于人的重要意义,在于它适应人的需要,体现着人的理想。美和艺术拥有自己完整的生命,拥有生命的基本的、无法改变的节奏和规律。对于人来说,美和艺术不仅如同吃喝那样是一种需要,而且是一种不可缺少的、处在更高层次的精神需要。离开了美,人也许不愿意活在世界上。人对美的渴望、探索和感受没有任何附加条件,也没有任何另外的目的。人之所以追求和喜爱美,唯一的原因就在于它是美,除此之外,别无他求。陀思妥耶夫斯基指出:“也许这其中就蕴藏着艺术创作深刻的奥秘,艺术作品中塑造出来的美的形象立即无条件地成了偶像。为什么成了偶像?因为当人与现实发生矛盾,发生不协调和斗争的时候,也就是当他最有活力的时候,人对美的需要发展到最大限度,因为当他在探索、追求某种东西的时候,他才最有活力;那时候他身上会出现对于和谐及宁静的最自然的愿望,而美就包含着和

[1] 西美尔.现代文化的冲突.转引自刘小枫.人类困境中的审美精神.东方出版中心,1994.248-249.

谐和宁静。待到他找到了所追求的东西,对他来说生命的速度就暂时减缓了……美是一切健全的,亦即充满活力的东西所固有的,也是人体必不可少的需要。美就是和谐,是平静的保障,美体现了人和人类的理想。"[1]

四、马克思的美学思考

"美"范畴的历史行程,同时揭示着美学思考方式的发展历程。在这个发展历程中,柏拉图"美本身"(即美的"相")概念的提出,确立了本体论的美学思考方式。笛卡尔以"我思"证"我在",开启了认识论的美学之思。康德把人提升为"目的",把人的认识、意志、情感全面提升为主体性质素,将审美活动视为沟通认知活动和实践活动的津梁,从而将认识论美学思考方式进一步推演为主体论美学思考方式。黑格尔在绝对理念自我运动的行程中思考美的生成、存在,提出"美是理念的感性显现",赋予美以历史与逻辑、主观与客观的统一性,把形而上学和认识论的美学双双推至顶峰。

马克思是在形而上学和认识论美学日暮途穷之时开始美学思考的。他把全部美学思考牢牢建立在历史唯物主义的基础上,从人类生存实践,首先是物质生产劳动实践入手,揭示审美活动历史地生成、存在和发展的秘密,从而使整个审美活动真正回归到现实人间,扎根在人类社会生活和生存实践中。

马克思在人的历史诞生的宏大背景下考察审美活动的历史生成。他在《1844年经济学—哲学手稿》中指出,有意识的、自由自觉的生命活动乃是人区别于动物的族类特性。动物和它的生命活动

---

[1] 陀思妥耶夫斯基论艺术.冯增义,徐振业译.漓江出版社,1988.29-30.

直接同一，“人则把自己的生活活动本身变成自己的意志和意识的对象。他的生活活动是有意识的。这不是人与之直接融为一体的那种规定性。有意识的生活活动直接把人跟动物的生命活动区别开来”[1]。在马克思说来，人的类特性、人的存在、人的本质力量都是通过劳动实践生成、建构起来的，也是通过“创造对象世界，改造无机界”的劳动实践而得到证明的。同时，也正是这种持续不断的劳动实践，产生了“美”，形成了“美的规律”。马克思写道，劳动创造了美。“动物的生产是片面的，而人的生产则是全面的；动物只是在直接的肉体需要的支配下生产，而人则甚至摆脱肉体的需要进行生产，并且只有在他摆脱了这种需要时才真正地进行生产；动物只生产自己本身，而人则再生产整个自然界”，“动物只是按照它所属的那个物种的尺度和需要来进行塑造，而人则懂得按照任何物种的尺度来进行生产，并且随时随地都能用内在固有的尺度来衡量对象；所以，人也按照美的规律来塑造。”[2]这样，审美活动、美的规律的历史发生，同人的有意识的生命活动——劳动实践、人的历史生成内在地联系起来了。这种联系表明，美不是现成的，不是与人无关的物质实体和自然属性，而是在人类生存实践活动中生成的。美学思考的终极起点不在自然的进化，而在人类的实践创造。

人类劳动实践何以创造美？马克思的论断是，“劳动的对象是人的类的生活的对象化：人不仅像在意识中所发生的那样在精神上把自己化分为二，而且通过活动，在实际上把自己化分为二，并且在他所创造的世界中直观自身”[3]。也就是说，劳动实践是人确证和

〔1〕 马克思. 1844 年经济学—哲学手稿. 刘丕坤译. 人民出版社，1979. 50.
〔2〕 同〔1〕. 50 – 51.
〔3〕 同〔1〕. 51.

实现自己本质力量的过程。在这个过程中，人通过对于对象的实际改造，使对象打上自己本质力量的印记，成为自己的作品和现实，从而能够在对象上直观到自身，并与之结成审美关系。这里，人的本质力量在实践中的对象化，乃是美得以生成、存在的根据。

我们知道，黑格尔的美学也有关于人的对象化、人在对象世界中直观自身的命题。但是，在黑格尔那里，人只是“理念”的产物，实践只是“理念”的外化和自我复现。马克思与黑格尔的根本不同在于，他从历史实践出发来解说人的存在、人的本质力量及其对象化。在他这里，人的五官感觉和本质力量的形成是迄今为止全部世界历史的产物，“一方面为了使人之感觉变成人的感觉，而另方面为了创造与人的本质和自然本质的全部丰富性相适应的人的感觉，无论从理论方面来说还是从实践方面来说，人的本质的对象化都是必要的”〔1〕。人的本质力量对象化呈现为一个感性现实的实践过程，一个实际地变革和改造事物的过程，人的本质力量的形成、丰富、发展，与实践对象世界的建构、丰富、展开，不仅是同时发生的，而且是同步行进、彼此交织、辩证统一的，“不仅是五官感觉，而且所谓的精神感觉、实践感觉（意志、爱等等）——总之，人的感觉、感觉的人类性——都只是由于相应的对象的存在，由于存在着人化了的自然界，才产生出来的”〔2〕。由此可见，马克思从根本上突破黑格尔的先逻辑而后历史、以逻辑统率历史的思考方式，以实践为基础，真正达到历史与逻辑的高度统一。

此外，马克思还特别注意到，人的美感能力、心理结构，并非生

〔1〕 马克思. 1844 年经济学—哲学手稿. 刘丕坤译. 人民出版社，1979. 80.
〔2〕 同〔1〕. 79.

而固有、永恒不变的先天构架，而是在漫长的实践中形成、发展起来的，并且是受社会生活条件的制约的，同时还是与“美”相互呼应、双向建构的。他说：“自然界起初是作为一种完全异己的、有无限威力的和不可制服的力量与人们对立的，人们同自然界的关系完全像动物同自然界的关系一样，人们就像牲畜一样慑服于自然界，因而，这是对自然界的一种纯粹动物式的意识（自然宗教）。”[1]马克思认为，这个时候的自然是没有什么美可言的。在具体的生活过程中，个体是否能够与周围的事物结成审美关系，是有条件的。比如，“只有音乐才能激起人的音乐感；对于不辨音律的耳朵说来，最美的音乐毫无意义，音乐对它说来不是对象”。“忧心忡忡的穷人甚至对最美丽的景色都无动于中；贩卖矿物的商人只看到矿物的商业价值，而看不到矿物的美和特性；他没有矿物学的感觉。”[2]由此说来，不仅美不是现成的，而且美感也不是先天存在的“共通感”。

第五节

20世纪的美学思考方式

一、20世纪西方美学的转型

从人生在世的角度看，自历史进入20世纪开始，整个人类社

[1] 马克思恩格斯选集：第1卷. 人民出版社，1995. 81－82.

[2] 马克思. 1844年经济学—哲学手稿. 刘丕坤译. 人民出版社，1979. 79－80.

会生活的进程发生了巨大的变化。感性不断抬头，理性渐趋放逐。在这种情况下，传统意义上的“美”在相当程度上必然要遭受冷遇，理性化的美学思考方式根本无法引起美学家们的兴趣。西美尔在《柏拉图式的爱欲与现代的爱欲》一文中，通过对柏拉图同现代人的比较，传神地勾勒出美学的当代递变过程。他指出，现代人与柏拉图关于“美”的思考不同，“在现代人那里，个体的美和美的个体构成了一个不可分割的整体。现代人与柏拉图的根本分歧在于，对柏拉图而言，个体和美是可分割的，而且恰恰是爱在个体与美之间划出了一道明确的界限，这条界限把美包含在内，而把个体留在界限的另一边”〔1〕。同时，“按照柏拉图的思路，美要求属于自己的存在，对我们来讲，美不过是人的属性，它受人的生命的变化和消长的影响，而柏拉图的美则成了一种形而上意味的有形实体。如果我们换一个角度，看看美所发挥的作用，亦即不从高处着眼，那么上述差异就可以这样来表述：按柏拉图的解释，爱逐渐依附于一个其对象的有称名的性质，这性质即美，美被设想为具有普遍性的性质，在其所有展现形式中都等值的东西。然而对我们来讲，爱的终极秘密就在于，事实上并不存在某种应对其负责的单个属性，正如爱克哈特在谈到上帝时所说的那样，我们爱上帝，不是因为他拥有这样或那样的属性，而仅仅因为他在”〔2〕。这一系列的分析充分表明，在现代人的视野中，“美”不是超越的永恒的世界始基，而是人的一种“属性”。这种属性随着人的生命的变化而消长。于是，那个高高在上的自在的“美本身”就必然被消解；争

〔1〕 刘小枫. 人类困境中的审美精神. 东方出版中心，1994. 226.

〔2〕 刘小枫. 现代性中的审美精神——经典美文选. 上海三联书店，1997. 445－448.

相对“美”进行定义的时代也就必然被遗弃，取而代之的是对“美本身”存在合法性的深重的怀疑和深刻的质疑；素来由理性主宰、趋向永恒世界的美学，一变而为展现人类生存的感性当下境遇中的美学；以“美”的范畴率领的一元化美学框架，旋即变成多元化的发散型的美学体式。

就美学自身的演变来看，从19世纪中叶起，叔本华以其悲观的唯意志论、尼采以其乐观的强力意志论，兴起和激发了一股强大的非理性主义思潮，使自古希腊以来的形而上学美学、文艺复兴以来占主导地位的认识论美学遭受到前所未有的冲击，从而也造成了西方美学基本思考方式的非理性转向和语言论转向。非理性主义美学秉承浪漫主义美学、生命美学、唯意志美学的基本旨趣，以“人”的审美直觉、审美体验为核心思索人类存在，表现出一种鲜明的人本主义倾向。以克罗齐为代表的表现主义美学，以海德格尔为代表的现象学存在论美学，以萨特为代表的存在主义美学，以伊瑟尔、姚斯为代表的接受美学，等等，便是这一思潮的重要支流。语言论美学是在索绪尔的语言学理论和19世纪实证主义的直接影响之下形成的。20世纪的西方哲学家普遍意识到，只有深刻地理解语言，才能深刻地理解人自身的当下存在，才能深刻地界定和解说美。分析哲学家们对于美的种种讨论，集中体现了语言论美学的基本旨趣。此外，自然主义美学、实用主义美学和形式主义美学则试图以科学的思考方式，对美作科学的解释，它们与分析美学一起构成20世纪科学主义美学的主要风景。

二、现代人本主义的美学之思

（一）表现主义的美学思考

20世纪美学的第一个重要流派是表现主义美学，其奠基人和主要理论代表者是克罗齐。克罗齐的美学思考是从人类的知识分类起始的。他认为："知识有两种形式：不是直觉的，就是逻辑的；不是从想象得来的，就是从理智得来的；不是关于个体的，就是关于共相的；不是关于诸个别事物的，就是关于他们中间关系的；总之知识所产生的不是意象，就是概念。"〔1〕在克罗齐看来，只有心灵活动才能赋予质料以形式，或者说，才能把质料纳入形式，使质料变成具有形式的东西，能够认识的东西。直觉是一种心灵活动，是形式〔2〕。形式意味着给本来没有形式的质料以形式，意味着创造。创造意味着直觉不是从外界接收感受和印象，不是去模仿和再现外物，而是心灵的表现。这样，克罗齐的美学思路就贯通了：审美 = 直觉 = 形式 = 创造 = 表现。展开说，即审美就是发自心灵的主动活动，就是直觉，就是形式，就是创造，就是表现，"每一个知觉或表象同时也是表现。没有在表现中对象化了的东西就不是直觉或表象，就还只是感受和自然的事。心灵只有借造作、赋形、

〔1〕 克罗齐. 美学原理·美学纲要. 朱光潜译. 外国文学出版社，1983. 7.

〔2〕 按我们的领会，克罗齐所讲的形式，不是指事物可感的物质形式，而是一词三义：(1) 指"形式因"；(2) 指由"形式因"所赋予的形式；(3) 指赋予事物以形式，即"使之成形"，亦即形式化过程。克罗齐认为，单纯的质料无形式，这个"形式"就显然不是指物质形式，而是指质料本身不是"形式因"，没有由"形式因"所赋予的形式，也无所谓赋予自身以形式。在直觉 = 心理活动 = 形式的等式中的这个"形式"，也应作如是观。正是基于这一点，在克罗齐那里，不仅"形式"，而且"心灵活动"、"直觉"、"创造"、"表现"等，都具有与传统根本不同的含义。

表现才能知觉”[1]。在这里,我们可以发现克罗齐表现主义美学思想对近代美学思想的延续和转换:如果说,整个近代思想包括美学思想发端于笛卡尔的“我思故我在”,那么,克罗齐的思想起点就确如张法所言——“我直觉故我在”[2],推演到美学,即为“我直觉故美在”。这是从克罗齐的正面立论来分析。

若从另一个角度看,克罗齐的美学思考又可以展示为四个否定语式:美不是物理事实,美不是功利活动,美不是道德活动,美不是概念或逻辑活动。这种以否定语式展示的美学思考接近甚至类似于康德的美学思考,但又比康德走得更远。在康德美学中,审美的根本条件虽是合主观目的性,但仍然涉及现象界的纯形式。克罗齐则不同,他完全悬置了审美活动中的世界因素,彻底消解了天地万物的形式在审美活动中的意义。这样,在他所说的审美活动中,唯一的“剩余物”便是“直觉”。

开瑞特几乎算得上是克罗齐美学的传声筒。他说:“在美学的历史中,我们可以发现人们日益共同地强调认为,所有的美都是对可以被一般称之为情感的东西的表现,而且所有这样的表现都是美的。”[3]“因此,我们所意识到的东西不是因为被意识到而显现为美;它只有在排除实际利害、科学抽象和有关存在之判断等条件下被观照时,也就是在作为对情感的纯粹表现时,才是美的。”[4]

与克罗齐、开瑞特既有共趣、又相区别的是闵斯特堡,他展开

---

[1] 克罗齐.美学原理·美学纲要.朱光潜译.外国文学出版社,1983.14.
[2] 张法.20世纪西方美学史.四川人民出版社,2003.72.
[3] 开瑞特.走向表现主义美学.苏晓离等译.光明日报出版社,1990.238-239.
[4] 转引自蒋孔阳,朱立元.西方美学通史:第5卷.上海文艺出版社,1999.65.

了另一种形态的表现主义美学思考。他沿着费希纳所创立的“由下而上”的美学研究路径，提出“美在孤立”说。他认为，“孤立客体，对于理智来说意味着使它成为美的，因为它完全地占有了理智，在理智中已没有其他任何思想的地位，结果就是印象本身吸引着我们的兴趣，无需乎再依据它以外的任何存在于时空中的东西。客观印象在其中成为最终目的的本身的这种完全的静止是美的真正体验的唯一可能的内容”[1]。闵斯特堡所谓的孤立，也就是客体对象从它的全部关系中抽离出来，作为一个无所牵挂的整体而呈现于观照主体之前。由于这种孤立，理智丧失了思想的可能，印象成为美的唯一的内容和对象。可见，闵斯特堡的这种观点，与克罗齐、开瑞特的表现主义美学有一致之处，他们都强调直觉、表现。不同的只是，闵斯特堡虽把审美对象与周围世界完全割裂开来，但对客体对象及其形式在审美活动中的意义仍然持肯定态度。

归纳起来，把“美”归结于人类的“直觉”、“情感”，或者归结为一个孤立的心理相关对象，这可以说是表现主义美学对美的根本规定。这个规定承接了19世纪浪漫主义美学的基本取向，其美学意义在于它彻底否弃了美的客观属性，抛舍了自古以来以“美的本质”为中心的美学思考方式，颠覆了理性主义美学大厦。

(二) 萨特的美学之思

萨特的思想体系是典型的存在主义体系。萨特存在主义的体系构成是“自由至上价值观、个人本位主义和人类中心论”[2]。

---

〔1〕 闵斯特堡. 艺术教育原理. 转引自现代美学文论选. 文化艺术出版社，1988. 412.

〔2〕 叶秀山，王树人. 西方哲学史：第七卷（下）. 凤凰出版社，江苏人民出版社，2005. 640.

在这个体系中,根本的哲学问题不是知识问题,而是存在问题;不是认识论的问题,即在主客分化之后知识的正确与错误问题,而是更本源的人生在世的精神存在状态问题,也就是在把事物当做静观对象作知识论的思考之前——“反思前”的状态问题[1]。这个根本的哲学问题的解答,涉及比认识论更始源的存在论,要求萨特站在存在主义的立场来思考。

萨特本着人生在世的大视野来看待人和世界的存在。他指出,人首先只有存在,然后才能确定其意义、描述其本质。也就是说,人在存在之前,没有任何现成的本质意义可言,存在先于本质。另一方面,萨特看到,我们对世界万物的存在性判断总是先于知识性判断的。譬如,“这是桌子”的判断,首先就是一个存在判断,而不必等待对桌子有了科学认识之后才能作出的判断。这就是说,“桌子”的存在,最初不是人的认识揭示出来的,而是通过人的存在揭示出来。由此推而广之,人与世界万物在存在层面上的相遇,先于人对世界万物的认识论考察;世界万物作为“是”,先于世界万物作为“什么”;人与世界万物的“存在性关系”,先于人对世界万物的“知识性关系”;人作为“此在”先于人作为认识主体。这是萨特存在主义的基本思考原则。在这个思考原则中,我们可以领会到萨特与胡塞尔、海德格尔一致的旨趣。

但是,当萨特再往前迈进一步,追问人与世界的知识性关系之前为何会有人与世界的存在性关系的时候,他和海德格尔就形成了明显的差别。海德格尔坚定地认为,人与世界的“存在性关系”的出现,根据在于人是desein,desein先天地牵挂着世界存在。萨

[1] 参见叶秀山.思·史·诗.人民出版社,1988.264.

特则认为,根据在于人是有意识的存在,"'意识'使'人'区别于其他一切'物',而使万物具有一种'存在'的意义"[1]。

至关重要的是,萨特虽然力求在存在论上实现意识与存在的同一性,然而,他并没有把"意识"变成一种经验心理学概念,变成对于外部世界的反映和认知,而一直把它保留在存在论的水平。萨特认为,人作为desein,内在地牵挂着存在,牵挂着"无"。存在当然是"存在","无"也是一种特殊类型的"存在",存在与无的关系乃是"存在"与"存在"的关系。现在的问题是,人是有意识的存在,当意识作为心理事实、物质过程,它就不可能为"无",不可能纳入本源性的存在论思考。萨特解答这一问题的办法是,按照现象学的原则把意识规定为"无"。他说,从现象学讲,意识总得意识一点"什么"。但是,意识总得意识一点"什么"这句话本身就表明一个前提预设:"意识"并不等于它意识到的那个"什么"。意识只是一个"无",人是有意识的存在,所以,人的存在只是一个"无"。存在论上作为"无"的意识,先于认识论上作为心理事实和经验过程的认识。存在先于本质。总之,存在即虚无,便构成萨特存在主义思想的总体起点。萨特的美学思考也是从这个总体思考起点上引导出来的。

在萨特看来,实际存在的世界是一种"自在的存在",是一片混沌,一个巨大的虚无,充满着偶然和荒谬。在实际存在世界中,是无法设想美的存在的。美只存在于人类的想象世界中。萨特明

[1] 叶秀山.思·史·诗.人民出版社,1988.266.叶秀山指出,萨特把人解说为有意识的存在,并不表明他从海德格尔的立场上退回原有的西方思想传统,退回笛卡尔与康德的心物二元论,而只是他对现代存在论的一种新姿态。这一论断值得重视。

确指出,在艺术品中,“审美对象是某种非现实的东西”[1]。作为艺术品的承载媒介的质料,如画布、颜料等物并不是审美的对象,作为审美对象的美的东西只能是一种非现实的东西,或者说,“‘美的’东西便是某种不能作为被知觉经验到的,而在其本性上又在世界之外的东西”[2]。美只存在于人类的想象界的命题,同表现主义美学对于美在于直觉的命题有相通之处,前者主张我想象故美在,后者主张我直觉故美在。但应当指出,萨特的存在主义美学始终保持着存在论的思考维度。他始终坚信,美之存在的目的在于揭示人类的命运,展现人类的存在境遇,尽管这种存在境遇却是冷酷无情的,“在这种灿烂的美的后面,并通过这种美,我们仅仅看到一种冷酷无情的命运,这就是人——我们人——供给人的命运”[3]。萨特对人类命运和世界存在特征的界定,确实让人想起叔本华对于世界的悲观主义情绪,而冷漠无情的存在经过“最复杂和丰富的方式被组织”的艺术作品而呈现为美,又透露出了辩证法的因素。萨特的美学思考是切中时代要害的。我们知道,20 世纪是一个多难的世纪,科技的昌盛,物质文明的巨大进步,给人类带来的不仅仅是幸福生活,而且也是生存的灾难:两次世界大战和长期的冷战思维给人类的心灵留下了难以抚平的创伤;资本主义大生产所引起的人类的全面异化,已经成为存在“冷酷无情”的现实依据;在这种情况下,“灿烂的美”不过就是人类心灵的避难所。但萨特的美学蕴藏着一个他无法解决的深刻矛盾:他一方面将美视作非现实的存在,另一方面却要求美显现在现实

〔1〕 萨特. 想象心理学. 光明日报出版社,1988. 185.
〔2〕 同〔1〕. 285.
〔3〕 萨特. 美学论文选. 锡特德出版社,1963. 77.

生活中,显现在人的命运中。

（三）海德格尔的美学思考

从某种意义上说,海德格尔对西方传统美学,尤其是存在论美学作了全面的批判和根本的颠覆。一方面,他从人与世界一体圆融、双向建构的共在关系中思考审美活动的生成,颠覆了西方传统形而上学美学从感性与理性二分结构探寻美,认识论美学从认识的两极追问审美活动的主客二分思考方式;另一方面,他把"美的存在"理解为感性个体在世生存先天牵挂、澄明显现、出场在场的意义之所在,颠覆了西方传统形而上学美学把美当做终极实体,认识论美学把美当做客体本质属性的现成存在观念;同时,他从生存的始源结构出发检讨审美活动与人生实践的关系,颠覆了西方传统美学,尤其是近代美学在技术性生产实践结构中探讨美的基本信念。

海德格尔将全部美学思考建立在"此在在世"的基础之上,这不仅使他所讨论的每一个美学问题最终都指向"存在"问题的某个环节,而且使他的整个美学思想都具有强烈的存在论性质。

海德格尔是从存在论出发思考艺术的。他的主要看法有三:其一,艺术是历史性的。历史性的艺术是对作品中的真理的创作性保存。艺术发生为诗。诗首先不是作品,而是赠予、建基、开端三重意义上的创建。这就是说,艺术不单拥有外在意义上的历史,从本源意义上讲,艺术在时代的变迁中与其他许多事物一同出现、变化和消失,并给历史学提供变化多端的景象,因此,艺术为历史建基,艺术乃是根本性意义上的历史。其二,艺术让真理脱颖而出。作为创建着的保存,艺术是使存在者之真理在作品中一跃而出的源泉。其三,"艺术作品的本源,同时也就是创作者和保存者的本源，也就是一个民族的历史性此在的本源，乃是艺术。之所以如此，是因为艺术在其本质中就是一个本源：是真理进入存在的突出的方式，亦即真理历史性地生成的突出方式”[1]。

海德格尔对艺术作品的研究体现出一种思考方式上的转变。这就是，对艺术的追问与对存在的追问融为一体，从“存在—大道”看艺术作品之存在的意义，把艺术作品自身的存在与世界之“存在”通过艺术作品的显现结合起来。海德格尔在《艺术作品的起源》里写道：“有意识地、但未予挑明地活动在对存在之本质的追问的道路上。只有从存在问题出发，对艺术是什么这个问题的沉思才得到了完全的和决定性的规定。我们既不能把艺术看做一个文化成就的领域，也不能把它看做一个精神现象。艺术归属于大道（ereignis），而‘存在的意义’（参看《存在与时间》）唯从大道而来才能得到规定。”[2]这里的基本结论就是，艺术乃是存在之真理显现的一种方式。

海德格尔“美学思想”中流传最广、影响最大的部分，是建立在“存在”观上的诗论，是在对存在之历史的勾勒中来定位诗的本质的。他说：“诗并非对任意什么东西的异想天开的虚构，并非对非现实领域的表象和幻想悠荡飘浮。作为澄明着的筹划，诗在无蔽状态那里展开的东西和先行抛入形态之裂隙中的东西，是让无蔽发生的敞开领域，并且是这样，即现在，敞开领域才在存在者中间使存在者发光和鸣响；诗乃是存在者之无蔽的道说。”海德格尔发现，“诗”关系到“原始经验”。所说“原始经验”，是指关于“存

〔1〕 海德格尔．林中路．孙周兴译．上海译文出版社，1997．61－62．
〔2〕 同〔1〕．69．

在”的经验。这种经验在古希腊就发生了。希腊人的“思”就是对存在原始经验的领悟。这种“思”往往通过诗的方式表达出来。于是,诗与思之间就有一种内在的亲缘关系,二者共属一体。“思”不是别的,就是对存在之领会。

海德格尔历来把存在问题看做本源性的问题。他认为,逻辑、理性以及所有被称为方法的东西,都是从存在问题派生出来的,因而,靠理性与逻辑不仅达不到本源性的“存在”,甚至还有遮蔽存在的可能。只有非理性、非逻辑的“思”,才可能通达那先于理性与逻辑的“存在”。因为,在没有理性与逻辑之前,我们就已经处在一种对存在的领会之中,这种领会就是“思”;同时,在没有理性与逻辑的时代,人们也会有领会存在的思。

海德格尔指出,诗也是对存在的领会。唯有诗具有“诗性”,“诗性”意味着非理性、非逻辑。唯有“诗性”最有可能是对存在的应答,唯有诗才能道说“存在”,诗是“存在”的语言。由此,海德格尔就在他的美学中,把形而上学的最高概念“存在”与美和艺术紧密结合在一起。

三、现代科学主义的美学思考

20 世纪的西方,科学技术以更加迅猛的姿态发展,极大地改变着人类现实生存的面貌。科学进步不仅推动着美学自身的科学化,而且促使科学主义美学思想、流派不断产生。实用主义、语义学、分析哲学等等,是 20 世纪科学主义美学的主要代表。抛弃传统的“美本身”概念,从形形色色的“形式”入手思考美和审美活动,是 20 世纪科学主义美学的普遍倾向。

形式观念大概在古希腊时代就开始萌芽,以后在近代经验主义那里形成较为系统的理论,到20世纪又进一步发展为形式主义美学。顾名思义,形式主义美学的关键词就在“形式”,它以“形式”为本体,或者说,以形式取代传统美学的本体,通过“形式”来思考美。

克莱夫·贝尔的基本美学命题,就称为“有意味的形式”。贝尔之前,西方美学谈到形式,虽有内形式与外形式之分,但总是与内容对举;内形式即结构,表示内容各要素的组织安排,外形式则完全是指事物呈现于外的感性形式。在传统美学中,对这种与内容对举的形式进行阐述和分析,黑格尔似乎最为周到而深刻。他说,形式不是别的东西,而是内容自身的转化。贝尔之前,“意味”每每被传统美学家们理解为事物的本质、属性、规律,或者某种说不清、道不明的本体,如绝对理念、存在。“意味”是支配形式的,就像中国古代典籍《淮南子》中的所谓“君形者”。形式可以刻画和表达“意味”,为“意味”服务,但不能对“意味”产生制约性影响。贝尔的独创性就在丁他把“意味”与“形式”整合为“有意味的形式”。从而,在他这里,形式不再是外在于意味的手段、工具、中介、媒材,而就是本体,就是“意味”的存在方式,甚至就是“意味”本身。

贝尔看到,在日常生活中,“美”往往同功利关连在一起,而不仅仅同审美感相联系。他指出,“美”习惯包含种种完全不同的情感的对象,在世俗人眼光中,“美”就是令人向往的、具有性的诱惑力的。据此,贝尔一反传统美学以“美”为中心概念探讨审美活动的做法,主张用“有意味的形式”取代“美”。贝尔倡导“有意味的形式”,曾经得到英国学者罗杰·弗莱的支持。弗莱认为,“美”包括生活中种种不限于形式的“美”的事物,其涵盖范围远比艺术为大，把艺术等同于美是不妥的，用美来规定艺术的本质更是没有道理的，只有纯形式才关乎艺术，才能同那些与形式无关的“美”区分开来。因此，美学应当从“美”转换到“有意味的形式”。

当然，贝尔把“有意味的形式”最后归结为对“终极实在”的把握与显现，这个“终极实在”的概念不免让人想到黑格尔的“绝对精神”。同时，“有意味的形式”限于从艺术的角度讨论美，而将自然美、社会美排斥到了美的讨论之外，一定程度上也是对黑格尔“美学即艺术哲学”观念的回复。

语义学美学的重要代表人物是瑞恰兹。他在《意义的意义》一书中，对于美学史上有关“美”的定义进行了语义分析，认为每一种“美”的定义实际上都只是从某一特定角度和关系出发作出的。例如，美是引起愉悦的对象，就是按照事物对意识的作用来表述的；美是一种规定的形式，就是按照形式应用的艺术领域，或是空间，或是时间的领域而作出的。瑞恰兹说：“每当我们有任何可以称之为‘审美’的体验时，那总是我们在享受、沉思、赞美、欣赏一个对象之际，存在着具有丰富多样性的被突出强调的情境。因为我们选择了这些有丰富多样性的情境中的某一方面或另一方面，所以我们将发挥基本美学学说的某一点或另一点。”〔1〕这表明，传统美学关于美的定义之所以出现众多的分歧，主要是由于人们所选择的出发点和所涉及的领域不同，还由于美的意义具有不可确定性。“美”这个词除了符号功用之外，还有情感功用。“美”作为一个情感术语，只是表明人的一种主观态度，没有固定的所指

〔1〕 奥格登，瑞恰兹．意义的意义．转引自蒋孔阳，朱立元．西方美学通史：第6卷．上海文艺出版社，1999．315．

客体,因此也就没有一个令人满意的词语能够固定地表达它的语义。针对这种情况,瑞恰兹指出,将“美”的情感功用和符号功用混为一谈,是造成美学研究诸多混乱的根本原因。同时,鉴于“美”主要是一种情感语言,而不表示事物的某种内在固有的属性,因此,“美”的定义既没有必要,也没有可能,于是,“许多聪明人事实上已放弃了美学的冥想,对有关艺术性质或对象的讨论不再感兴趣,因为他们觉得,几乎不存在达到任何明确结论的可能性。就事物是美的这类判断而言,权威们在作判断方面似乎有如此巨大的分歧,这种时候,他们也同意,没有什么方法可以认识他们要取得一致的是什么东西”[1]。

摩尔是分析哲学的创始人之一。一方面,他通过对“美”在使用过程中出现的“分歧”情况的考察,认为美不可定义,“在相当数量的人们看做美的事物中,也许存在着某种性质,而意见分歧之所以产生,可能由于不同人们仅仅注意了同一客体中的各个不同的质,也可能由于确实错误地把丑质看做真正的美质;然而前一情况远比后一情况经常”[2]。另一方面,他通过对“美”的概念本身的分析指出,“美”只是一种内在价值,是由客体信息等组成的有机整体,因此具有不可定义性。

维特根斯坦从分析哲学的更深层面探讨美学问题。他在前期曾经把“美”定义为“使人幸福的东西”[3],但不久后,他自己否定

---

〔1〕 奥格登,瑞恰兹. 意义的意义. 转引自蒋孔阳,朱立元. 西方美学通史:第6卷. 上海文艺出版社,1999. 316.

〔2〕 摩尔. 伦理学原理. 转引自蒋孔阳,朱立元. 西方美学通史:第6卷. 上海文艺出版社,1999. 346.

〔3〕 维特根斯坦. 1914—1916年的笔记. 转引自蒋孔阳,朱立元. 西方美学通史:第6卷. 上海文艺出版社,1999. 355.

了这一定义。他看到,像幸福、和谐这一类生活,不可能有任何确切的标志,顶多只能有一个超自然的标志、一个先验的标志,因此无法用科学命题加以表述。同时,幸福又是一种"无为"的生活,没有明确的目的;幸福的人就是知足的人,是如实地认识世界并现实地接受世界的人。幸福如此难以捉摸,显然无法对它加以定义。

维特根斯坦后期的美学思考轴心叫做"用法即意义",展开来说,就是主张"一个词的意义就是它在语言中的用法"[1],词语、语句有着无数种不同的用法,因而有无数种语义。维特根斯坦认为,正是语言的多义性,使得人们无法像传统美学那样找到语言与世界的对应关系,无法从词语、语句中找到统一的确切的意义。譬如,"游戏"一词就并没有统一的本质,下棋、打扑克、打球都是游戏,"你将看不到全体所共同的东西,而只看到相似之处,看到亲缘关系,甚至一整套相似之处和亲缘关系"[2],"我想不出比'家族相似性'更好的表达方式来刻画这种相似关系:因为一个家族的成员之间的各种各样的相似之处:体形、相貌、眼睛的颜色、步姿、性情等等,也以同样方式互相重叠和交叉。——所以我要说:'游戏'形成一个家族"[3]。在维特根斯坦看来,美学中的"美"、"艺术"等等术语,都只是"游戏"中的"家族类似",并没有什么固定的共同的本质可言。因此,现代美学不能再像传统美学那样,致力于从语言与世界的对应关系中寻求统一的美的本质,而应当转换视角,到具体语境中去分析、把捉不断变化的语义。

古德曼认为,"好"、"漂亮"、"美"等词语之间本来是有界限

〔1〕 维特根斯坦. 哲学研究. 李步楼译. 商务印书馆,1996. 31.

〔2〕 同〔1〕. 47.

〔3〕 同〔1〕. 48.

的，即使最完美的绘画也时常并不漂亮，其中甚至含有许多丑的东西。如果把它们彼此等同起来，"'美'也就仅仅是一个模棱两可、有些混乱的术语"[1]。以往的美学正是把"好"、"漂亮"、"美"不加区分地混杂在一起，使"美"的定义变得混乱不堪。

杜威从实用主义美学出发，尖锐地批评了"美"作为一个范畴的模糊性。他说："美是一个最不可分析的字眼，因而在理论中最不能用做说明或别类工具的概念。不幸，它却硬被变成特殊的客体。"[2]按杜威的理解，"美"只可能是主体对内容与形式、诸关系与单一性相统一的整体对象的感受与反应。"美"包含着两种意义，"一个意义是指装饰素质的突出存在、对感觉的直接魅力的突出存在。另一个意义是指整体——不论是对象的整体或局部的整体或事件的整体——的各部分之间的贴切关系、彼此适应的关系的突出存在"[3]。这两个意义，前者近似于形式，后者近似于内容，两者都是某种传统定义的翻版，从中可以瞥见康德关于美即心理功能的和谐自由状态的观念，古希腊关于美在物体形式的比例和谐的观念等。

总之，20世纪科学主义美学极力否认美的可定义性，折射出包括"美的相"、"美的理念"在内的整个理性规范受到普遍质疑的时代状况，折射出"美"必然承担漂泊无定的时代命运。

---

〔1〕 古德曼．艺术语言．光明日报出版社，1990．225．

〔2〕 转引自蒋孔阳．二十世纪西方美学名著选：上卷．复旦大学出版社，1987．352．

〔3〕 同〔2〕．

四、其他流派的美学思考

20 世纪中叶，西方思想界涌动着一股“后现代”思潮。从本书叙述的角度看，这个“后现代”实际上也是一种具有时代特色的思考方式。它不仅被西方思想家用于思考社会人生，思考经济结构、消费方式、政治组织等，而且也被用来思考哲学、文学、美学乃至科学问题。

利奥塔是以后现代的视点打量整个西方传统的。他看出，自古希腊以来，尤其是到了现代，西方社会和西方思想呈现出一种“宏大叙事”的整体特征。古希腊文化就是用哲学战胜神话和诗歌而取得霸主权，成为宏大叙事的。近代开始，黑格尔的哲学是无可置疑的宏大叙事，马克思的经济学是宏大叙事，巴尔扎克的小说也成了整个时代宏大叙事的一个典型表征，连科学也依傍哲学的宏大叙事而得以合法化。利奥塔所谓的宏大叙事，就是用统率一切话语的“元话语”来统治社会，表达人类的本质和宇宙的本质，造成如德里达所说的“逻各斯中心”。利奥塔主张，要消解西方传统社会和传统思想的宏大叙事模式，除了使用像“能量”、“场”、“功”、“电”等来改变传统话语之外，更应当借鉴和采用非西方的思考方式。譬如，关于本体，非西方就有一种很不同于西方的思考方式可资借鉴和采用，西方传统思想通常把“本体”思考为实体存在，非西方思想却常以“法眼”看“本体”，把“本体”思考为空白，即一种意义存在。

利奥塔的美学思考带有明显的后现代色彩。他对传统的优美美学总体上采取批判态度，认为这种优美美学强调形式的和谐、统一和规则,追求现成的被给予者,不仅容易导致对真实的虚无和掩盖,而且还和一种政治极权主义有密切关系。他说,在这种优美美学中,“美的判断只需对某一作品是否符合美的公认标准作出判决。作品不必操心何为艺术的对象和是否能找到赏识的观众……于是范畴在美的判断上的应用纠合在认识判断上的应用相似了。用康德的话来说,两者都将是规定性的判断:一种表达方式首先被理解为‘符合规范’的;然后,只有那些能够被纳入这种表达方式的‘事例’才被保留在经验里”〔1〕。

马利坦则发展了中世纪托马斯·阿奎那的美学思考方式,在美善同一的基础之上理解美。他说:“一个事物中的美和善基本上是同一的;因为它们都以同样的事物为根据即形式;善最终是被当作美加以赞扬的。”〔2〕美是一种善,善与上帝相联,上帝就是最高的善、根本的善。另一方面,马利坦又认为,美与善之间是有区别的:“善完全关系到欲望(善是有所欲望的事情)”,而“美则诉诸于认识能力,以内美的事物就是被观赏时会感到愉悦的那些事物”〔3〕;凡美的事物必定“使心灵高尚和快乐”;“美紧紧地依赖于形而上学的真”〔4〕。马利坦进一步指出,美包括三个条件,即完整或完善,比例或和谐,鲜明或明晰。这个论断可以说是托马斯·阿奎那的当代翻版。不过,马利坦对美的三个条件作了比托马斯·阿奎那更为深入的论述。他认为:“完善和比例根本没有什么抽

〔1〕 利奥塔.后现代性与公正游戏.上海人民出版社,1997.133.

〔2〕 马利坦.艺术与经院哲学.转引自蒋孔阳,朱立元.西方美学通史:第6卷.上海文艺出版社,1999.569.

〔3〕 同〔2〕.570.

〔4〕 同〔2〕.570.

象的意义，它们必须在与艺术作品的目的的关系中才能被完全地加以理解。"[1]同时，"没有实用价值的美是理性的光辉"[2]。"心灵之所以会对美感到快乐，是因为在美中心灵可以发现它自己，认识它自己，并和它自己的光芒联系起来。"[3]

吉尔松认为，物质世界没有任何现成的实体性的美；物质仅仅是存在数量上的特性，是被动的，所以不具有任何审美性质；美只存在于艺术当中。吉尔松与马利坦一样，继承和发挥了托马斯·阿奎那的美德三要素说，认为绘画美是由下列三个要素构成的：首先是完整性。"应用在绘画作品时，'完整性'的意义是指这作品是一个完全的整体，对于作品的存在的完整性来说，并不缺少任何的结构。"[4]其次是和谐，和谐以完整性为基础，是"艺术作品中部分与部分之间的相互适应以及所有部分对整体的全面一致"[5]。第三，"放射"光芒，也就是指"对象的物质因素被彻底地精神化了"，在这种情况下，"画家已完全脱离了自然底物质的实在，而他所获得的则是产生了一种特殊不同的感觉实在，在那里物质的属性使感觉到的智性得到了发展。实现了这样一种可以感觉存在，才真正是一件美的事物和一件艺术作品"[6]。

---

〔1〕 马利坦.艺术与经院哲学.转引自蒋孔阳，朱立元.西方美学通史：第6卷.上海文艺出版社，1999.570.

〔2〕 马利坦.艺术和诗的创造性直觉.美学问题（英文版）.1970.85.

〔3〕 同〔1〕.571.

〔4〕 蒋孔阳.二十世纪西方美学名著选：下卷.复旦大学出版社，1987.172.

〔5〕 同〔4〕.

〔6〕 同〔4〕.172－173.

第三章

“实践”与美学思考方式

第一节

实践与实践之思

一、实践的哲学含义

实践,英文有三个词语表示:practice、practise、prakitik,三者都源自于古希腊文 praxis。

praxis 出现很早,在早期古希腊文献中就已使用。据有关考证,praxis 的最原始含义是指一切有生命的东西的行为方式和运动方式。它可用于一切生物和生命体,包括上帝、众神、宇宙、星星、植物、动物和人,甚至有生命体的器官,以及政治共同体,等等[1]。

实践作为哲学概念,始于亚里士多德。亚里士多德在《尼各马可伦理学》中,清洗了实践一词的宇宙论意义和生物学意义,并把它定位于伦理领域和政治领域,规定为本身即是目的的人类行为,尤其是人的伦理行为和政治行为。自此,实践才作为哲学范畴出现在历史上。

但是,亚里士多德并没有、也不可能一锤定音,敲定实践的哲学含义。在他之后,实践的概念代代相承,其含义却一再变化。普

〔1〕 参见张汝伦. 历史与实践. 上海人民出版社,1995. 95.

罗丁将实践理解为由向外的趋向造成的行为。中世纪前期,实践概念被译为拉丁文 actus,用以表示行动,特别是与人的意志选择有关的活动。中世纪后期,邓·司各特把实践理解为被诱发和被命令的意志行为。奥卡姆更从四个层面给实践定义,包括最广义上的任意力量的活动,狭义上的遵从知识的追求能力的行动,次狭义上的意志的活动,最狭义上的意志支配的活动与协商选择的对象。到近代,科学的极端发展遮蔽了人类科学理性与实践理性的分野,专家的判断能力取代了政治的理性和智慧。实践由此被定义为奠基于认识论的技术性物质生产。德国古典哲学家们更是以各具特色的思辨体系,把实践提升到本体论的高度。在他们那里,实践被理解为"遵循自由概念"的先天道德原理;或者绝对自我设定自我与非我的历史过程,或者绝对精神自我孕造、自我乖离、自我复归的绝对中介,总之,被赋予前所未有的历史感和逻辑力量。现当代的西方实践哲学抛弃传统形而上学的纯灵方向,返回现实当下的感性人生,从人生在世的源始境域中探求实践的本真内涵,把实践规定为人的最基本的存在方式,从而接续、恢复并提升了自亚里士多德以来的实践哲学传统。

实践概念的复杂多样性,反映了人的实践活动涉及面的广泛性,实践哲学涵盖面的广泛性,以及实践哲学所持立场、视角、观点、方法的丰富性。这种复杂性、多样性、广泛性、丰富性,虽然是出于学术的本真要求,但确实给我们概括实践的哲学内涵增添了巨大的困难。问题还在于,实践范畴至今仍在不断地丰富、充实和发展之中,尚未有也不可能有一个最后的定论。

不过,综观西方哲学实践范畴史,我们似乎可以从中概括出一个关于实践范畴的初步定义:所谓实践,即人的感性活动,或者人生在世的基本存在方式。实践作为人的感性活动或存在方式,涵盖着广大人生,有多种多样的表现形态。归纳起来,大体有三类:一类是征服自然、改造自然,为整个社会生活奠定基础的物质生产实践。这也就是从亚里士多德到康德再到海德格尔所说的技术性实践,以及马克思所说的生产劳动。一类是变革现存社会关系、参与社会公共事务的社会实践。此即马克思所说的"革命实践",与亚里士多德所说的伦理、政治行为大体相当,与康德所谓"遵循自由概念"的实践有相关之处。另一类是日常人生实践,包括生活交往、文化学术活动、艺术审美活动,等等。这接近于海德格尔所说的此在在世与世内存在者及其他此在的"交道"。

实践与物质生产的关系,是我们理解实践范畴、梳理实践范畴史必然要遇到,也必须要解答的一个难题。

很长时间以来,国内哲学界、美学界关于实践概念的主流意见认为,真正的实践是指人类能动地改造和探索现实世界的客观物质活动,特别是主体人类有目的、有意识地征服和改造客体自然的物质生产劳动。

这个意见是令人生疑的。首先,它仅仅承认人与自然的关系上的生产实践,而悬置人与社会关系上的革命实践、人与人关系上的交往实践,以及处理人与自我关系的自身实践,从而缩小了实践概念的涵盖面。其次,它局限在主客二分的视野上理解物质生产劳动,从而使物质生产劳动作为人类基本存在方式的本体内涵被遮蔽,而沦为一个认识论意义上的实践范畴。

梳理西方哲学史可知,真正把实践等同于物质生产的主要是近代一段。

近代之前,亚里士多德早有"两种实践"的区分。他认为,技术虽然既渗透到制作和生产中，也渗透到实践的智慧中，但技术性的制作和生产是追求外在目的的活动，而借助技术处理人与人之间道德政治关系的实践则是自身即是目的的活动行为。这就表明，在西方思想的源头时代，实践概念主要不是指物质生产活动，而是指伦理、政治行为和活动，物质生产与实践不能等视齐观。

只是到了近代，西方哲学才开始抹平实践与物质生产的根本区别，并以物质生产的概念取代实践概念。从而，实践才不再是以自身为目的、自身即有意义的行为，“而是指向任意的，人们时时想要的，但却对他没有约束的目的”〔1〕，目的完全外在于实践过程，而指向丰盛的现实成果和物质财富，不构成也不担当人自身的生命承诺。但是，即使在近代语境下，也仍有不少实践哲学家没有完全忘记实践与生产的区别、实践与人类存在之间的关系。譬如，伏尔泰就曾经坚认，人类按其本性不会停留在希望和幻想之中，而是为行动而生〔2〕，这里的“行动”，就不等于生产，而是指向与人类存在内在相关的“实践”。再如，康德就与亚里士多德一样从道德领域着眼解释实践，用实践概念指陈人自己立法、自己执行的道德活动。同时，康德采取与亚里士多德类似的做法，也区分两种实践概念，一种称为“遵循自然概念的实践”，一种称为“遵循自由概念的实践”。他认为，“遵循自然概念的实践”是指认识和改造自然的生产，属于认识论范畴，只有“遵循自由概念的实践”，才是指运用道德法则处理人与人之间关系的实践，也才属于本体论范畴。通过这一区分，康德匡正了流俗把现象领域内的活动和物自体领

〔1〕 张汝伦. 思考与批判. 上海三联书店，1999. 15.

〔2〕 参见伏尔泰. 哲学通信. 上海人民出版社，1961. 131.

域内的活动统称为实践的谬误。黑格尔虽然特别重视被康德所忽略的生产实践，但从人与世界的关系入手，对实践作了比较宽泛的理解。他把实践理解为主体的要求向外在现实的转化过程、个别性和普遍性辩证统一的过程，把实践的涵盖面初步扩大到包括生产劳动在内的人类生存的感性活动。

近代之后，马克思从历史唯物主义出发建构了统一的实践概念。这个统一的实践概念，他称为感性活动，或者劳动。在他那里，实践同时蕴含和统一着多重维度，包括人改造、控制自然的物质生产，人类变革现存制度、改造社会、追求自由的革命实践，也包括日常的人生实践。到海德格尔，人类征服、改造自然的物质生产及其技术不仅在生存实践的概念中不占地位，而且还被看做使人失去诗意安居的罪魁祸首。海德格尔心目中的实践，前期主要是指“人在世界中存在”，即“此在在世”的生存实践，后期主要是指天地人神“四方游戏”、存在真理自行出场在场，等等。

综上所述，我们认为，虽然物质生产是实践最基本和最重要的形态，它构成人类生存发展不可缺少、不可离开的物质基础，虽然实践作为人的感性活动和存在方式，绝对不能把物质生产排斥在外；但是，不应当在物质生产与实践之间画等号，更不应当把物质生产看成唯一的实践。

二、实践与理论

国内权威的哲学和美学辞典、教材一般认为，理论是主观精神成果，实践是客观物质活动，两者既对立又统一。“对立”是因为二者分别处在认识活动的两极，不仅地位不同，而且性质有别，同时掌握世界的具体方式也有极大差异，恰好构成一对反义词。首先,理论的旨趣是化客观为主观,反映、感知和认识客观事物的内在属性、本质、特征及其发展规律,取得思想成果,形成“解释世界”的观念体系;实践的旨趣是主观见之于客观,或者说化主观为客观,即通过有目的、有意识的感性现实活动“改变世界”,形成人化了的客观物质成果。其次,理论以精神、思想、观念的方式掌握世界,实践则以物质的、客观的、感性的方式掌握世界;理论诉诸精神、思想、观念等内在心理过程,体现为“知”或者“思”,实践则完成实现于感性现实的客观物质活动,即运用物质力量、物质手段,对物质对象发生直接现实的作用,体现为“行”或者“做”;理论创立思想世界、精神文明,实践开创工艺世界、物质文明。至于说理论与实践的“统一”,那是因为两者相互关联、贯通、渗透:理论来源于实践又运用于实践和指导实践,实践是理论的基础、源泉、动力和检验理论是否正确的唯一标准。

这里,我们要问:理论与实践果真只是认识论中相互对立的两极吗?如果换一个角度思考,如从人生在世的角度,把理论当做一种使用符号工具的活动,当做理论家生存于世的存在方式来思考,理论与实践还会是对立的吗?显然不是。

翻开西方思想史容易看到,自古以来,理论和实践都曾经拥有本体论的解释维度。

在古希腊,实践与理论最早是作为一组对等的范畴加以区分的。理论(theoria)一词的原始意思据说是表示作为团体的一员参与祭祀神明的庆祝活动。大概由于这类活动与具体的功利目的无关,因而理论一词在那时又指“不含应用或实用目的,纯粹惊异地‘观看’”[1]。按照古希腊哲人的理解，理论同实践一样，都是人类的存在方式、活动方式或者生活方式。理论与实践的区别，只不过是两种存在方式和活动方式的区别。实践作为一种生活方式，是指自由人可能从事的一切活动，尤指城邦的政治生活和道德生活；理论作为一种生活方式，是指沉思的活动，即不为现实当下的生计分心操劳，而能专心致志思考神向人间的出场和宇宙的永恒秩序。在古希腊人那里，理论与实践是以人的存在、人的现实生活为前提而缠绕在一起，根本不像经过认识论思想洗礼之后的近代那样有明确的分野，更不存在理论应用于实践，实践证实理论，以及理论与实践孰先孰后这一类近代问题。

诚然，柏拉图在《政治篇》中确实把科学分为“实践科学”与“理论科学”两部分，并将实践范畴与理论范畴加以区别与对等，以实践指陈人的行为，以理论指陈人的思想、知识，但是，他并没有将两者的内涵对立起来，而是把两者作为互补、互渗并最终达到统一的一组范畴来把握的。按柏拉图的规定，现实世界如同影子一般变动不居、不可捉摸，无法制定通则，只有在理念世界才能找到纯粹、绝对、永恒的真善美，而真善美三位一体的理念世界又必须通过灵魂的活动才能到达。由于灵魂既是实践主体，又是理论认识主体，因此，灵魂的活动既意味着人所独有的实践活动，又意味着人所独有的理论活动；灵魂在爱欲的牵引下，返回宇宙之心，皈依理念世界，既是一个实践过程，又是一个理论过程。可见，在柏拉图那里，实践与理论是具有同一性的，两者同一于灵魂的活动。

---

〔1〕 张汝伦.思考与批判.上海三联书店，1999.289.

正如海尔木特·库恩所说:“建立理论与实践的对立统一并肯定这种统一是柏拉图思想的本质特征。”[1]

亚里士多德关于理论与实践的解释复杂而多样。在《形而上学》中,他指出,动物凭借现象和记忆而生活,很少相关联的经验,但人类还凭技术与理智而生活。这表明人的活动行为包含着主观意识目的和理论的因素。在《尼各马可伦理学》中,亚里士多德初步提出三个概念:一是知识(episteme),即推论性的、普遍适应的理论知识;二是技术(techne),即制作和生产上的实用性的技艺;三是实践智慧(phronesis),即关于处理人与人之间关系的道德知识。亚里士多德的主要想法是把知识和实践智慧区分开来,而不是在理论与实践之间作出判隔。事实上,在他那里,理论一词主要是指观察和沉思,而观察和沉思实际上也是人的一种活动方式。

理论与实践的分隔是近代的产物。近代的先进分子们通常坚认:要扩延社会的物质财富,就得征服、改造、利用、占有自然;要征服、改造、利用、占有自然,就得认识自然,从理论上掌握自然事物的各种属性、特征、规律。这一坚定的信念不仅激活了西方人的智慧、力量和才能,推动了数学、物理学、化学等自然科学以及逻辑学、工具论的长足进展,而且激发了理论与实践的分化,造成了理论对于实践的优先地位。以后,近代科学主义更是把理论绑在技术的转轮上,使技术成为衡量理论的价值尺度。这样一来,才产生了理论应用于实践、理论指导实践一类必须由哲学才能回答的问题。但是,近代西方哲学在理论与实践的整体对立中仍然没有忘记对二者统一性的探求。

---

〔1〕 转引自张汝伦. 历史与实践. 上海人民出版社,1995. 236.

德国古典哲学确实从对立关系中来理解理论与实践。康德批判哲学的整体框架就依据理论与实践二分模式建构起来。他把纯粹理性区分为理论理性和实践理性,并在两者之间划下一条不可逾越的鸿沟。费希特也明确提出理论理性和实践理性的概念,他把客体作用于主体称做理论活动,而把主体创造客体的活动称做实践活动。谢林《先验唯心论体系》明确设定了一个从理论哲学到实践哲学再到艺术哲学的逻辑过程。黑格尔在整体上将理论和实践放在绝对理念的演进过程中加以解释,认为理论和实践发生在理念从生命到认识的演进过程中,是认识阶段的双重表现形态,其中,理论属于理智的工作,目标是认识世界是如此;实践属于意志的努力,目标是使世界应如此;理论扬弃理念的片面的主观性,实践扬弃客观世界的片面性。在《逻辑学》中,黑格尔把"真的理念"活动看做理论,把"善的理念"活动看做实践,认为"善"原初地包含着对外部现实性的要求,标志着人对现实的能动的改造;"真的理念"与"善的理念"乃是作为通向绝对精神的两个环节。可见,理论与实践在德国古典哲学体系中是统领全局的一组对立范畴。但是,另一方面,德国古典哲学家最终是关注理论与实践的统一性的,康德以判断力作为沟通理论与实践的桥梁,费希特力图以绝对自我作为理论与实践统一的基础,谢林以绝对来涵盖两者,黑格尔更是力图以绝对精神作为两者统一的历史逻辑根据,如此等等。同时,德国古典哲学对理论与实践的统一性的理解,并不是将实践看成理论的应用,或者看成科学技术,而是看成主体与客体关系的两种表现方式,确切地说,看成主体掌握、支配、控制客体的两种不同方式。

马克思在继承、革新和发展前人优秀思想成果的基础上讨论理论与实践。在《1844年经济学—哲学手稿》中，马克思写道："理论的对立本身的解决，只有通过实践的途径，只有借助于人的实践的力量，才是可能的；因此，对立的解决绝不仅仅是认识的任务，而是一个现实的、生活上的任务，而正是因为哲学把这一任务仅仅看做理论的任务，所以哲学未能解决它。"[1]在马克思说来，理论之间的对立，起源和产生于人类生存的现实矛盾，从而首先是个实践问题，它不能依靠理论自身来解决，而只能通过实践来解决。实践是人的感性的对象性的活动，是人与人的世界最原初的存在方式。实践对人生在世的证明，对人类生存矛盾的解答，较之理论证明和理论解决，不仅远为根本、原始和优先，而且更为明确、清晰和直接。

按马克思的论述，如果仅仅从狭义的认识论的角度讲，理论与实践确实有明显的界限和区别：理论侧重于认识世界，实践侧重于改造世界；理论来源于实践并受实践制约和检验，实践是理论的基础、源泉、动力、目的和衡量理论是否正确的唯一标准。但从广义的本体论的角度说，无论实践还是理论，都属于人类的基本存在方式、活动方式，或者说人类掌握世界的基本方式。理论不仅作为精神因素渗透在实践中，成为实践的内在尺度，而且，如果把理论当做人类存在和活动的方式看，那么它本身就是一种相对独立的实践，就可以涵括在广义的实践概念中。马克思在《1844年经济学—哲学手稿》中对理论活动的实践性质作了概括，并强调了理论与实践的统一性，认为两者统一于人的感性活动。在《德意志意识形态》中，马克思不仅把思想、观念和理

〔1〕 马克思. 1844年经济学—哲学手稿. 人民出版社，1979. 80.

论理解为意识形态，把意识形态理解为物质活动、物质交往和物质关系的产物，而且明确把意识形态看做一种生产，看做一种与物质生产相对应的精神生产。他说："思想、观念、意识的生产最初是直接与人们的物质活动，与人们的物质交往，与现实生活的语言交织在一起的。人们的想象、思维、精神交往在这里还是人们物质行动的直接产物。表现在某一民族的政治、法律、道德、宗教、形而上学等的语言中的精神生产也是这样。人们是自己的观念、思想等等的生产者。"[1]以后，在1847年底和1848年初写作的《共产党宣言》中，马克思指出："人们的观念、观点和概念，一句话，人们的意识，随着人们的生活条件、人们的社会关系、人们的社会存在的改变而改变"，"精神生产随着物质生产的改造而改造"；这一论述不只表明物质决定精神、社会存在决定社会意识，而且明确把意识活动定位为不断改造自身的精神实践活动。在《〈政治经济学批判〉导言》中，马克思论述道，理论思维"从抽象上升到具体的方法，只是思维用来掌握具体并把它当做一种精神上的具体再现出来的方式"，"决不是具体本身的产生过程"；但是具体总体作为思维总体、作为思维具体，事实上是思维的、理解的产物，是头脑把直观和表象加工成概念这一过程的产物。马克思进一步论述道："整体，当它在头脑中作为思想整体而出现时，是思维着的头脑的产物，这个头脑用它所专有的方式掌握世界，而这种方式是不同于对世界的艺术的，宗教精神的，实践精神的掌握的。"[2]在这里，马克思启示我们，思维

[1] 马克思恩格斯选集：第1卷. 人民出版社，1995. 72.

[2] 马克思恩格斯选集：第2卷. 人民出版社，1995. 19.

着的头脑虽然不可能产生现实的具体实在,却可以产生思想具体和思想整体。如果把理论思维看做思维着的头脑产生思想具体和思想整体的精神运动过程,看做思维着的头脑的"思辨地、理论地活动",那么可以说,理论思维也是人对世界的一种掌握方式,也是一种广义的实践形态。"掌握"一词,显然含有实践性。

海德格尔是从现象学存在论出发来讨论实践和理论问题的。他指出,实践活动并不是盲目的,也不是为了避免盲目而运用理论知识,而是相反,实践恰恰有自己的"指引"和寻视,无需依靠理论。他反复强调:"行动源始地有它自己的视,考察也同样源始地是一种操劳。理论活动乃是非寻视式地单单观看";"上手的东西根本不是从理论上来把握的,即使对寻视来说,上手的东西首先也不是在寻视上形成专题"〔1〕。

当然,海德格尔并没有把对世界的实践揭示等同于对世界的理论研究。在他那里,实践所揭示的是世界的源始本真状态,其揭示方式是当下指引、寻视,当下让世内存在物上下得心应手,"依其天然所是显现出来",如其本然出场和在场;理论则仅仅揭示和规定了事物的现成状态,而始终遮蔽和遗忘了源始本真的"自然"。他说,在实践中,世内存在物都是当下上手的,"当下上手状态是存在者的如其'自在'的存在论的范畴上的规定";实践不仅使当前事物本然地呈现出来,而且能通过一种贯通始源境域的因缘关系把世内其他存在者牵挂、指引和揭示出来:"在小路、大街、桥梁、房舍中,自然都在一定的方向上为操劳活动所揭示。带顶篷

〔1〕 海德格尔. 存在与时间. 陈嘉映,王庆节译. 北京三联书店,1987. 82.

的月台考虑到了风雨，公共照明设备考虑到了黑暗，也就是说，考虑到了日光间有间无的这种特殊变化，考虑到了‘太阳的位置’。”〔1〕理论则不同，它中止了人与世界的实践关系，同时也就遮蔽和中断了对世内其他存在者的牵挂、指引关系，更谈不上对存在意义、始源境域的自行揭示：“人们尽可以无视自然作为上手事物所具有的那种存在方式，而仅仅就它的纯粹的现成状态来揭示它、规定它，然而在这种自然揭示面前，那个‘澎湃争涌’的自然，那个向我们袭来、又作为景象摄获我们的自然，却始终深藏不露。植物学家的植物不是田畔花丛，地理学确定下来的河流‘发源处’不是‘幽谷源头’。”〔2〕

但是，海德格尔一再强调，作为认识成果，理论是从人在世界中存在的生存实践中衍生和派生出来的；作为活动方式，理论则就是此在在世的生存实践。海德格尔说，从语言存在论的角度分析，“认识乃是在世的另有根基的样式”〔3〕，理论活动具有本体论意义。语言并非委身于人的意愿、听凭人驱策的工具，并非人用以表述现成世界万事万物本质、属性、结构、规律的手段。恰恰相反，语言的本初意义是“说”，“说”是人的原初的存在方式、实践性活动方式。只是在“说”中，人才得以“是其所是”，才得以向人生成；也只是在“说”中，存在才既澄明敞亮，又沉沦晦蔽。如此说来，理论不是人“用”语言，而是人“说”语言；人“说”语言，就居于“存在”的近畔；“说”是一种原初的实践方式。

综上所述，我们认为，理论与实践的关系从人生在世的角度

〔1〕 海德格尔. 存在与时间. 陈嘉映，王庆节译. 北京三联书店，1987. 83－84.
〔2〕 同〔1〕. 83.
〔3〕 同〔1〕. 84.

看，两者是对等关系，而不是对立关系。

三、审美是一种人生实践

审美活动是一种特殊的人生实践，或者说，是人的生存实践的一个重要组成部分，两者之间有着内在的统一性。

如前所说，实践不仅指物质生产活动，还包含着人类生活的各个方面，当然也包括人的艺术和审美活动。审美是人生实践的一个不可缺少的部分。我们常说人生大舞台，舞台小人生。这句话就隐含着我们对人生与审美密切联系的领悟和体会。那就是说，整个人生可以看做一个审美和艺术活动的舞台，同样，艺术和审美的舞台亦是浓缩着的人生实践。审美活动深深地扎根在我们的人生实践之中。

人类的生存实践可以分为有限的、片面的实践和无限的、全面的实践。有限的实践往往只同人的某一方面的追求相关，譬如只与单纯的求真、求善、追求感官欲望的满足相关。有限的实践所涉及的欲望也只是某一种欲望，如穿衣、吃饭、居住等，并且只是人的肉体感官欲望，而与心灵、精神无关，与人的整体协调发展无涉，所以是片面的。无限的实践则不同，它体现人对世界的全面追求，人与世界关系的全面建构；无限的实践目标的实现，能够完整地、充分地、全面地体现人的本质力量，让人在对象世界中直观自身。同时，就人与世界的实践关系而言，两种实践也大不相同。在有限的实践中，生产者与环境、与产品是分离的，不是生产者占有产品，而是产品占有生产者，因此，马克思曾经把这种有限的实践称为“异化的”实践。在全面的实践中，因为人的自我投入与对整体性的求索，他的产品就是他本质力量的整体、全面地展现，人与实践对象是合一而和谐的。这是真正的理想的实践、全面的实践、非异化的实践。再者，从实践结果看，人从有限的实践中所获得的只是部分的满足与有限的满足；在无限的实践中，则由于他的本质力量在对象世界中得到全面实现，因而能够获得全面的满足，其中包括审美满足。

尽管人类理想的生存实践是全面的，但在现实中人们的生存实践常是有限的。在日常有限的实践中，人的活动不是偏于对象，就是偏于自我，不是偏于求真，就是偏于欲望的满足或者意志的实现，人的本质力量的整体性常常得不到全面表达和确证。审美则恰恰具有超越性和整体性。它属于无限、全面的实践方式。它为人的本质力量的全面发挥、自由表达和整体体认提供了最佳方式，体现了自我与对象之间的整体融合。所以，审美活动乃是一种无限、全面的生存实践，是与生存本身最契合、最相通的活动样式。

审美活动起源于人类的生存实践之中，并且伴随着人类的成长而成长。大量的出土文物都可以说明这一点。早在原始社会，审美活动就交织在祭神舞乐之中，成为原始人生存狂欢的一个组成部分。只不过在当时人们的眼中，它可能并不被视为审美活动。那种原始性活动，毋宁说是一种综合性的生存狂欢。在其中，有求知、有审美、有意欲，它们综合在一起，分不开、切不断。审美正是这种综合性活动的某一部分，逐渐为人所意识、珍惜、需要，最终获得了独立与发展。普列汉诺夫在他的著作《没有地址的信》中所举的很多原始土著部落人们的生活也很好地说明了，审美活动就产生于早期人类的生存实践活动中。当时人们的审美活动和生产活动以及其他活动是一而二、二而一的，是很难区分开的。以后，随着人类及其生存实践的发展，审美逐渐演化为人的一种独立的基本存在方式。在此意义上，我们认为，审美就是一种重要的、基本的人生实践。

审美活动也是人的生存与发展实践的需要。鲁迅先生曾经说过,我们一要温饱,二要发展。温饱就是要生存,但仅仅有生存还是不够的,人们还要发展。从人类总体说,除了最基础的物质生产劳动以外,审美活动也极大地推动着人类的发展。如果没有审美活动,也许我们今天仍然在黑暗中徘徊,人类就不可能向更高的文明前进。从人的个体来说,不管什么人,在现实生活中都有可能会遇到各自的烦恼,都不会一帆风顺,就是说,都要生活在有限的实践中,受到各种各样的局限,并且没有办法超越这种有限的生存。往往在这种情况下,我们就需要审美活动来帮助摆脱和超越个体的有限性。在审美状态中,人往往可以忘乎所以,忘情地投入到大自然或文艺作品中去,从而从人的日常有限状态中超越出来,达到一种升华和超越。譬如观赏大自然,我们往往会觉得自己和大自然融为一体,物我两忘,大自然不再是外在于我们的,我们不再处身于自然之外;欣赏优秀文艺作品,我们会超越和摆脱日常生活的种种烦恼,获得一种精神上的愉悦、享受和升华。所以,无论人类个体和群体,要发展,就需要审美活动;而且,对文明的要求程度越高,文化素养越高,对审美的要求也就越强烈。所以,古人说"宁可食无肉,不可居无竹"。孔子也在《论语》中说,听了尽善尽美的《韶》乐,"三月不知肉味",也就是说对音乐精神上的享受远远高于肉体上的享受。现代人对审美的要求实际上是更加强烈了,越是科技的发达,越是物质生活的丰富,越是感到生活的强大压力,因此也就越需要精神生活的补偿。在现代社会中,科技至上主义对人文精神的挤压越来越强烈,种种异化现象扭曲了人的生活、人的精神,从某种意义上说,审美对于现代人发展而言更加重要。没有了审美,人就不是全面发展的人,人就会缺乏精神生活的充实。黑格尔曾经批判物质主义,强调人的精神对于物质而言的重要性,精神的贫乏比物质的贫乏更可怕。马克思提出人要全面地占有自己的本质力量,强调自然的彻底的人道主义和人的彻底的自然主义的统一,就是要塑造心灵健全的人、充实的人、全面发展的人,而审美在这个过程中有着不可替代的作用。

审美实践一方面是人生实践的理想形态,另一方面又以人生实践为源泉。审美创造与审美欣赏都离不开人生实践,审美活动需要在人生实践中不断地汲取营养,才能丰富和发展起来。就艺术创造这个最高级、典型的审美活动来讲,必须在生存实践中才能获得内涵。无数艺术实践证明,艺术品要取得成功,必须扎根于现实,从现实中获得灵感、材料与形式。现实主义作品自不必说;浪漫主义强调自我表达,强调理想,其实也是植根于现实的,其表达的情感、表现的倾向都是对现实的应对,都是以相反的取向造成与现实的最大张力,从而最深切地体认现实,这也是浪漫主义的成功之道。西方现代派艺术则是以反讽的态度对待现实,现实在它那儿得到了曲折的表达。值得注意的是,艺术对生活的扎根,不仅仅是一般理解上的题材的获取,同时也是主题、意向的获取,艺术表达机制的获取。中外艺术史上一切优秀作品无不是从人生实践中获取源源不断的养料,才获得艺术创造的成功,才有比较长久的生命。比如,法国艺术家罗丹的《思想者》,这件作品之所以取得了巨大的成功,就是因为他截取了生活的一霎间,生动地刻画了陷入沉思的人的神情体态。如果离开了对现实的深入观察与深刻体验,离开了具体的人生实践,是不可能有成功的艺术创造的。齐白石老人的作品,将水、莲花、蝌蚪这些东西在寥寥数笔中栩栩如生地刻画出来,这已经超越了对具体事物的描摹,而成为一种对人生、对生命的体验,成为人生实践的升华。以上这些例子都有力地说明,艺术和审美活动是与人生实践紧密结合在一起的,审美活动是扎根于人生实践之中的,是我们人的基本的存在方式之一。它不是派生的、无足轻重的。整个人类要健全地发展,审美活动就是不可或缺的。

从以上分析我们可以得出一个基本结论,审美就是人的基本存在方式之一,审美活动就是一种特殊的,即与人生本体最切近、最易相通的人生实践。

第二节 古希腊罗马的实践观念

一、古希腊早期的实践观

古希腊罗马时期是实践范畴的发端期。这个时期的实践范畴大体有如下特点:

首先,实践主要是指人的伦理政治行为,而伦理政治行为乃是哲人和奴隶主贵族的行为,即高贵人物的智慧行为。古希腊罗马哲学家通常从实践行为发出者的身份来确定实践的高贵性,而并不从物质生产的角度来看实践如何为整个社会生活奠定基础。

其次,实践是城邦公民的存在方式。在古希腊,真正的人是城邦的公民;孤立的个人不可能独立自存;个人之于城邦犹如肢体之于躯体。因此,真正的实践是每个人以公民的身份参与城邦公共事务的伦理政治实践。从柏拉图的《理想国》,到亚里士多德的《政治学》、《尼各马可伦理学》,共同的主题都是对希腊人城邦生活制度、政治伦理状况的思考和探究。他们的实践观念烙有明显的城邦生活印记。这种印记和色彩一直到罗马时期还隐约可辨。

再次,实践与理论不仅不可分离,而且理论作为沉思常常还是最高的实践形态。因为,一方面,理论涉及脑力劳动,而脑力劳动在古希腊罗马人的心目中一向高于体力劳动,高于制造与生产;另一方面,理论涉及善,而善是自身即为目的的实践一向高于追求外在目的的制造与生产。因此,把理论看成最高的实践形态或者实践的内在因素,是古希腊罗马时期实践理论的一个基本特色。

早期古希腊的"实践"概念,是从十分宽泛的意义上来使用的,大意与"活动"相当。活动一词,涉及一切有生命的东西。早期古希腊人认为,每一种存在物都有属于它自身的活动。无生命物的活动表现在合目的性的使用。譬如,石头的活动是用来造房子,锤子的活动是钉钉子,竖琴的活动是用来演奏音乐,植物的活动是营养和发育,动物的活动在感觉,人的活动以灵魂合乎逻各斯为特征。这样的实践观念,到亚里士多德的手里仍被继承和保留着。

黑格尔在论及泰勒斯等古希腊七贤时指出:"这一些人之所以获得智慧之名,一方面是因为他们掌握了意识的实践本质,亦即掌握了自在自为的普遍道德的意识,把它当作道德格言,并且部分地当作社会法规说了出来,更使这些法规在国家中见诸实施。"[1]

[1] 黑格尔.哲学史讲演录:第1卷.商务印书馆,1959.164.

"说到毕泰戈拉的实践哲学","亚里士多德谈到他时说:'他第一个试图讲道德,但是并不以正确的方式讲;因为他由于把道德还原为数,所以不能建立真正的道德理论'","也就没有到达概念。"[1]黑格尔的这些论述表明,在古希腊哲学产生之初,哲学家重视的实践,乃是道德实践。

德谟克利特即是如此。他主张"应该热心地致力于照道德行事,而不要空谈道德"[2],应该通过人生行为实现灵魂的怡然自得,培养美德;他从道德的角度指出,美德不仅是个人的道德品质,而且与在完成事业上的技术能力和熟练程度相联系;政治活动是人的主动性的最高形式,它给人的生命以伟大意义和光辉。

智者派的代表人物普罗塔戈拉,在这一点上与德谟克利特持相近观点。他说:"要想成为有教养的人,就应当应用自然的秉赋和实践;此外还宜于从少年时就开始学习。"[3]

苏格拉底不仅非常重视道德修养和道德实践,而且在西方哲学史上首次提出实践的概念。他说:"我将永不停止哲学的实践和教诲、劝勉我所遇到的任何一个人,照我的方式对他说:你,我的朋友,伟大、强盛而且智慧的城市雅典的一个公民,像你这样只注意金钱名位,而不注意智慧、真理和改进你的心灵,你不觉得羞耻吗?"[4]

柏拉图在实践概念草创时期是具有革命性意义的。这个革命性意义集中体现在以下两点:

---

〔1〕 黑格尔. 哲学史讲演录:第1卷. 商务印书馆,1959. 247.

〔2〕 北京大学哲学系编译. 古希腊罗马哲学. 商务印书馆,1982. 108.

〔3〕 同〔2〕. 138.

〔4〕 同〔2〕. 148 – 149.

其一,“理式”概念中涵摄着实践概念的萌芽。柏拉图以“理念”论取代原来的始基观。他提出理念,主要强调其设计性、结构性和建构性,用以代表着设计、结构和建构的最初模型。由此,柏拉图改变了传统哲学追问始基的根本问题方式:传统哲学的问题是,世界是如何生长、变化出来的?柏拉图把问题转变为世界是如何制作、建构出来的?[1] 制作、建构观念算得上实践概念的最早提法。

其二,以灵魂的活动陈述人的实践。柏拉图将世界区分为理念世界与现实世界,把真、善、美定位在理念世界之中,并以灵魂为主导实现人向理念世界的升华。在他那里,灵魂的活动实际上是人所独有的实践活动。这种实践活动涵盖着求真的认识活动、求善的道德活动、求美的审美活动。这即是说,灵魂超越现实世界而返回理念世界的活动过程,就是从感性认识升华到对“真本身”的理性认识的过程,就是摆脱感性欲能的纠缠而把握“善本身”的过程,就是由个别美的事物的感受到凝神观照“美本身”的过程,同时也就是人由感性存在上升到理性存在的过程。柏拉图进一步推导,灵魂有三种能力,即理性、意志和欲望,国家便有三种职能,即管理、保护和保障物质福利,公民便可分为三个等级:即哲学王、武士和生产者。哲学王应该具有管理国家的智慧,从事对国家的统治;武士应该具有勇敢的德性,负责对国家的保卫;生产者应具有“节制”的德性,从事生产活动,提供物质财富。如果这三个等级都各具其德,各守其位,各尽其职,国家就必然处于和谐状态,也就具备了正义的美德。依据美德概念,柏拉图把国家公民在道德上

〔1〕 参见叶秀山. 哲学作为创造性的智慧. 江苏人民出版社,2003. 2.

追求善良和正义的行动看做实践,把手工艺品生产以及经商看做富有诗意的活动。在《会饮》篇中,他把对永恒而又完善的理念的直观,亦即审美活动看做是活动的最高形式,开了联系实践探讨审美活动的先例。

二、亚里士多德的实践概念

学界公认,亚里士多德是西方实践哲学的开山。他的《尼各马可伦理学》、《政治学》是西方实践哲学的开山纲领。在亚里士多德之前,希腊文献中虽然早有"实践"一词,但并未被当做哲学概念使用。因此,也没有实践哲学这一说。从亚里士多德开始,实践哲学不仅有了自己的探索范围,而且有了自己的经典思考方式。自亚里士多德之后,多数西方哲学大家和名家都受他的影响,都用道德哲学、政治哲学、法哲学、经济学哲学的名目来阐述实践哲学,并以实践哲学来反思人类自身的行为和人的存在意义。

亚里士多德是从批判柏拉图开始运思实践哲学,并且建立起实践哲学的原初思考方式的。应当承认,亚里士多德与柏拉图都认同人是理性的动物,理性服务于善的要求,人应当追求善,只不过在对善的致思方式和理路上,两人有原则分歧。柏拉图从形而上的纯灵方向思考善,认为现实世界如同影子,变动不居,不可捉摸,无法制定善的通则,只有在理念世界才能找到纯粹、绝对、永恒的"善本身"。因此,善不能在现实中求,而只能到理念世界中求。求善的唯一途径是灵魂在爱欲的牵引下,"从欲到形,从形到灵,从灵到秩序"[1],最终返回宇宙之心,皈依至善。亚里士多德则走

---

〔1〕 刘小枫.个体信仰与文化理论.四川人民出版社,1997.55.

实践哲学的路向。他坚信,生活以善德为本,善就在人的伦理政治生活中,就在人的实践行为中,“实践(行为)是使灵魂获得道德的平衡状态的具体的活动”[1]。因此,与柏拉图从纯粹的理论前提着眼去推导善的原理不同,亚里士多德实践哲学的原初思考方式是,用流行的善和幸福生活的概念来分析他那个时代人的生活。从现实生活出发,从人的伦理存在和政治存在出发,以思人类趋向善的行为。

实践概念在亚里士多德那里有一个发展过程。最初模糊而多义,用以指一切生物和生命体的运动方式,包括上帝、众神、宇宙、植物、动物、人乃至政治共同体的运动方式。后来在伦理学著作中,才被亚里士多德洗掉宇宙论意义和生物学意义,而定位于伦理、政治领域,规定为人的行为,尤其是人的伦理行为和政治行为。

作为伦理、政治行为的实践与作为制作的生产是有区别的。亚里士多德承认,实践与生产都趋向目的,目的即善。《尼各马可伦理学》一开篇就说:“每种技艺与研究,同样地,人的每种实践与选择,都以某种善为目的。”[2]目的与趋向密切相关,它不是内含于趋向,就是外在于趋向。目的也与活动不可分割,它不是实现于活动本身,就是实现于活动的成果。正是在目的与趋向、目的与活动的关联方式上,亚里士多德找到了实践与生产的根本判隔。这个判隔就是:“制作的目的是外在于制作活动的,而实践的目的就是活动本身。”[3]即是说,生产以制造产品为目的,目的外在于趋向,体现在活动的成果即产品上。实践不同,它本身就是目的,而

---

〔1〕 亚里士多德. 尼各马可伦理学. 廖申白译注. 商务印书馆,2003. 38 注 5.
〔2〕 同〔1〕. 3.
〔3〕 同〔1〕. 173 注 2.

不是达到目的的手段;实践的目的内在于趋向而不假外求,而不是作为外在目标悬于活动与趋向之外。这就必然造成如下事实:一切生产都根据产品论好坏,过程本身沦为手段,生产的价值意义由全面活动成果来裁决,成果也就比活动重要。实践则只求自身"做得好","行为得好",因为它是自身即为目的的活动,目的与活动直接同一,目的追求无需指向外在结果,而只需落实在活动自身,活动是重于成果的。由此,亚里士多德断言:"实践不是一种制作,制作也不是一种实践。"[1]

在这里,亚里士多德实际指明:(1)生产是一种功利化的活动方式,它所实现的仅仅是人趋向外在产品的狭隘功利目的。实践才代表了人类无条件的、超功利的、本身即是目的最高生存方式。(2)人在生产中无法直观自身的目的性,因为一来生产过程本就与目的分离,二来判断产品好坏之时,目的早就被忘却和消解了。人在实践中才可以直观自身的目的性,因为目的始终在活动本身。生产是以产品为目的的。产品背后的原因无穷无尽,即是说,凭什么生产某种产品,自有其根据,根据的背后又有别的根据,沿根据追溯下去,找不到最后以自身为根据的终极根据。因而,生产绝不可能有自身即是目的的最高产品存在。实践则不同,它以自身为目的,自身就是自由因。如此说来,美学的根基似乎不应当确立在物质生产劳动,而应当确立在作为伦理、政治行为的实践。

与之相应,亚里士多德细心讨论了理论与实践的关系。古希腊早期理论与实践缠绕在一起,不像经过近代思想洗礼之后的那样有明确的分野。那时,理论属于人类的一种生活方式,一种超越

---

[1] 亚里士多德. 尼各马可伦理学. 廖申白译注. 商务印书馆,2003. 171.

于日常生计之上的精神生活方式。理论与实践的区别，只不过是两种生活方式的区别，或者生活的两种维度的区别。这种情况到柏拉图有所改变。柏拉图在《政治篇》中曾把科学分为“理论科学”与“实践科学”，表明理论与实践、思想与行为已经有了明确区分。但是，在柏拉图那里，理论与实践仍然是作为互补互渗并最终达到统一的一组范畴来把握的。这一时代语境，给亚里士多德以明显的影响。亚里士多德对理论与实践的关系从两个方面来论述：一方面，理论区别于实践，知识区别于实践智慧。理论知识是推论性的、普遍性的和精确的，实践智慧则是处理人与人之间的道德知识。“理论知识以求真为目的，实践知识以行动为目的。”〔1〕“实践的逻各斯的品质同制作的逻各斯的品质不同”〔2〕，实践的逻各斯只能是粗略的，不很精确的。另一方面，理论与实践同属于人类的生活方式和存在方式，两者之间不仅没有对立，反而理论是实践的一部分，是一种最高层次的实践。这两个方面的论述虽然表露出亚里士多德实践哲学的含混性质，但认真想来，却至今对我们仍有启发意义。后者启示我们，理论作为人的活动方式和存在方式来看，就是实践的一部分，不要把理论活动和认识活动排除在实践之外。前者启示我们，实践不等于求知，不能以知识论的视角来看实践。

事实上，亚里士多德本人就不是从主客二分的知识论出发，而是联系人的存在方式来思考实践的。他认为，一方面，实践的生命活动既是实践理性活动，也是人的存在的可能方式，它确定人的种

〔1〕 亚里士多德. 形而上学. 吴寿彭译. 商务印书馆，1997. 1.
〔2〕 亚里士多德. 尼各马可伦理学. 廖申白译注. 商务印书馆，2003. 171.

属的可能性范围。实践的生命活动的实现决定人的“是其所是”。人是实践的存在者,实践是人的存在行为;“人是确定行为的起源和原则,在一切有生命的东西中,只有他,而没有其他东西可以说在行为”[1];“从较低等的动物的例子中可以看出,它们虽有感觉却没有实践”[2]。实践的行为动机不是自然赋予的,而是通过善行、习惯确定下来的。实践的内在根据和基本法则都在人自身的德性和理性:“德性是同感情和实践相联系的”[3];实践方面的“始点不是由逻各斯述说,而是由正常的、通过习惯养成的德性帮助我们找到的”[4];实践既展示着人的道德的政治的行为,表现着人作为一个整体的性质或品质,又培养着德性,建构着德性,实现着德性,并决定着人的存在状态;“实践的事务主要是与伦理的政治的目的性的行为和活动相关的事务”,“我们是怎样的就取决于我们的实践活动的性质”[5]。在亚里士多德那里,不是知识先于实践,不是知识取代和统摄实践,而是实践先于知识,实践优先地占有知识。因此,知识论不可能成为亚里士多德实践哲学的整体视角,知识反而要在实践的基础上才能得到理解。

三、古罗马的实践观念

古罗马的实践观念是古希腊实践观念的一种变奏。

古希腊时代,实践是求善的。善必与城邦生活相关。城邦的

〔1〕 张汝伦.历史与实践.上海人民出版社,1995.95.
〔2〕 亚里士多德.尼各马可伦理学.廖申白译注.商务印书馆,2003.168.
〔3〕 同〔2〕.47.
〔4〕 同〔2〕.212.
〔5〕 同〔2〕.49,37.

善高于次要团体和个人的善。同样,城邦生活的公共幸福高于次要团体和个人的幸福。到古罗马时代,由于城邦生活的衰落和个人生活领域的突显,实践的观念、善与幸福的观念便发生了显著变化。

伊壁鸠鲁认为,首善即快乐,没有快乐就不可能有善的生活。"快乐是幸福生活的开始和目的。因为我们认为幸福生活是我们天生的最高的善,我们的一切取舍都从快乐出发;我们的最终目的乃是得到快乐,而以感触为标准来判断一切的善"[1],快乐成了实践的第一原则。

当然,伊壁鸠鲁所说的快乐,既包括肉体快乐,也包括精神快乐,尤以精神快乐为重。因而,伊壁鸠鲁并没有滑向纵欲主义和享乐主义。一方面,他主张把物质欲望减少到最低限制,使生活简单化,养成简朴的生活习惯;另一方面,注重精神生活,重视知识的培养和友谊的增进。罗素谈到伊壁鸠鲁这种快乐论的时候曾经指出:"由于我们能够较好地控制自己精神活动的方向,因此在某种程度上,我们就能选择思考的对象,而快乐大部分是强加给我们的。这就是精神快乐的唯一优势。按照这种观点看,有德之人在寻求自己的快乐时是小心谨慎的。"[2]在这里,我们看到,伊壁鸠鲁主张的精神快乐,乃是一种超越的自由的快乐,亦即审美愉快。

伊壁鸠鲁导向一种新的实践理念,即实践是一种追求快乐的活动。这种实践与古希腊的实践有了很大的不同。在古希腊,实践是有责任的,它意味着人有一种职责去积极参与城邦的公共政

---

〔1〕 北京大学哲学系编译. 古希腊罗马哲学. 商务印书馆,1982. 367.
〔2〕 罗素. 西方的智慧(上). 崔权醴译. 文化艺术出版社,1997. 225.

治伦理事务。在伊壁鸠鲁那里,实践脱离了责任,它意味着个人在实践活动中努力寻求某种快乐的结局。伊壁鸠鲁的实践观体现出古罗马时代实践概念的重要转向,即从以城邦生活为主要内容的实践,转向了以寻求个人快乐为主要内容的实践。

斯多亚派与伊壁鸠鲁恰成对照。他们提倡宿命论,反对快乐主义,认为快乐不是善,而是灵魂上的恶,即使有快乐这一类事情,也只是活动的结果,而决不是人的第一爱好。在斯多亚派看来,快乐不是活动行为的目的。人类活动行为的目的是追求美德。只有美德才是真正的幸福、真正的善。而美德就是顺从理性,无条件地服从不可抗拒的命运。可见,斯多亚派所主张的,乃是一种消极的实践观。

古罗马晚期,哲学家普罗丁从“流溢说”来理解实践,认为世界万物是从“太一”那里流溢出来的。“太一”即神,即上帝。“太一”流溢出“努斯”,“努斯”流溢出世界灵魂,世界灵魂流溢出个别灵魂,最后由灵魂流溢出物质世界。基于这种“流溢说”,普罗丁将实践理解为由内向外的趋向造成的行为。这个理解是对亚里士多德实践概念的一个翻转。在亚里士多德那里,理论是实践的形式;在普罗丁,实践变成了理论的形式,是逻各斯的影子。也就是说,理论即逻各斯处在本源位置,它派生了实践,实践成了理论的“流溢”,它不能以自身为目标,而需要向外诉求,同时在本体论上要求返回纯理论的起源。普罗丁的这个观点对中世纪的实践概念有很大影响。

第三节

中世纪的实践观念

一、托马斯·阿奎那的实践观念

中世纪占统治地位的哲学是经院哲学。经院哲学家的根本旨趣在于采取形式主义方法进行烦琐论证,以建树上帝的绝对权威。因此,他们不可能对人类自身的生活实践进行深入细致的探究。事实上,在很长一段时间内,中世纪神学哲学不再承续亚里士多德的实践哲学传统,不再关心人类以自身为目的的政治道德行为,而把全副精力都投掷在信仰、服从上帝的神学实践上,其实践概念的主要内涵也从亚里士多德的"政治伦理行为",转为从神意诱出和命令的意志行动。

直到中世纪后期,理性主义潜滋暗长,开始与宗教信仰分离。哲学领域才开始闪烁重视实验科学的思想光芒。实践概念也才开始延展出一个遵从知识的追求能力和行动的维度。这个维度经由文艺复兴的彰显,最终转换为近代哲学所广泛推崇的征服和改造自然的物质生产实践概念。

托马斯·阿奎那的实践观念可以说是对亚里士多德实践概念的神学诠释。他以人趋向上帝的意志行为取代了亚里士多德的城邦生活中的伦理政治行为,建立了一种具有神学特色的实践概念。

托马斯·阿奎那认为,存在着两重世界,一个是感性的世界,即自然世界,一个是超感性的超自然的世界,即上帝的天国。与之相应,存在着两种真理,一种是人认识自然事物的本质而获得的自然真理,一种是依靠人自己的信仰和神的启示而获得的超自然的真理。关于上帝的真理具有两面性,一面是人的认识达不到的上帝真理,如三位一体等;另一面是人的认识可以达到的上帝真理,如上帝存在、一神论等。由两重世界、两种真理、上帝真理的两面性,托马斯·阿奎那引出了神学的区分。他说:“神学分为两部分,一是思辨的神学,一是实践的神学,它在思辨和实践两方面都超过其他科学。”[1]思辨神学高于其他科学之处在于,它探究超乎人类理性的优美至上的东西,其确实性来源于上帝的光照。实践神学高于一般实践科学之处,则在于它的目的是永恒的幸福。显然,托马斯·阿奎那是致力于思辨神学和实践神学的。

托马斯·阿奎那的实践神学不可避免地要涉及伦理政治的实践问题,而伦理政治实践又是扎根于人性之中的,因而在他这里,实践问题环绕人性问题而展开。他认为,人有三个层面的自然倾向(appelites):其一,人同自然物一样有自然的欲求;其二,人同动物一样有感性的欲望,有倾向于感性对象的活动;其三,人有理性和意志,追求普遍的最高的善,即上帝。托马斯·阿奎那断言:人的道德活动(actus humani)就是人性的自然倾向、自然欲求,是上帝刻印在人心上的自然命令或者道德律。这个自然化的道德律概括起来,即是行善避恶。如此说来,托马斯·阿奎那所谓的实践,就被牢牢地限制在道德领域之内,明确地规定为道德层面上的活动行为。但是,在托马斯·阿奎那看来,道德实践的根本目的并不

[1] 北京大学哲学系编译. 西方哲学原著选读:上卷. 商务印书馆,1981. 260.

是求得人类自身道德生活的发展，而是追求万事万物共同的最终目的，那就是上帝，亦即最高的善；上帝原始地规定了道德实践的方面、内容、规范和标准。因此，他指出，道德不过是理性创造物向着上帝的运动(motus rationalis creatureae ad Daum)。

托马斯·阿奎那的实践神学必然带上折中色彩。因为一方面，实践追求的最终目的是趋向上帝。这一目的不仅意味着在实践过程中需要有理性的引导和意志的选择，意味着理性与意志就是实践活动的主要源泉，而且意味着在实践过程中缺失理性和意志追求的实践不是道德实践，至少不是信仰和趋向上帝，达到至善的实践。由此，托马斯·阿奎那坚认，人类的真正幸福就在于理性和意志的追求之中，而不在肉体的感性的快乐。但另一方面，他又看到，自然性的、动物式的感性欲求毕竟是人的本性，是人生固有的一种原初的倾向和要求。这种感性欲求在道德生活中不仅难以根除，而且还在某种程度上起着支撑作用。因此，托马斯·阿奎那又不得不在其实践神学中给自然主义留下地盘。不过，从整体上说，托马斯·阿奎那的基本立场是理性主义的。在他那里，无论是国家社会还是个人，其实践的神圣目的，都是到天国去享受上帝的永恒幸福。

托马斯·阿奎那认为，博爱乃是道德实践和人类美德的核心内容。博爱，当然不是指世俗的人类之爱，而是指人对超越的上帝之爱，它远承着柏拉图所谓“爱欲”的内涵。博爱之所以需要，是因为人与上帝不能在现实情境中相遇照面，不能亲身聆听上帝的教诲，而只能通过心灵的爱来趋向上帝。在托马斯·阿奎那看来，爱追溯到底是一种情感，它比知更接近人的自然本性。因而，爱上帝比起知上帝来，更能体现人对上帝的纯真信念和亲近感，也更能有效地让人到达上帝。应当指出,托马斯·阿奎那以爱作为实践的内在动力,这使他的实践神学较为注重个体的心灵境界,并获得一种通往审美活动的维度。

二、邓·司各脱的实践观

邓·司各脱的实践概念依然是在基督教占绝对统治地位的语境下提出来的。因此,它无法褪去其浓郁的神学色彩。不过,较之其他神学思想家,邓·司各脱的实践概念还是富有新意的,这突出地表现在,它重新规定了上帝信仰与个人意志自由的关系,设计了到达上帝的实践方略。

邓·司各脱曾经试图剖裂和中断哲学与神学的从属关系,为哲学开辟独立的领地。他宣称:"上帝不是形而上学的主题","只有神学这一门学问以上帝为主题,而神学并非形而上学",世界上不存在"一门由自然获得的学科来研究某个真正与上帝自身相应的上帝理念"[1]。哲学应当有自己的对象和原则,应当成为一门独立的学科,而决不应从属于神学。在邓·司各脱看来,把哲学划出神学之后,神学就不是一门思辨的科学,而是一门实践的科学,其使命只在于帮助人类拯救灵魂。这样来看,所谓实践,就成了"一种与理智不同的能力的活动",从而"不仅生理、心理活动不能算作实践,而且理智活动本身也不能理解为实践。实践只是'意志诱出或命令的行动',或者'一切实践都是一个被诱出和命令的意志行动'。确切地说,纯粹内在意志行动本身构成了实践的本

〔1〕 北京大学哲学系编译. 西方哲学原著选读:上卷. 商务印书馆,1981. 280 – 281.

质，而被命令的意志行动，外在的行为，则取决于内在的活动并从属于它”[1]。

邓·司各脱反对托马斯把启示和理性规定为上帝之知的两个来源，因为，在他看来，靠上帝启示和理性来认识上帝，必然导致上帝的认识论化和信仰上帝的仪式化。他提出，上帝存在不可确证，上帝的本性不可领悟。无论启示还是理性都不能认识上帝。人接近上帝的唯一途径，只能是在自己的生活过程中，借助于自己的沉思，直接认识上帝。这样，他顺理成章地把人对上帝的理性认识转化成了人与上帝的实践性交道，把崇仰上帝的仪式转化成了个体独立的沉思。换言之，人对上帝的信仰不再属于认识论，而属于实践哲学，不再是仪式化的顶礼膜拜，而是个体化的心灵慕求。

邓·司各脱强调指出，有三种知识可以自然地得到可靠的确知，“第一，从自明原则和由之而得到的结论；第二，从经验所认识的事物；第三，从我们的行动”[2]。这里所谓的行动，虽然上与亚里士多德所说的伦理政治行为有别，下与后世所说的物质生产劳动不同，但它涉及人的实际活动，可视为邓·司各脱的实践概念。

邓·司各脱在神学实践的整体框架内提倡个人的意志自由；强调个人的实在性和独立性，认为人的意志即使没有神圣的恩赐，也能够自行决定是否受感官的引诱，能够按照自然的道德行动。人并非只是接纳上帝恩赐的空罐子，并非只是沉思上帝的工具，而是行动者。人作为行动者，按自己的意志来行动。永恒的幸福就存在于意志的行动上。在邓·司各脱看来，尽管神意的命令需要

[1] 张汝伦. 历史与实践. 上海人民出版社，1995. 98.

[2] 基督教历代名著集成：第1部第14卷. 金陵神学院托事部，基督教辅侨出版社，367－368.

遵从，但它乃是一个由美德准备和使之可能的意志行动，正确的意志选择以美德为前提，并且直接从美德中产生[1]。在这里，我们可以看到，尽管邓·司各脱没有清洗实践概念的神学意味，也尚未把实践概念引向属人的政治伦理、生存领域，但他开始强调个人的自由意志。而个人自由意志的强调，可能导致人在实践中的自主和自决，造成人们从无个性的团体性的教阶制度中解放出来的局面。这正是邓·司各脱实践概念的进步性之所在。他一方面为后世哲学强调个人作为道德实践的最终价值作好了铺垫，另一方面又初步反映了正在兴起的市民阶级的个性解放的愿望。

三、罗吉尔·培根和奥卡姆的实践观

罗吉尔·培根在实践范畴史上的重要贡献，表现在他强调实验科学的重要性，强调科学知识的实际运用。对实验科学的强调，其积极意义在于促使中世纪哲学从烦琐抽象的论证中摆脱出来，从教会的精神桎梏中解放出来，为科学的发展开辟了道路。从实践范畴史的角度看，也就是上续亚里士多德实践哲学中"技术性生产"的概念，下启近代认识论的实践范畴，为整个实践概念的近代转换作了思想观念上的准备。

罗吉尔·培根认为，从逻辑上讲，知识的源泉在经验，科学必须以具体事物为对象，科学研究必然面向自然，真正的学者应当依靠实验弄懂自然界的一切事物。从事实上看，人们对真理的掌握存在着"权威"、"习惯"、"成见"、"虚夸"等四大障碍。要克服这些障碍，掌握真理，必须进行实验。实验的本领胜过一切思辨的知

〔1〕 参见张汝伦. 历史与实践. 上海人民出版社，1995. 98.

识和方法,实验科学是一切科学之王。“凡是希望对于在现象背后的真理得到毫无怀疑的欢乐的人,就必须知道如何使自己献身于实验。”[1]实验科学应当像支配自己的奴仆那样支配着一切其他的科学。

奥卡姆继承了邓·司各脱的传统,致力于把哲学与神学分开,但比邓·司各脱走得更远。他明确提出,信仰并不能促成理性的完善;信仰与理性分属于各自的领域,二者之间可以发生矛盾,神学以信仰为主,其他领域要以理性为主。他认为,个别事物当中,并无所谓的“一般”,“一般”无论何时何地都只存在于个别事物之后。上帝的理性之中也没有任何事物的“原型”,上帝的理念追根究底不过是关于个别事物的知识。

基于这一看法,奥卡姆不同意邓·司各脱把实践看成“意志诱出或命令的行动”的观点。他指出,实践既可以是外在的活动,也可以是知识、纯粹思辨。实践概念应当从多种意义上理解。从广义上理解,它指的是一种任意力量的活动。从狭义上理解,它指的是一种遵从知识的追求能力的行动。从更狭义的角度来理解,它只指发自于人的力量的活动,尤其是发自意志的活动。如果从最为狭窄的意义上理解,那么,实践仅仅指意志支配的活动和协商选择的对象[2]。可见,奥卡姆使实践概念的含义域变得十分宽泛。这一方面推进了实践概念在中世纪的发展,另一方面却导致实践概念的扩大化。后来康德在《实践理性批判》中确定的一项主要工作,就是清洗这种扩大化对实践哲学的影响。

---

〔1〕 北京大学哲学系编译.西方哲学原著选读:上卷.商务印书馆,1981.288.

〔2〕 参见张汝伦.历史与实践.上海人民出版社,1995.98.

第四节

近代的实践观念

一、近代初期的实践论思考

历史上的先进分子是怀着征服自然、改造自然的强烈冲动进入近代的。近代的根本特征是科学至上，技术主义盛行，以工业文明为主要标志。从而，在这个时代，无论是实践哲学还是自然哲学，都朝向认识论的方向急转。理性、经验、真理、知识、主体、客体成了哲学的核心范畴。古希腊开创的哲学传统，刚经过中世纪的神学化，到此时又面临科学概念的重压，从而在根本上失去了对人的自身存在和人生命运的关心，失去了对理性自身的绝对普遍性和本质必然性进行反思、质疑和批判的兴趣。

近代西方哲学一开始就致力于抹平实践与物质生产的根本区别，以物质生产的概念取代实践概念。因此，在近代，实践不再是以自身为目的、自身即有意义的行为，“而是指向任意的，人们时时想要的，但却对他没有约束的目的”〔1〕，目的完全外在于实践过程。

（一）弗兰西斯·培根的实践观

弗兰西斯·培根是近代唯物主义和实验科学的始祖，他对物质生产实践概念的形成、发展作出了重大贡献。他认为，哲学的任

〔1〕 张汝伦.思考与批判.上海三联书店，1999.15.

务不是别的，就是研究自然和改造自然。为此他提出“要命令自然就必须服从自然”[1]的著名口号。所谓服从自然，就是根据经验认识自然事物的成因和规律。所谓命令自然，就是按自然规律改造自然。培根的“经验”概念，除了直接的感觉之外，还包括从实验中获得的经验，而且后者更为重要，更为培根所重视。培根并不完全信任感官所提供的感觉，相反认为“人的理智的最大障碍和差错还是在于感官的迟钝、无力和欺骗性”[2]。他认为，只有实验才能揭示事物的真相和本质。因为实验可以改正感官的错误，弥补感官的不足，使我们获得更可靠的经验材料。他说：“一切比较真实的对于自然的解释，乃是由适当的例证和实验得到的。感觉所决定的只接触到实验，而实验所决定的则接触到自然和事物本身。”[3]在培根看来，实验可以揭示我们的感官不能直接感觉的事物的内在属性，揭示物体中一些细微的变化。人们只有在实践的基础上，通过比较、分析，才能把握自然事物的本质。他说：“自然的奥秘也是在技术的干扰之下比在其自然活动时容易表露出来。”[4]

培根坚认，实验不仅是获取科学知识的源泉，而且是扩大科学知识的动力。迄今为止，一切科学知识的发现，都是来自实验的结果；一切艺术的发明，也只是依靠实验。实验导致科学知识的新发现。科学实验的反复进行，能“把一种技术的实验转移到别种技

[1] 北京大学哲学系编译. 西方哲学原著选读：上卷. 商务印书馆，1981. 345.

[2] 同[1]. 351.

[3] 北京大学哲学系编译. 十六—十八世纪西欧各国哲学. 商务印书馆，1975. 17－18.

[4] 同[3]. 42.

术的实验上去,我们就可以借助于我们所谓用文字记载下来的那种经验发现许多对于人的生活与情况有用的新的事物"[1]。反复地实验能够不断地扩大新的科学知识,推动科学技术的发展,从而可以增进人类生活福利。因此,培根非常重视亲自接触实际,深入事实。他说,自然是不会自动投降而为我们所掌握的,"比较稳健的办法是从那些与实践有关系的基础上开始把各种科学建立起来"[2]。培根还认为,知识与活动是统一的。他说:"实践中的失败主要由于不知道原因而发生,正是在这种情况下,人的两种企望——对知识和力量的企望——真正相和在一起了。"[3]

培根重视科学知识的实用性,认为科学知识的重要意义不仅在于它能结出看得见摸得着的果实,而且在于它能引导人类主动地掌握和支配自然。他说:"在所有迹象中没有比成果的迹象更确定和崇高的了。因为成果和作品就好像是哲学家真理的担保人和保证人。""人类的知识与权力是一致的,因为不知原因剥夺了人的作用。必须让有待掌握的自然服从,在沉思中是原因的东西在行动上就是规则。"[4]培根的这一论述,极为传神地标示出西方实践范畴在近代的重要变化。

培根还接触到实践是检验真理的标准问题。他在《几种想法和几条结论》中说:"在自然科学中,实际的结果不仅仅是改进人类福利的手段而已,它们也是真理的保证。"并且说:"科学在人的

---

〔1〕 北京大学哲学系编译.十六—十八世纪西欧各国哲学.商务印书馆,1975.43.

〔2〕 同〔1〕.47.

〔3〕 转引自哲学译丛.1978(5).

〔4〕 转引自张汝伦.历史与实践.上海人民出版社,1995.251.

心目中的价值也必须由它的实践来决定。真理之被发现和确立是由于实践的证明而不是由于逻辑或者甚至于观察的证明的。"[1]可见,培根从认识论的层面推进了实践概念。

应当指出,培根虽大力强调实践的作用,但他所谓实践局限于科学实验,忽视直接的物质生产劳动,更与亚里士多德所说的伦理道德行为无涉。因此他的实践观只是一种狭隘的、粗浅的实践观。在这种实践观的基础上,不可能全面系统地解决人类征服、改造自然的问题,更无法解决人生的价值意义问题。

(二)笛卡尔的实践观念

笛卡尔和培根一样,十分重视思维方法的改变。因为他坚信,思维方法的改变可以从自然中发现绝对真理,并且会达到生产形式的改变和人对自然的实际统治。

笛卡尔认为,一切人类可以接近的实在都可以、也应该从数学中推演出来,并且在某种意义上还原为数学。唯一的可应用于一切知识领域的方法,只能从数学中找到。数学反映着人的理性本质。但是,笛卡尔看到,把一切归于数学,会对伦理学、政治学造成严重的问题,因为,常人的道德决定并不是基于知识,也不可能等待数学证明来作决定,道德决定建立在可能性的基础上。为着解决这一严峻的难题,笛卡尔采取的方略就是:把伦理学设定为"最后的智慧",或者"其余科学的完善知识"。

笛卡尔非常重视实践。他在《方法谈》一书中说明了这一点:"可以(用他介绍到哲学的方法)获得一种对生活非常有益的知识,找到一种实践哲学来代替学校中所讲授的思辨哲学,借助实践

[1] 转引自[英]班加明·法灵顿.弗兰西斯·培根.三联书店,1958.55.

哲学，我们就可以像了解我们手工业者的各种职业一样，清楚地了解火、水、空气、星球以及我们周围的其他一切物体的力量和作用。这样，我们就能在一切适合的地方利用这些力量和作用，从而使自己成为自然的主要和占有者"，并"促进人类生活的改善"[1]。这就是说，学校教育的思辨哲学应当被实践哲学代替，理由是依靠实践哲学我们可以使自己成为自然的主人。笛卡尔所说的实践哲学包括医学、机械学和伦理学，这些科学都可以促进人类的完善和对自然的统治。由此可见，他对实践在改造自然界中的作用已有了相当充分的认识。

此外，笛卡尔还从主动与被动两个方面讨论了心灵的功能。他认为，在心灵中，意志和理智是主动的、自由的；感觉、欲望等则依赖生理的原因，因而是被动的、不自由的。理智的作用在于了解观念，构成判断；意志的作用在于作出抉择。观念本身没有真假，只有意志的选择才有对错。这些讨论涉及伦理道德实践，但在笛卡尔那里，却不占主要地位。笛卡尔关心的问题还是人类如何把握绝对真理，以便应用到征服和改造自然的实践中，以迅速扩延财富，推动人类朝着更有生存主动性的福利阶段进发。

（三）洛克、斯宾诺莎的实践观念

洛克把理论科学和实践科学区别开来，认为理论科学的主旨是按照事物本身存在的那样研究事物的本性，而实践科学的主旨是研究人怎样行动。他说："'自然'给了人类一种希求快乐，和憎恶患苦的心理，而且这些心理确乎是天赋的实践原则，确乎可以恒

〔1〕 转引自马克思. 资本论：第1卷. 人民出版社，1975. 428.

常地继续动作，不断地影响我们的一切行动。”[1]人为追求幸福而行动：“一切含灵之物，本性都有追求幸福的趋向，而且这种倾向就形成了他们的强烈动机，使他们时常留心，不要把幸福失掉了。此外，特殊的动作既是达到幸福的一些手段，因此，那种倾向又会必然地使他们在指导这些动作时，小心谨慎，顾虑周到。”[2]在这里，洛克对亚里士多德的实践哲学有所继承，他把实践主要理解为道德行为。

作为一个经验论者，洛克虽然怀疑物理学的确定性，但坚信道德政治观念可以像三角形的三个角之和等于两个直角之和那样无可争辩。只不过这样的无可争辩性出于经验的证明。洛克还注意到实践活动中理性和意志的区别，认为感受或知觉一方面提供对象的观念，另一方面却引起主体的痛苦、快乐等情感或感受，从而产生选择自己的意志。洛克关于实践主体的心理分析对审美心理的研究还是具有一定意义的。

斯宾诺莎也是关注伦理实践的近代哲学家之一。他把伦理实践的基本目标设定为建立一个秩序井然、公民享有自由民主权利的社会。

斯宾诺莎认为，人最初处在自然状态，在这种状态中，每个人都抱着私利之心，力图保住自己，而不惜损害别人，因此人与人之间的关系，便如同狼群关系。为了共同生存，人们只得订立契约，建立国家，把原先拥有的个人生存之权交给公共统治者。但是，这个共同约定的国家政体应当是共和制的民主政体，是与个人自由

〔1〕 洛克. 人类理解论：上册. 商务印书馆，1959. 27.
〔2〕 同〔1〕. 236.

最相吻合的政体。在这个政体内，个人应当享有天赋的财产占有权、自由贸易权等权利。

在各种权利中，斯宾诺莎最为看重社会成员的自由权，尤其是思想自由权。他指出，只有思想者享有强有力的生活，只有生活阐明思想者；同时，“若是一个人判断事物不能完全自由，没有拘束，则从事于科学与艺术，就不会有什么创获”〔1〕。斯宾诺莎主张思想自由权，目的是为了促进社会科学文化的发展，并不在个体生存的价值和意义。这也体现出实践范畴的近代特色。

斯宾诺莎也多次论及人类为争取自由而进行的斗争。不过，他所说的斗争局限在“自由思考与判断之权”，而不涉及自由行动之权，即对现存法律制度采取行动。并且，就是这种自由思考判断之权，最后也无法依靠人类自身来取得，只好求助于天赋。斯宾诺莎说：“人的心是不可能完全由别一个人处治安排的，因为没有人会愿意或被迫把他的天赋的自由思考判断之权转让与人的。”〔2〕

二、启蒙时代的实践观

启蒙时代的思想家们主要是围绕人类的创造活动、按照未来社会文明进步的要求来思考实践的。

这里首先谈到的是维柯的实践观。维柯的实践观集中体现为“真理即创造”的命题。维柯认为，人类的历史是人类自己创造的，人类的一切事物都源于人类的创造性活动；人类通过自己的创

〔1〕 斯宾诺莎. 神学政治论. 商务印书馆，1963. 274.
〔2〕 同〔1〕. 270.

造性活动把客体世界——人性世界和生活世界从彼岸纳入到此岸,并使人类活动的确定性与人类自我认识的真实性结合起来,同时为人类的认识活动提供真正的对象。所以,维柯指出,"真理即创造"乃是新科学的第一条无可争辩的大原则。这个原则不仅为建立人性、创造科学奠定了方法论基础,而且为近代实践哲学提供了理论资源。对此,马克思在《资本论》中作过评价:"如维科所说的那样,人类史同自然史的区别在于,人类史是我们自己创造的,而自然史不是我们自己创造的。工艺学会揭示出人对自然的能动关系,人的生活的直接生产过程,以及人的社会生活条件和由此产生的精神观念的直接生产过程。"[1]可见,把实践规定为创造活动,把人类创造活动看成人类认识活动和理解活动的基础,是维柯实践观的重要内涵。在肯定"真理即创造"的基础上,维柯进一步指出,有史以来,人类的自我创造活动就是一种充满激情冲动的诗性活动;人通过这种诗性活动不仅创造了人类世界和人类事物,而且使自己生成为人;人就是通过自我创造活动而不断生成的存在,人类的历史就是人的实践活动的历史,就是人类在实践创造中的生成史;人类能力的自然发展与人类生存的历史发展之间同步演进。由此可见,维柯初步揭示了人类生成存在与历史实践之间的密切联系,为后来马克思实践哲学的诞生提供了一笔重要的思想资源,也为我们在美学研究中回溯实践的本体内涵带来相当深刻的启示。

法国启蒙思想家伏尔泰以彻底破除传统的姿态反思人类生存和社会发展的历史。他认为,把古代看做人类生活的黄金时代,把

---

〔1〕 马克思.资本论:第1卷(上).人民出版社,1975.409－410注89.

现代看做人类不断衰落的阶段,乃是一种虚构的装饰的神话历史观,“我知道任何时代的人总夸奖过去和诬蔑现在;我知道每个民族都幻想着一个纯洁、健康、悠闲、愉快、实际上不存在的黄金时代”[1]。他指出,人类在远古时代,曾经处在愚昧无知的自然状态,到中世纪,仅仅剩下了令人羞愧的愚昧和野蛮;人类的黄金时代只属于理想的未来而不属于黑暗的过去。基于这样的认识,伏尔泰发现了人类理智、社会生活、实践活动在文明发展、进步历程中的巨大价值意义:人类理智是文明进步的最重要动力,理智的发展又与社会群体生活血肉相关、相辅相成,实践是到达未来、实现希望的根本途径。在伏尔泰说来,“人类最可贵的宝库乃是这个‘希望’,它缓和了我们的悲哀,它在我们目前所有的欢乐中描绘了将来的欢乐。倘使人类相当地不幸,只能管到现在的话,我们将不再播种,不再种植,不再供给任何东西:于是在这虚幻的享乐中,人们将缺乏一切”。但是,就其本性而言,人类不会停留在希望和幻想之中,而必然诉诸行动,投身实践:“人类为行动而生,正像火向上升、石往下掉那样。对于人来说,绝对无所事事和不存在是等同的。”[2]在这里,伏尔泰睿智地把实践、行动提升到了人类存在方式的高度。

德国启蒙思想家赫德尔坚信,从认识论的角度讲,人类的理性并不是自然本能,而恰恰以人的自然本能的欠缺为基础。人在本能的强大可靠方面远远比不上动物,但正是这一点使人类得救,因为,本能的欠缺迫使人类通过实践活动,发展理性能力,扩展活动空间,以弥补自己的不足。赫德尔认识到,人在本质上是一种群体

---

〔1〕 伏尔泰. 哲学通信. 上海人民出版社,1961. 289-290.

〔2〕 同〔1〕. 130-131.

的社会的生物,而决不是卢梭式的孤苦的林中人,霍布斯式的野蛮的狼。人不同于动物之处,在于动物只需依靠本能和天性维持生命,人则必须依靠自己的实践创造发明才能生存,才能生成各种能力,积累各种知识,开拓无限发展的空间,才能实现人道的目标。实践乃是推动人类生成和持续发展的根本动力。

狄德罗是18世纪法国唯物主义的杰出代表。他的实践观念是从唯物主义关于人与自然的学说中引导出来的。狄德罗认为,人并非上帝的创造物,而是自然的一部分;人的本质是由自然规定的;人的活动完全应当遵守自然的规律;就是人的社会性,也以自然为根基,受人的自由本性所决定。所以,在实践中,崇尚自然,服从自然,是第一位的。这就从根本上决定了狄德罗要在人与自然的关系上来理解实践。

狄德罗较全面地阐述了实践及其在认识中的作用。在《对自然的解释》中,他提出,认识自然应有三种主要方法。即"对自然的观察、思考和实验。观察搜集事实;思考把它们组合起来;实验则来证实组合的结果。对自然的观察应该是专注的,思考应该是深刻的,实验则应该是精确的"[1]。狄德罗所讲的实验是自然科学的实验。在他看来,实验比单纯观察更能深入自然。"实验应该一再重复,以弄清各种情况的细节,并认识其界限。应该把那些实验转施之于各种不同的对象,使它们更复杂,并以一切可能的方式把它们联合起来。"[2]"一切实验,凡没有把法则扩大到某种新的事例,或没有以某种例外限制了法则作用的范围,都是毫无意义

〔1〕 狄德罗哲学选集.商务印书馆,1979.61.

〔2〕 同〔1〕.86.

的。"[1]显然,狄德罗所说的实践也是限于科学实验的。同时,他还反对实验采取实用主义的态度,要求在实验中不断发现新问题。他说:"必须让实验有它的自由;如果只是显示它能证明的方面而掩盖起它抵触的方面,那就是把它当俘虏了。"[2]狄德罗虽然强调实验在认识和科学研究中的作用,对近代唯物主义实践观的发展做出了杰出的贡献,但他把实践限定在人对自然的关系上,限定在认识论的框架内,因而也就不能有深刻的理论建树,他的实践观念也是较为粗糙和肤浅的。

第五节

德国古典哲学的实践观念

德国古典哲学的实践范畴,既是对近代实践概念的接续,又是对近代实践概念的提升。

德国古典哲学家都看到,近代实践哲学日趋萎缩的深刻原因在于它的科学化,或者说在于科学的无限膨胀。科学无限膨胀的极端结果是造成科学理性对实践理性的压制和消解,对实践价值的排挤和抛弃。这样一来,实践就通体被物质生产所取代。所以,德国古典哲学家认为,要恢复实践哲学的传统,就必须对科学理性的普遍性、合理性、必然性来一番深入的质疑,并对科学理性主宰下的实践概念来一番改造和提升。康德率先以《纯粹理性批判》

---

〔1〕 狄德罗哲学选集.商务印书馆,1979.87.
〔2〕 同〔1〕.89.

表达了对近代科学理性的怀疑，又以《实践理性批判》建立了道德实践的本体地位。以后，费希特、谢林、黑格尔相继把实践设定为绝对自我的创造、绝对展开的历史过程，从而使实践概念从科学主义的一统天下摆脱出来，升华到本体领域。

另一方面，德国古典哲学又承继了近代哲学主客二分的思考方式，从主体与客体的对立统一中理解实践。康德从主体理性来建立实践的先天原理，费希特从绝对自我设定自我与非我，寻找实践的本质，谢林从绝对的历史逻辑展开来描述实践的本体内涵，黑格尔则从绝对精神即人的自我意识出发建构全部实践哲学。总之，在德国古典哲学家那里，实践意味着主体对客体的活动。这是对近代哲学主客二分模式的继承和发扬。

此外，应当指出的是，只有到了德国古典哲学，实践范畴才与美学发生了内在联系。

一、康德的实践观

康德看到，理性的危机既是现实时代的危机，又是形而上学的危机。为着解除理性的危机，康德把思考中心转向实践哲学，转向在自由基础之上考察人类理性对善的追求。他觉察到，理性的危机是由于人们对理性指导人生事物已经从根本上失去了信念；克服理性危机的出路在于寻找到理性批判的最后归宿，这就是目的领域。在康德看来，人永远是目的而不是手段，人的一切活动行为都是为了人自身。所以，目的领域不在人对自然的征服和改造，而在人自身的道德实践；只有实践理性才在人自身的道德实践领域中发挥作用；只有实践理性才先于理论理性，并作为理论理性的基础；理论理性并不是目的，而只是趋向目的。

在西方实践哲学的传统中,康德是继亚里士多德之后最为重要的理论代表之一。他的实践哲学既承接着亚里士多德的思路,又与之形成鲜明的对照。

康德与亚里士多德的共同之处首先在于:他们都把实践定位在与人的存在和生活直接相关的道德领域,而不是自然领域。亚里士多德以实践概念指陈人的伦理政治行为,康德以实践概念指陈人自己立法、自己执行的道德活动,两者都着眼于道德层面界说实践。其次,他们都把实践哲学的思考中心定位在人如何依靠理性的引导来实现善的理想,实现人类正确生活的方式和目的,而不是单纯求得物质财富的增长,满足人的生物层面的欲望需求。

康德与亚里士多德有明显的差异。其一,亚里士多德以人的现实生活为前提,从人的伦理政治存在出发分析人类行为的要素和结构,寻求善的实现,其实践哲学布满了古希腊城邦公民的生活踪影。康德则超越于具体的现实生活,甚至超越于包括道德、宗教、政治、法律制度在内的全部社会体制,寻找制约人类实践行为目的的不变之常,即实践理性,亦即主体及其自我意识,其实践哲学散发着强烈的经院气息。也就是说,亚里士多德偏重于为人的善,合乎中道原则,作为生活条理的善;康德则偏重于自为的善,作为绝对命令的善,个体无条件听从执行的善。前者显得亲切,后者显得神圣。其二,亚里士多德强调理性对实践目的的趋向,康德强调理性对实践目的的规定。在亚里士多德那里,“趋向”意味着事先有一个目标,这个目标无需理性来规定和颁布,只需理性来追求和实现,在康德那里,“规定”意味着事先并无目标,目标是由理性设定出来的。

要弄清康德的实践概念,有两个语境必得事先弄清。

第一个语境是康德的整个思想构制。康德认为,认识和实践不止是有矛盾,而且原本就属于两个根本对立的领域,中间还看不到任何过渡。认识面对现象界。现象界即存在于主体的表象之中,向主体感官提供感受材料,受着因果关系制约的自然领域。认识的权限仅仅在于通过主体的先天知性形式去综合加工现象界提供给感官的感觉材料,形成知识论体系;也就是说,通过理论理性给自然立法。认识无法了知本体。因为,认识从来都以对象在场为先在条件,从来都是对感觉经验对象的认识。但本体是物自体。这个物自体是自本自根的,即自己以自己为原因,自己以自己为依据,自己持有自己,自己开显自己。永远处在自己的位置上,根本就不在现象界内显象,不在感觉经验中出场,不与认识主体照面。所以认识对它无可奈何。认识也没有自由。因为自由就是不受任何他者他律的限制的物自体,在它之上设定任何东西。物自体不出场的领域,在它之上不能也找不到自由的踪影。实践却恰恰相反,它属于道德领域。道德领域是本体领域,是自由的领域。道德领域的法则是纯粹理性以自己为根据设立起来的,是人自己立法自己遵守,而不受自然必然性的任何限制,也不受人的生理本能欲望的任何影响。无需认识给它提供什么支撑,认识也无权过问实践之事。这样,康德就在认识和实践之间设定了那道著名的鸿沟。这道鸿沟表明,康德的一个基本观念是实践高于认识,道德高于自然,自由高于必然,实践哲学高于认识论。

第二个语境是两种实践概念的区分。上文谈到,亚里士多德从趋向目的下手区分了生产与实践两个概念,但由于他所谓的技术概念牵涉两界,一方面涉及制作和生产上的实用性技艺,另一方面又可以引申为人造就自己的道德知识和品质的一种技艺;一方面渗透在知识论中，另一方面又渗透在实践智慧中；因此，他终究没有把生产与实践的界线划得清楚而妥帖。在他的实践哲学中，知识论的因素、自然的因素、技术的因素总能找到地盘，总是显山露水的。康德沿着亚里士多德的思路往前推进了一大步。他首先挑明，流俗对实践概念有一种普遍的误解和误用，这就是把现象领域即认识领域内的活动与物自体领域即道德实践领域内的活动混为一谈，都称为实践。“迄今为止，在以这些术语划分不同的原则、又以这些原则来划分哲学方面，流行着一种很大的误用”：“即人们把按照自然概念的实践和按照自由概念的实践等同起来。”[1]按康德的规定，这两种实践存在着根本差异，不能混淆。“按照自然概念的实践”只涉及现象领域和认识论，涉及人与自然之间的关系和自然规律，表现为改造自然的活动；“按照自由概念的实践”则属于物自体领域和本体论，涉及人与人之间的关系、人与社会之间的关系和行为规范，体现为依循和运用道德法则处理人类自身关系的实践活动。康德说：“如果规定这原因性的概念是一个自然概念，那么这些原则就是技术上实践的；但如果它是一个自由概念，那么这些原则就是道德上实践的。”[2]

康德的意思是，真正属于本体意义的实践，作为理性存在者的基本方式的实践，乃是“按照自由概念”的道德实践。“按照自由概念”意味着实践的因是自由因，即理性自己立法，实践的果是自由果，即个体凭自由意志自觉执行道德法则。康德指出，“按照自由概念”的实践，基于某种超感性的原则，其根据是纯粹理性在自

〔1〕 康德.康德三大批判精粹.杨祖陶，邓晓芒编译.人民出版社，2001.394.
〔2〕 同〔1〕.395.

身中所包含的足以规定意志的根据；至于“按照自然概念的实践”，根本无法接近和扩展到超感官之物的领域，因而只能算作技术上的生产，认识论意义上的实践，人作为自然存在者的基本方式[1]。

正是基于这一点，“康德反对实践概念的扩大化，依照这种扩大化，人们常常‘认为可以把治国才能和国民经济、家政常轨，还有交往法则、制度、福利和饮食起居之类，无论是心灵方面的还是身体方面的（为何干脆不说所有行业和技艺呢?）都视为实践哲学的内容’”[2]。这里所谓反对实践概念扩大化，其实就是防止实践滑向满足人的生物性需要欲求的活动中去，滑向“按照自然概念”的技术生产上去。

康德对两种实践的区分启示我们，美学要寻访的实践的本体根基只能是本体论意义上的“按照自由概念的实践”，而不是认识论意义上的“按照自然概念的实践”。值得指出的是，康德也曾力求以审美判断和目的论来统一“按照自然概念的实践”和“按照自由概念的实践”，但由于现象界与本体界的分裂过于严峻，也由于康德忽视现实生活实践而只重实践理性的批判，缺失“世界性”维度，加之他找到的沟通途径是与纯粹理性、实践理性同样抽象而纯粹的审美判断，因此，两者的统一最终收效甚微。

---

〔1〕 参见康德. 康德三大批判精粹. 杨祖陶，邓晓芒编译. 人民出版社，2001. 395－398.

〔2〕 孙周兴. 实践哲学的悲哀. 中华读书报，2000－03－29.

二、费希特、谢林的实践观

从表面看，费希特的著作只是偶尔使用“实践”或“实践的”概念，而以行动、行为、努力诸概念为核心用语，但实际上，实践哲学的思想却始终贯穿其中。

费希特指出，哲学作为知识，其自明的基本原则就是“自我设定自身”。这个“自我”，康德曾经承认，而且还划分为两种形式——“我知道”和“我行动”。遗憾的是，在康德那里，“我知道”和“我行动”却处在深深的隔绝关系之中，溯其原因，在于康德坚持二元论立场，在“知道”的自我与“行动”的自我之间、现象界发挥作用的自我与本体界发挥作用的自我之间划下一道不可逾越的鸿沟。费希特看到，要克服康德二元论的危机，不仅应当以绝对自我为出发点来思考实践，而且应当把绝对自我理解为实践。因为，如果没有能够活动的自我，就不可能有自我的意识；同时，自我只可能通过实践的方式而不是理论的方式获得认识；所以，自我设定自身，并非只是认识过程，而且是实践过程，是我们获得存在的过程。在这里，费希特通过“自我设定自身”的命题，清除了主观与客观、存在与行动、认识与实践之间的隔阂。

费希特认为，绝对自我不仅是反思的主体，能认识世界，而且是行动的主体，能主动地创造世界。绝对自我的行动既设定自我又设定非我，最终达到自我与非我的统一。在绝对自我的内部，自我与非我的关系或者是非我限制了自我，或者是自我限制了非我，前者是理论自我，后者是实践自我。理论自我实际上就是理论理性，它意味着总有一个非我或客体与自我相对立，因而不能达到主体与客体相统一。实践自我即实践理性，它能够凭借理智的直观而达到二者的统一。在费希特看来，实践的自我比理论的自我更为重要。因为，“决不是理论能力使实践能力成为可能，而是相反，实践能力使理论能力成为可能（理性自身是实践的，只有当它的规律应用于那限制它的自我时，它才成为理论的）”〔1〕。“所有理论法则都依赖于实践法则，如果只有一条实践法则，那么，它们就都依赖这条实践法则。”〔2〕

费希特看到，人类只有通过劳动才能克服障碍，满足自身的需要，达到完善境地。反过来，劳动的过程就是人们从自身需要出发，通过改造自然界的事物，从而使自己的需要得到满足的过程。可见，费希特所说的劳动，与近代以来所谓的物质生产概念、技术性实践概念是相当接近的。所不同的是，费希特把劳动与人类发展的历史过程联系起来，认为人类劳动在人类从原始社会的自然状态走向理想黄金时代的过程中具有极为重要的意义。他曾经反复指出，人类只有靠操心、辛劳和工作才能接近未来理想社会；才能不断地开发自然界，使人本身从纯粹的自然产物成为自由的理性生物；也才能不断地形成促使人勤劳奉事、涵养德性的动力。在这些论述中，我们可以隐约见出费希特关于人通过人的劳动而生成的思想。这个思想给美学以重要启示：人的审美能力不是一种反映和认识事物的能力，人的审美活动也不是反映和认识活动，它们都是以实践的方式历史地生成出来的，实践是审美活动的根本基础。

〔1〕 弗·梅狄寇斯. 费希特著作选：第1卷. 莱比锡，1991. 321.
〔2〕 同〔1〕. 486.

但是,在费希特看来,征服、改造自然的劳动不是实践的本体内涵,本体论意义上的实践乃是道德实践。这首先因为,道德实践才是目的意义在于过程本身的实践;其次因为,道德实践才是自己决定和支配自己的自由实践,“我们行为的所谓道德性,都在于人们全然是为了良心而决定去做良心所要求做的事情的”[1]。也就是说,人类实践的使命和人类生存的全部目的,在于听从良心的呼声,“忠诚老实地、无拘无束地、无所畏惧地、不假思索地”自由行动[2],而不让别人的意见支配自己的行动。

费希特强调,实践来源于绝对自我,听命于灵魂深处的呼声。首先,实践冲动是属于绝对自我的天然要求和自然质素。其次,实践的目的产生于渴望,渴望是对实践冲动的反思,实践冲动不同于动物冲动,它不以满足为目的,不以现成对象为目的。

正由于费希特是从绝对自我出发来设定实践的,因此,他所说的实践,本质上还是一种主观活动。黑格尔曾经分析道,费希特哲学的最大优点在于指出哲学必须从最高原则出发,从必然性推演出一切规定,但由于他不是把自我理解为绝对理念,而是理解为主体在寻求知识活动中的意识,因此,他仍然停留在自我的主观性形式上,仍然立足于主观任意的立场[3]。

谢林在费希特的基础上推进了实践哲学。就其基本哲学思想而言,谢林对费希特有如下突破:首先,费希特仅仅把自然看做自我为道德活动的展开实现而设定的领域,谢林则把自然规定为本身具有目的性、富有生机、独立于我们的意识的客观实在,这个实在就是

---

〔1〕 费希特. 费希特著作选集: 第3卷. 商务印书馆,1997. 177.

〔2〕 费希特. 论学者的使命 人的使命. 梁志学,沈真译. 商务印书馆,1984. 157.

〔3〕 参见黑格尔. 哲学史讲演录:第4卷. 商务印书馆,1978. 311 - 312.

创造性的有机体;其次,费希特“自我设定自身”的命题中残留着自我与非我二元分立的思想因素和思考方式,谢林则把万有规定为主体与客体的统一;再次,费希特的思想尚未把“绝对”与世界的分离弥合起来,谢林则明确提出,“绝对”就是“世界灵魂”,自然和精神不仅包含在“世界灵魂”之中,是“世界灵魂”的自我表现,而且在“世界灵魂”中达到统一,精神和自然最终并没有差别。

在实践哲学方面,谢林的突出贡献在于把实践范畴和历史哲学联系起来。在《先验唯心论体系》中,谢林区分了理论哲学与实践哲学。他认为,理论哲学旨在说明从对象到认识、从自然到精神、从客体到主体的过程,实践哲学旨在说明从主体到客体、从精神到自然的过程。前者追溯经验的可能性,涉及从现实世界向表象世界的转化,后者追溯自由行动的可能性,涉及从表象世界向现实世界的转化。他写道:“历史之于实践哲学正如自然之于理论哲学。”[1]谢林的这些分析论述,暗示出历史即人类实践活动成果的思想观念。

谢林的实践概念初步具有了“对象化”的内涵。他发现,拥有精神意识的人总是寻求成为客体的,也就是说,总是要通过其创造活动具体地表现自己。人的生命旅程就是持续不断地在精神和自然的对立中发现内在统一的过程。哲学、审美、艺术、宗教,都是精神与自然的内在统一和原初统一的敞开形式。

谢林强调实践活动的能动性。他说:“在理论哲学里,即在意识的彼岸,给我产生客体,正像在实践哲学里,即在意识的此岸,给我产生客体一样。直观与自由行动的差别仅仅在于自我在自由行

〔1〕 谢林.先验唯心论体系.梁志学,石泉译.商务印书馆,1976.241.

动中是自为地进行创造的。"[1]实践是一种有目的创造活动,它不但能提出理想,而且还能实现理想。这个提出实现理想的过程是一个辩证的过程。谢林指出,一方面,实践哲学以"产生理想(提出理想)的自我与实现理想的自我的二重性为依据";另一方面,理想与对象的对立也直接产生了一种冲动和欲求,要把实际存在的对象转变为应该存在的对象。实践要解决的矛盾就是理想与现实的矛盾。所谓实践,就是把理想变为现实。谢林从理想与现实的辩证关系上思考实践,并把实践与创造性联系起来,对于我们思考艺术和审美创造,是有一定的启示意义的。

三、黑格尔的实践观

黑格尔的实践概念首先是从绝对精神推演出来的。在他那里,实践追根究底乃是善的理念。"这种包含于概念中的,相等于概念的,把对个别的、外在的现实之要求包括在自身之内的规定性,就是善"[2];也就是说,实践即是主体的要求向外在现实的转化,个别性和概念的普遍性的辩证统一。

实践即是主体的要求向外在现实的转化过程,是个别性和概念的普遍性的辩证统一过程。在论述这一过程时,黑格尔提出,人的能动性不仅表现在人的认识可以由现象到本质的深化,而且表现在人能按照对事物本质的认识进行改造客观世界的实践。

黑格尔特别重视工具。他说,手段是比外在的目的性的有限目的更高的东西;——锄头比由锄头所造成的、作为目的、直接的

---

〔1〕 谢林. 先验唯心论体系. 梁志学,石泉译. 商务印书馆,1976. 191-192.

〔2〕 黑格尔. 逻辑学:下卷. 商务印书馆,1976. 523.

享受更尊贵些。工具保存下来,而直接的享受却是暂时的,并会遗忘的。人因自己的工具而具有支配外部自然界的力量,然而就自己的目的来说,他都是服从自然界的。同时,主观的目的必须通过劳动工具才能转化为客观现实,人通过劳动工具才能支配自然界。在此,黑格尔更重视被康德所忽视的那种人利用工具改造自然的生产实践。这个思想非常深刻,后来被列宁称之为"历史唯物主义的萌芽"。不过,黑格尔对实践的理解比较宽泛,他有时把实践理解为包括吃喝在内的人的比较低级的感性欲望活动。他曾经把人与外在世界的关系分为三种:实践的、认识的和审美的,其中实践的关系是指"对外在世界起欲望"的比较低级的感性活动,即以感性个别事物的身份消灭(吃或使用)掉外界个别事物的具体感性存在,以满足感官的自然、生存的需求〔1〕。黑格尔的伟大之处在于并不贬低这种比较低级的实践。他承认人类与周围世界之间首先发生的是"自然需要"或"感性需要",即"饥,渴,倦,吃,喝,饱,睡眠",肯定这种感性实践保证人类的生存与延续,是人类追求自由的第一步,但是也指出这种感性实践还是不自由的,"这种满足在内容上还是有限的,狭窄的"〔2〕。

黑格尔的实践概念又是通过劳动过程三阶段的分析而得出的。在《伦理体系》和《耶拿实在哲学》中,黑格尔清晰地把劳动过程区分为要求—劳动—享受三个阶段或三个环节:主体和客体"分裂的感觉是需求;这一分裂的被扬弃之后的感觉是享受";介于需求和享受之间的中间环节就是劳动〔3〕。在《精神现象学》

〔1〕 黑格尔.美学:第1卷.朱光潜译.商务印书馆,1979.45.

〔2〕 同〔1〕.125.

〔3〕 黑格尔.伦理体系.拉松编.汉堡,1967.10.

中,黑格尔更确切地把这个过程概括为“行动的三个环节”,即目的,手段或目的的实现,被创造出来的现实。在《逻辑学》中,黑格尔又以纯思辨的逻辑方式把这一过程表述为“行动的推理”,同样也包括三段,即以主观的目的对现实的关系作为第一前提,以外部的手段作为第二前提,以目的的现实实现作为结论。通过上述分析,黑格尔揭示出,所谓劳动、实践,乃是从主观目的出发达到客观现实的转化过程。

在论述这一过程时,黑格尔强调,人的能动性决不是片面的主观性,而是主客观的辩证联系和统一,人的实践正是由主体的目的向客观现实的辩证转化。

黑格尔注意到,实践活动还是个别性与一般性的辩证统一。从目的、过程和结果来看,实践是具体的、个别的、特殊的。但是实践又具有普遍性和一般性。首先,与动物的本能活动不同,人的劳动实践是在知识、经验、技艺的引导下进行的;其次,劳动需要借助工具。黑格尔指出,欲望、需求、享受都是个别的、暂时的、转瞬即逝的,但体现着一般性、合理性的劳动工具在使用后仍然保存下来,并且不断得到完善。正是在工具中并通过工具,劳动实践的主观性、个别性被提升到一般性、普遍性。

黑格尔的实践范畴与美学相关最为紧密的是关于“劳动创造人”的思想和“对象化”的思想。

劳动创造人的思想主要见于黑格尔《精神现象学》。黑格尔指出,人在自然阶段,没有真正的自我意识算不上自为的人,“胎儿自在地是人,但并非自为地是人,只有作为有教养的理性,它才是自为的人”[1]。人的社会本质的形成，劳动起着关键作用。他说，主人与奴隶是两个对立的自我意识，主人是独立的“自为存在”的意识，奴隶是依赖的“为对立而存在”的意识，其本性是物。主人占有着物和奴隶，又不与物发生直接关系，而只把奴隶作为自己与物的中介，驱使奴隶对物进行加工、改造，自己则参与对物的纯粹享受，这就与动物活动没有什么区别。而奴隶则不同，他在被迫为主人劳动的过程中，反而取得了对物的支配权，扬弃了自己的物性，获得了独立的意识。黑格尔由此说，劳动陶冶事物，不是单纯欲望的享受，而是受到限制或节制的欲望，是改造对象的形式以使之成为有持久性的东西。人可以从劳动的产品中认识到自己的存在，重新发现自己。这就是说，劳动不但改造了客观世界的自然存在，也改造了人自身的自然存在，使人成为完全不同于动物的社会存在。简言之：劳动创造人，人在劳动中生成。黑格尔这一思想的美学意义，乃在于为探求审美艺术活动的历史生成提供了一条辩证的思路。

对象化的思想主要见于黑格尔《美学》。黑格尔是从认识论的大框架着眼思考对象化命题的。他认为，自然界事物只是直接的、一次的，而人作为心灵则不仅可以认识外在世界，而且可以认识自己的内心世界，并能够复现他自己，即“把思考所发现为本质的东西凝定下来”[2]，因为，人首先作为自然物而存在，其次还为自己而存在。只有通过观照自己、认识自己、思考自己，人才是心灵。人复现自己、认识自己有两种方式，一是认识方式，一是实践

---

〔1〕 黑格尔：精神现象学：上卷. 商务印书馆，1979. 13.

〔2〕 参见黑格尔. 美学：第1卷. 朱光潜译. 商务印书馆，1979. 38－39.

方式。在黑格尔看来，所谓实践，就是人的自我创造，也就是人通过实践，在外在事物和环境上刻上自己内心生活的印记，使事物、环境成为现实的、足可安居的“家”。黑格尔认为，美就是人在实践中的对象化，就是感性的东西心灵化，心灵的东西借助于感性的东西而显现出来；或者说，人在实践中的自我实现和环境的人化。黑格尔从实践中探索美的生成，探索审美活动的生成，这是一种相当深刻的实践美学思想，这个思想对于克服现成论反映论的美学观念具有重要的意义。

第六节

马克思的实践观念

马克思的实践范畴是在继承、改造了西方传统实践哲学各种相关思想资源，尤其是黑格尔和费尔巴哈的思想资源的基础上形成和发展起来的。它的产生和建立，不仅标志着整个西方实践哲学进入到最富有革命性的发展阶段，而且标志着整个西方实践哲学取得了最富有创造性的理论成果。

我们知道，在马克思的实践哲学诞生之前，黑格尔、费尔巴哈早就提出过关于人、世界、人的生存、人的活动诸问题，但二者都没有把这些问题置于实践的视野下加以讨论，因而都没能真正确立起实践的本体地位。黑格尔所谓的人，是心灵，是人的自我意识，是绝对精神；所谓的自然、社会、历史，是绝对精神自我孕造、自我异化、自我复归的环节；所谓人的活动，是人的自我意识、绝对精神的外化。费尔巴哈规定，哲学的任务就是把上帝的起源定位于人性，"就是将哲学从'僵死的精神'境界重新引导到有血有肉的，活生生的精神境界，使它从美满的神圣的虚幻的精神乐园下降到多灾多难的现实人间"[1]，至于"人之所以为人"的问题，不在思考之列。因此，他所谓的人，仅仅只是自然界的一部分，只是直观地摆在那里的感性存在物；所谓的自然、社会、历史都只是诉诸感性直观的现成存在物，与实践绝缘；所谓的感性活动，也仅仅是私人化的吃喝住穿，满足情欲，享受对象，仅仅是自然性行为、需要、欲求、情绪等。马克思则与黑格尔、费尔巴哈不同。在他那里，无论人、社会、历史还是自然，整个现存的感性的生活世界都奠基于实践，生成于实践，统一于实践，都得从实践出发加以理解。

我们也知道，在马克思对实践的内涵作出历史唯物主义解说之前，康德、黑格尔、费尔巴哈都站在各自的立场上解说过实践概念。康德把现象与物自体两分，设物自体于认识的彼岸和道德实践的此岸，视之为道德实践的规导性假设；从而在康德那里，认识便归于有限，与现象界的因果必然性搅在一起，实践便进入无限，成为本体之域。黑格尔一反康德的观念，认为实践是有限的，认识才是无限的，世间不存在认识无法把握的对象，物自体应当回到认识领域中来，不再作为实践理性所信仰和遵循的规导性假设。这样，在黑格尔那里，实践不仅不再高于认识，反而成了理论认识通往真理的一个环节。费尔巴哈又一反黑格尔，他的全副精力放在拯救感性，把实践原则从神性天国置回现实人间，落实在日常的生存中。但费尔巴哈所谓的实践，其实就是动物性活动。马克思的

〔1〕 费尔巴哈哲学著作选集：上卷．荣震华，李金山译．商务印书馆，1984．120．

实践概念就是在上述语境下创生、形成和发展起来的。最初，马克思在《1844年经济学—哲学手稿》中提出劳动概念，把劳动理解为对象化活动和感性活动，受黑格尔与费尔巴哈的影响，但又有根本区别。黑格尔理解的对象化是精神的外化和自我复现，马克思理解的对象化是切切实实的人与自然关系中的生存活动。费尔巴哈理解的感性活动是纯粹利己主义的现成的动物性活动，马克思理解的感性活动是人向人的历史生成和自然界向人的历史生成。到了《神圣家族》，实践取代了劳动，其涵盖面扩延到工人的生产劳动、市民社会中的工商业经营，以及革命阶级的社会变革。《关于费尔巴哈的提纲》进一步将实践发展为“革命的实践”，并提出“全部社会生活在本质上是实践的”[1]，从根本上清除了德国古典哲学的影响。到《德意志意识形态》，实践被理解为整个现存感性世界的基础。《共产党宣言》明确把解释世界和改变世界描绘为一个宏大的实践方案。到《资本论》，马克思以实践论思考方式，把资本主义社会作为一个有机体进行深入的分析和研究，从实践哲学的高度指明资本主义社会向共产主义社会过渡的历史必然性和合理性。从这个实践概念的发展过程可见，马克思虽然在前期主要从人与自然的关系入手理解实践，强调改造自然世界的生产劳动，在后期主要从人与社会关系着眼理解实践，强调改变现存社会制度和社会关系的革命实践，但在基本思路和方向上讲，却总是紧扣人与世界的存在、发展来看待实践的。他所说的实践，基本内涵乃是指人根本区别于动物的最基本的存在方式。

我们还知道，在马克思之前，近代哲学早在探寻实践的特性。

---

〔1〕 马克思恩格斯选集：第1卷. 人民出版社，1995. 55－56.

但是，由于近代哲学本着本质在先的原则，从永恒的始基、本原、本体、本质、本性入手，用某种固定的原始的状态来解释人的存在与发展，来审察人的实践活动行为，因此，在它那里，人通常被理解为前定的既成的本质主义的个体，实践也就随之被理解为先验主体的自我实现活动，实践的特性通常被理解为先验的主体性和超越性。马克思所说的实践乃是否定现存事物、改造世界的活动，是创造的、开放的、未完成的和具有无限可能性的人类存在方式和发展方式。在实践活动中不但世界不断生成，而且人不断改造自身，同时，人与世界不断双向建构。所以，在马克思说来，实践的根本特性在于它的生成性与构成性。

在马克思的实践哲学中，实践与物质生产劳动的关系问题，常常是引起学术界争鸣的焦点问题。

我们的初步看法是：实践是总体概念，它表达的是人的历史性社会性存在方式，即人在与世界的相互建构中历史地社会地生成、确证、开显自身的基本方式，解答人的存在何以可能的问题。如果说实践是总体概念，那么物质生产劳动则是分概念，它是在人与自然的关系上体现出来的人的存在方式，它从人与自然关系的角度回答人的存在何以可能的问题。二者之间的关系是一种包容关系：物质生产劳动从属于实践，是实践的一种重要形态、一个重要的组成部分。

事实上，马克思是从实践的总体视野来看物质生产劳动的。他讨论物质生产劳动，人对自然的征服、改造，目的不在于回答人如何夺取生活资料维持肉体生命的问题，而在于分析、论证人类如何在漫长的物质生产劳动中生成、存在，自然界如何在漫长的物质生产劳动中生成为属人的世界，同时解剖当时人类生存的苦难境遇，批判当时代把吃喝的生命机能欲望当做唯一的终极目的的异化存在状态。一句话，马克思是从人的存在方式来思考和理解物质生产劳动的。他在《1844 年经济学—哲学手稿》中，以大量篇幅分析私有制度下的异化生存，分析物质生产中的人与自然的关系以及由这一关系体现出来的社会关系，分析人的本质力量的形成实现与物质生产劳动的关系。至于肉体生命、新陈代谢这些生物科学式的问题则语焉不详，即便谈到，也还是从人的存在方式着眼的。譬如，“人（和动物一样）赖无机自然界来生活，而人较之动物越是万能，那么，人赖以生活的那个无机自然界的范围也就越广阔。从理论方面来说，植物、动物、石头、空气、光等等，或者作为自然科学的对象，或者作为艺术的对象，都是人的意识的一部分，都是人的精神的无机自然界，是人为了能够宴乐和消化而必须事先准备好的精神食粮；同样地，从实践方面来说，这些东西也是人的生活和人的活动的一部分。人在肉体上只有依靠这些自然物——不管是表现为食物、燃料、衣着还是居室等等——才能生活”。“人靠自然界来生活。这就是说，自然界是人为了不致死亡而必须与之形影不离的身体。”[1]这段话，显然是一种存在论分析，而非生物学描述。它揭示的是人与自然的原初相关性，即自然是人在世界中存在不可缺少的生存环节。其二，马克思论述物质生产劳动，思考的重心并不在生产流程，不在制作产品的技术操作，不在产品质量的好坏，而在于过程本身所具有的目的和意义。这个目的和意义就是人的对象化和对象的人化；就是人与自然的双向建构；就是人自身的生成、发展、完善，自然界丰富性的不断展开；

[1] 马克思. 1844 年经济学—哲学手稿. 刘丕坤译. 人民出版社，1979. 49.

就是人向人的诞生，自然向人的生成；也就是“人的实现了的自然主义和自然界的实现了的人本主义”[1]。在马克思那里，物质生产劳动不是为了生存而发生，而是本身即是生存的方式，本身即人在世界中的存在方式、生成方式、确证方式、开显方式，因而本身即是目的，本身就具有本体论意义。

古希腊是实践范畴的开创期。在这个时期，亚里士多德建立了原初的实践概念和实践哲学。他把实践规定为自身即是目的的伦理政治行为，把实践哲学规定为人的行为的反思。中世纪时期是实践哲学的神学化时期。这个时期关于实践概念的典型表述是：实践是被诱出和被命令的意志行为。实践的源出境域被确定于上帝。近代是实践的科学化、技术化和工具化的时代。在这个时代，科学理性和工具理性支配整个人类生活，随之而来，实践通体蜕变为人类征服、改造自然的物质生产。德国古典哲学承续和恢复了实践哲学传统，把实践提升为本体论范畴，并把实践与美学内在地联结起来。马克思的独特贡献，在于他把实践定位为新世界观的全部理论基石，确立为人、人类社会存在、发展的总根基，理解为人的基本存在方式、人的感性活动。

马克思实践观的美学意义，首先表现在它为美学研究开辟了一种深邃的历史现实视野。马克思指出，人和世界都不是开天辟地以来就有的现成存在物，而是在漫长的实践中诞生出来的，是实践，首先是劳动实践创造了人和世界。人类社会生活不是一个自然而然的生物进化过程，而是一个不断创造、生成、发展的历史现实过程。“对实践的唯物主义者即共产主义者来说，全部问题都

---

〔1〕 马克思. 1844 年经济学—哲学手稿. 刘丕坤译. 人民出版社，1979. 75.

在于使现存世界革命化，实际地反对并改变现存的事物”；人类“周围的感性世界决不是某种开天辟地以来就直接存在的、始终如一的东西，而是工业和社会状况的产物，是历史的产物，是世世代代活动的结果，其中每一代都立足于前一代所达到的基础上，继续发展前一代的工业和交往，并随着需要的改变而改变它的社会制度”[1]。人类的一切审美活动、审美现象，都应当放在历史的现实的实践视野里审视思考。

其次，马克思指出，实践是人与世界相互依存、双向建构的过程，是人的本质力量对象化和自然人化的统一，是人的自我生成与自然界向人生成的统一。这给我们合理地解释美的生成、存在提供历史唯物主义的根据。美是西方传统美学的当然主题，但由于西方传统美学历来不是从活生生的感性现实实践出发去理解美，而只是把它看做永恒的天国秩序，终极的本体存在，或者与人无关的世外桃源，结果，千百年来始终不能洞明美的历史、现实根据。马克思的实践哲学则从人的生存实践入手揭示美的生成、存在，认为人的全部存在根据都在现实生活实践，人生实践以外并不存在什么永恒不变的人的本体；人是通过实践创造自身、实现自身存在价值的，也是通过实践创造世界、开创世界存在意义的；人与世界在实践中相互依存、双向建构。在实践中，“由于属人的本质的客观地展开的丰富性，主体的、属人的感性的丰富性，即感受音乐的耳朵、感受形式美的眼睛，简言之，那些能感受人的快乐和确证自己是属人的本质力量的感觉，才或者发展起来，或者产生出

〔1〕 马克思恩格斯选集:第1卷.人民出版社,1995.75－76.

来"[1]。这就启示我们，通常所谓的美，乃是在人的生存实践生成出来的，并且是与美感同时发生、同步发展、双向建构的；实践才是美的本体基础和现实根据。

再次，马克思所说的实践概念包括非常多样的表现形态。它不单指物质生产劳动，也指变革社会政治道德制度的革命实践，还指感性个体的生存活动，即广大的人生实践。因此，我们应当在物质生产、革命实践和个体生存实践的总体关联中寻找和建立审美活动的根基，应当以马克思的统一实践概念为理论基础去探究美学问题，只有这样，我们的美学研究才更为贴近马克思实践哲学的本来面貌。

第七节

现当代实践观念

现当代西方哲学的一个重要走向是复兴亚里士多德的实践哲学传统。但这种复兴不是简单地重复亚里士多德的实践概念，而是要恢复亚里士多德的实践哲学精神，关怀人自身的价值、意义、命运、前途、去向，求得人生的福祉。

现当代西方的实践概念，既有别于传统实践哲学那种宏大叙事式的公共伦理政治活动行为，又不同于近代以来以征服、改造自然为宗旨的物质生产，而是指以个体为中心的生存实践，或者说日

〔1〕 马克思.1844年经济学—哲学手稿.刘丕坤译.人民出版社，1979.79.

常的人生实践。

从思考方式上看，现当代西方的实践之思，不再走主客二分的认识论路向，也不走自上而下的形而上学路向，而就从人的当下生存入手，从感性现实人生入手，从人的生活世界入手，审美式地感悟、体验生存实践的况味。因此，现当代实践哲学常常表露出一种诗化实践和诗化人生的倾向。

从实践类型上讲，现当代西方实践哲学不重主体—客体的一维性实践，而重主体间的交往实践。

一、作为“行为”的实践概念

一般地说，现代英美哲学拒斥形而上学，把人置于思想中心，始终坚持一种基本的人学观点：人的正当名称应该叫做“行为人”，人是一切行为的总和，世间不存在超出行为之外的人性和人的本质。基于这一人学观念，现代英美哲学对存在论研究提出了一种全新的要求：探究存在首先应当探究人的存在，要研究人的存在就得观察人，要观察人就得将注意力投放在人的行为上，由此，行为便成了存在论哲学的坚核。现代英美哲学所谓的行为，包括conduct，behaviour，formance，act，action，等等，大意是指某种可以观察的经验活动，与实践的意思大体相同。主张以行为为中心探究人的存在的现代英美哲学派别，主要有现代存在论、实用主义、分析哲学等。

克尔凯戈尔用存在（exisitence）专指人类的个体存在的一种性质，这种性质就是个体有意识地参与到行动中去。在克尔凯戈尔看来，一个人只有参与到有意识的意志行动和选择中去，才算得上真正的存在；只有行动者才介入存在。基于这一点，克尔凯戈尔特别厌恶古希腊以来推崇和强调理性的哲学，认为这种由理性主宰的哲学并没有人类个体的位置，仅仅以理性来图解人类的本性，歪曲了人类的真实困境。克尔凯戈尔强调，世间没有预先构造好的真理摆在人生之外，人生之外如果有客观的东西，也只有一个客观的不确定性。永恒真理仅仅与存在着的个体相关。感性个体人生的过程，乃是一个通过行动选择，从自我的存在水平超越到另一存在水平的发展过程。行动的选择和承诺就是实践。

实用主义一词，即 pragmatism，本来就源于希腊文的 pragma，意思是行动。这正暗示出实用主义的根本特征：把行动放在一切的首位，以行动的实效为标准衡量思想，用行动的性质解释人、人生、社会乃至世界。不过，随着应用领域的不断扩大，pragmatism 在后来的英美实践哲学中被逐渐用来指陈与“理论”相对应的“实践”，尤其是指陈人的道德行为。实用主义一开始就对以形而上学和知识论为中心的传统哲学表示不满。它认为，传统哲学只是关注自然界和天地万物的物理属性，而把人的存在、人的行动的价值意义、人对自身的认识搁置一旁，遗忘了人类建立哲学的初衷。实用主义的旨趣就是要整个哲学问题还原为“人的问题”，把人的问题落实到“行动”上。

查尔士·皮尔士率先提出，迄今为止的形而上学除了告诫人们在传统哲学中充塞着深奥难懂的词语之外别无他用，实用主义的致力方向就是要把哲学从云霄高处拉回到经验低层，经验低层虽然廉价而平庸，但对人的日常生活有着最大的价值和效用。威廉·詹姆士在《实用主义》一书中指出，人是一种为着自我设定的目标而不断奋斗并且负载着价值的生物；哲学不仅与人的目的、理想、趣味、行动不可分离，而且还是实现人的目的和价值的工具，与人的目的和行动无关的哲学只能是傲慢和冒牌的哲学；哲学史是“人类几种气质冲突的历史”，追根究底与人类实践的发展密切相关；传统哲学立足于“符合”论解释真理，从静态的角度解释“符合”，这在根本上是一种误解，因为真正的“符合”是行动过程、实践过程。杜威以极其尖锐的语式指出，传统哲学体系已经堕落为逃避世界、安于现状的居所，使人类积极改造世界的行动变得毫无意义，今日之哲学应该重返根基，不再把现成的东西当做世界的本原存在，而以人的实践为对象。杜威认为，实践可以理解为操作工具的行为、参与性的实验，其重要意义在于使外界事物生成为知识对象。

在第二次世界大战之后，分析哲学诞生出来，并开启了西方思想的“语言学转向”。“语言学转向”对实践哲学的根本意义，乃是不再拘泥于剖析语言的逻辑结构、语言与实在的关系，而是把语言作为人类最基本、最重要的实践行为，并且力图通过对语言的考察解释人类的交往方式和生活方式。

分析哲学的重要代表维特根斯坦就以“语言—游戏”说拓展了实践概念。他认为，语言有意义的根本原因，首先在于它是人的一种实践活动、一种生活方式。事实上，在人类的日常生活中，举凡命令、描述、提问、道谢、诅咒、祈祷等等，都与行动交织在一起，都具有实践性，都可视为“语言—游戏”。语言的意义在用法上，即语言的运用上。运用语言就是遵守规则，遵守规则是一种实践行为，因为，规则是在人的生存生活方式中约定俗成的，具有强烈的社会性和实践性，同时，遵守规则的根据不在解释，而在生活方式。

约翰·奥斯丁承续和发展了维特根斯坦所谓语言的“意义即

用法”的观点，进一步提出“说话就是做事”的命题，认为语言的实践性就体现在执行各种行为。格里斯看到，说话者的意图只有在语言交往中才能转变成行为，才会具有意义，才能发挥其社会交往的功能；语言的意义存在于说话者的意图与听众之间的相互沟通。

综上可见，实用主义与分析哲学从不同的角度丰富和扩大了实践概念，前者把人的行为，尤其是道德交往行为归入“实践”，后者把语言及其运用归入“实践”，两者都突破了传统哲学把实践等同于物质生产的狭隘实践观。这种突破极大地开拓了美学研究的本体领域。

二、胡塞尔的实践观

胡塞尔没有直接提出和论述实践概念。但他提出的“生活世界”，包含着远比一般实践概念要深远的实践哲学意味，也起着远比一般实践概念要重大的作用。

我们知道，胡塞尔最初把意向性看做意识的本质关系，不久以后，又把意向性看做先验意识的功能，即自己产生自己的主体性，在后期，意向性成了包括我极与对象极的“生命”。这一发展线索表明，胡塞尔的意向性概念在向与世界发生感性关联的具体的人过渡。生活世界的提出势在必然。

胡塞尔所谓的生活世界，是前科学的世界。它首先在历史上优先于科学世界，是我们原始的感性世界和文化历史世界的复合体。其次，它在普遍意义上优先于科学世界，也就是说，任何文化都有自己的生活世界和日常实践的经验，但并不是所有的文化和民族都有近代科学自身描述的自然世界（科学世界），生活世界是普遍给予的。再次，它在创造次序上优先于科学世界。科学世界虽然属于高层次建构，但如果没有生活世界对我们的生存有效性，科学世界就不会有生存的有效性。所以在胡塞尔看来，生活世界乃是科学世界的基础。现象学最终应当成为生活世界的现象学。

胡塞尔认为，科学家描述的自然世界，其实与我们的生活世界是两码事。科学世界与生活世界的脱节，是由于科学家遗忘了真理在生活世界中植根的结果。对真理根源的遗忘，就会把真理视为人自己量化事物的主观标志，这就导致我们在生活世界中所感受到的事物对于数学对象的优先性的遮蔽。胡塞尔说，被科学家变成理念的自然，其实在生活世界中老早就以不同的方式呈现给我们了。胡塞尔在这里主要是想告诉我们，生活世界不是认识论意义上的对象世界，而是一个现象学意义上的源发境域，因此，生活世界不能用主客二分的思考方式去审察。

胡塞尔指出，在日常生活中，个人是从不怀疑他生活在其中的这个世界的实在性，他在这个世界上实践着，与各种人和事打交道、相关联，而且总是在种种关系之中经验到某一对象的。个人在从事哲学活动之前，通常不会对这个世界追根究底。当人转向哲学思考，尤是在运用现象学的方法之后，便可以找到世界的根本：这个世界原来是一个被人改造了的世界，是一个人化了的世界，它是由自我、由人的意识活动“构造”的，是由人赋予意义和价值的。在这里，胡塞尔暗示我们，生活的世界是一个实践的世界。但这里的实践，不是近代意义上的主体对客体的征服和改造，而是现象学意义上的构成，是人与世界原始相关意义上的生成。这样看来，胡塞尔所说的生活世界（实践世界），才是美学要寻找的本体论根基。

胡塞尔主张，哲学返回一切思考的绝对前提，就是返回生活世界，即人的现实存在状态。返回生活世界，哲学与人类的具体当下的生存活动的渗透、融合才有可能。同时，实践哲学的复兴才有基础。

正因为如此，生活世界就不是胡塞尔的哲学独白，而是整个西方当代哲学的理论共键，也是当代实践哲学复兴的坚核。胡塞尔之后，海德格尔对此在在世的生存论分析，维特根斯坦将语言游戏与生活形式的结合，伽达默尔将实践哲学理解为阐释学，哈贝马斯从社会交往出发对意识形态的批判，乃至于德里达的解构主义和后分析哲学，如此等等，他们的理论出发点同样都落实于人的生活世界。生活世界是当代西方哲学，尤其是实践哲学不可回避、不可弃离的根苑。

同时，由于当代西方实践哲学力图从科学世界重返人的生活世界，从无限的、遥远的、高玄的理性世界，重返有限的、相对的感性生存，人与世界的日常关联域，也由于当代西方实践哲学不再关心外部自然的功利价值，不再关心人对自然的征服和改造，因此，不是物质生产劳动、技术性实践，而是人类日常活动行为，感性个体的生存实践，成了它的核心范畴和发展方向。

实践哲学的当代转向，也是美学的当代转向。生活世界是实践哲学的根，也是美学的根。

三、海德格尔的实践观

海德格尔的实践观可判断为前后两期，前期主生存，后期主思，而以人与存在的关系一以贯之。

海德格尔前期的实践观认为，此在不仅先验地拥有世界，而且必在世界中与他人和别的存在者相处。此在与别的存在者的关系，即是我们在上文一再提到的打交道，海德格尔称为 umgang。实践便是首要的打交道的方式，实践关系就是此在与别的存在者的首要关系。海德格尔以“使用、利用的处理”来陈述。这提示我们，世内存在者，即天地万物最初并不是以单纯认识对象呈现于我们面前，而是作为实践中运用和使用的东西同我们发生关系。此亦实践在先，认识在后。认识只不过是从实践中派生出来的“在世的一种存在方式”[1]。我们在实践中运用、使用的东西，就是上手之物。上手之物不经认识，何以能被我们理解呢？这一问题牵涉到海德格尔关于实践概念的看法。在他看来，实践并非传统所说的单纯的“做”、“行动”。人与事物打交道也并非盲目行为，而是包含着见解的行为。只不过此处所谓的见解，全然不是对现在事物的科学认识和理论考察，而是与事物打交道时对事物目的、用途的实践性识见，即对事物上手性的一种未经理论洗礼的理解，亦即前理论的理解。由于我们在实践中的上手之物不是孤立的，而是相互关联的，同时，由于我们对事物的实践关系并不停留在个别的单个工具上，而是指向一个工具的总体关系，所以，实践的见解不单是对事物本身的理解，而且是对事物全体的理解。可见，海德格尔讲实践，不限于做、行动、改造，而是有前理解所引导的实践。

海德格尔用了一系列词语来表达此在与世界的这种交道，包括筹划、烦忙、领会、理解、操劳等。并且认为，人在世界之中与天地万物打交道，牵动一系列的实践关系。首先是世界万物的因缘关系。海德格尔指出：“因缘乃是世内存在者的存在：世内存在者

〔1〕 海德格尔.存在与时间.陈嘉映，王庆节译.北京三联书店，1987.71.

向来已首先向之开放。存在者之为存在者,向来就有因缘。”[1]因缘是一种内在的牵挂。譬如,锤子作为人与天地万物打交道的上手之物,因自身就是锤打有缘,因锤打同修固有缘,因修固同防风避雨有缘,这个防风避雨之所为此在能避居其下之故而“存在”。这样一路内在地牵挂,直至存在意义绽露出来。其次是上手之物是与共同此在的他人的因缘关系。海德格尔认为,此在不是孤立在世,而是与他人共同在世,“他人随同在劳动中供使用的用具‘共同照面’”。因此,此在的上手之物便对共同此在的他人有一种本质性的指引。譬如在被使用的材料中,材料制造者或供应者也来照面。“靠岸停泊的小船在它的自在中就指向一个用它代步的熟人;即使这只船是‘陌生的小船’,它也还指向其他的人。”[2]

在海德格尔那里,生存即实践。生存论的分析即人生的实践论分析。这里分析的着手处是生存的纯粹结构,也就是广为人知的“人在世界中存在”。为什么说人在世界中存在是一个纯粹结构?因为与人相缠绕、作为人的生存环节的“世界”,只是一种可能性世界,而不是一种现存性和现成性世界。“可能性”意味着这个世界没有任何事先的设定,白底而素章,空灵而纯净,既没有幸福、美满、宜人的场景和情景,也没有战争、杀戮、血污这一类惨痛的场面,只有先天的、超越的人与世界的原初相关。因此,海德格尔所谓人在世界中存在,实际上如同一张白纸好画最新最美的图画,或者也可能写出最丑陋最黑暗的文字,总之是一种可能性。生存,就是人在世界中实现可能性的实践。生存开显出来的存在状

〔1〕 海德格尔.存在与时间.陈嘉映,王庆节译.北京三联书店,1987.98.
〔2〕 同〔1〕.136-137.

态有本真与非本真之分。究竟是本真的还是非本真的存在状态，取决于人是从本真的自我还是从非本真的自我来展开自己的可能性，来实现自己的生存状态。在这里，海德格尔不太理会客观条件、环境、制度、众人意见这一类东西的影响，只认一个此在的当下把握。他说："只有此在以抓紧或者耽误的方式自己决定着生存。生存问题总是只有通过生存活动本身才能弄清楚。"〔1〕

孙周兴先生指出：海德格尔后期思想有转向，他"不再急不可待地从此在逼问存在，而是要着眼于存在本身，着眼于存在之真理的'自行发生'来运思，要听命于'存在之真理'的邀请，期待'存在的召唤'了"〔2〕。由此，他的实践观念也发生了转换。

海德格尔后期的实践观实际上把"思"视为实践。思不是形而上学的对象性思维，不是认识，不是对象化，不是化主观为客观，不是把原来存在于主体头脑中的目的、愿望、要求实现出来，体现到一个外在的对象上。海德格尔指出："把思称为 θεωρiα（理论）与把认识规定为'理论'的行为，都已经是在对思下了这种'技术的'定义的范围以内发生的事情。"〔3〕海德格尔所谓的思，指的是真正的行为。这种称为"思"的行为在于完成存在与人本质的关系。完成的意思是：使某物在其本质中充分展开，将其引入完满。完成表明它不能制造或产生这种关系。这样，思完成存在与人本质的关系，就只是把这种关系如其本然地从存在移交过来的关系中提出来。其实，海德格尔在这里又回到了让存在自己如此地

〔1〕 海德格尔. 存在与时间. 陈嘉映，王庆节译. 北京三联书店，1987. 15.

〔2〕 孙周兴. 在思想的林中路上. 见海德格尔选集：上卷. 上海三联书店，1996. "编者引论". 7.

〔3〕 海德格尔. 海德格尔选集：上卷. 孙周兴选编. 上海三联书店，1996. 360.

存在。

海德格尔视思为此在的真行为。他指出,在古希腊形而上学的哲学中,世界现象被歪曲地、实体化地确立为一个现成的理型领域,并规定只有单纯的观看才能接近它。这就表明,形而上学主要是从理论意义上来理解和接受超越的,而不是原始地根植于此在的本真存在来寻找超越。形而上学耽搁了此在在世的本真实践性。

海德格尔也讨论生产。把生产纳入思,把思纳入存在真理的发生,故关于生产有一种很有特色的说法。在其后期著作《关于技术的问题》中,海德格尔以 Her-Vor-bringen(把……取出)来解释生产,视生产为使隐蔽的东西从隐蔽中出来,进入无蔽。取出的意思并非从外面产生什么成果,或者索取现成的成果,而是使"什么"从它自己中出现。海德格尔说得很玄。我们体会他的意思是,生产不仅只指人在大地上劳作、种植、操劳、奔忙,而且怀有一种对自然万物的珍爱保护的精神态度。生产即取出,取出即让它存在,让它自己如此地存在。譬如一棵桃树,让它自己如此开花,自己如此结果,自己如此成熟,便是取出,便是生产,也就是实践。海德格尔说:生产(hervorbringen)在古希腊语中的意思"既不是艺术,也不是手工艺,而是这样或那样地让某物作为此物或彼物进入在场中显现出来"[1],希腊人是从让显现的角度来思考生产的。从这里可以窥见海德格尔对于生产是用诗化的眼光来看的。它不是占有自然、消耗自然、主宰自然,而是保持着人与世界的原初相关识度。

---

〔1〕 海德格尔.海德格尔选集:下卷.孙周兴选编.上海三联书店,1996.1202.

他这样做,目的是要让人类的实践行为成为存在的真理自行揭示和开放的方式,成为非对象性的诗意看护,并且保持对于技术世界的泰然处之和虚怀敞开的态度,消解技术对人类的控制和摆弄。用海德格尔的说法,就是要让技术对象既能入于我们的日常世界又能让它们出于我们的日常世界。在技术的“出”“入”之中,技术作为物而栖息于自身,不再统治和盘剥大地,我们也回到人类最原初的存在方式,成为存在的看护者,诗意地栖居在这个世界中。

四、哈贝马斯的实践观

哈贝马斯的实践概念与他的批判理论密切相关。而他的批判理论可以说是以一种理性理论为基础的思想体系。

理性是现代性的核心预设,也是现代社会区别于传统社会的基本标志。现代社会的理性化在今天已经成为众所周知的事实。但是,哈贝马斯看到,随着知识的单一化,理性日趋狭窄,变成技术理性和工具理性。它的职能已萎缩为认识对象和计算达到目的的手段和方法。这种情况下,哈贝马斯下定决心,要确立理性的先验的普遍必然性地位,以求把技术理性能适当地置入一个广泛的理性理论中。

哈贝马斯还看到,亚里士多德早就建立三种知识的格局:实践之知(phronesis)、认识之知(episteme)和技艺之知(techne)。但随着近代科学的兴起和演化,这三种知识实际上变成了一种知识,那就是以自然科学知识为蓝本的技术性知识。哈贝马斯认为,科学技术本身并无错,错在人们把它当做理性和行为的全部,让它无限膨胀而变得无所不能。所以,问题不是要与技术理性决裂,而是要重建理性。

哈贝马斯重建理性是从区分技术目的行为和交往行为开始的,理性问题因此而与实践问题内在地纠缠在一起。关于实践问题,哈贝马斯提出"劳动"和"交往"的概念,并作了相应的规定。他说:"我理解劳动或工具理性行为不是工具行为就是理性选择,或它们的结合。工具行为由以经验知识为基础的技术规则控制。""我理解的交往行为是通过符号中介的相互作用。它受具有约束力的大家都同意的规范控制,这些规范规定彼此对行为的期待,它们必须被至少两个行为主体理性所承认。"[1]这里,哈贝马斯指明,劳动是"工具性的行为"(instrumentales habdeln),工具性的活动是按照技术规则来进行的,而技术规则又奠基于经验知识。交往是相互作用,它按照必须遵守的规范来进行。

追溯起来,哈贝马斯所说的劳动,其实就是物质生产。他所说的交往,其实就是道德实践。劳动依照经验分析科学的认识模式,主要任务是帮助人类控制自然,受着技术理性的支配;交往依照历史释义学的认识模式,主要任务是在生活行为中确保和扩大人们相互理解和自我理解的可能性,受着实践理性的支配,即按照道德规范来进行。

哈贝马斯发现,自19世纪末以来,科学技术一手遮天,不仅成了第一生产力,而且成了政治性的意识形态,从而造成了劳动对交往、技术对道德的拒斥和压抑,也造成了亚里士多德所开创、康德所继承发展的实践哲学传统的遮蔽和沦丧。

哈贝马斯把人的活动区分为劳动与交往,实际上是以一种新

〔1〕 Habermas, Technik and Wissenschaft als "Ideologie" (Frankfurt am Main, 1969). 62-63.

的方式提出和解答康德问题或者亚里士多德问题。因此,他在分析和处理劳动与交往两种实践概念的时候,无形当中就受亚里士多德和康德思路的影响。按他的意见,严格意义上的实践概念不是劳动,而是交往行为。劳动与交往不仅不能等同,而且相互对立。劳动与交往的对立,就是技术与实践的对立。"技术统治意识和意识形态的核心是对实践(praxis)和技术(technik)的差别的取消。"[1]"技术统治会让这种实践的兴趣(dieses praktische interesse)消失去扩大我们的技术支配力量的兴趣后面。"[2]

哈贝马斯交往实践概念的美学意义,在于它为美学的根基研究提供了一种新的致思方向。

五、伽达默尔的实践观

伽达默尔在当代西方哲学史上的卓越贡献之一,在于他完整地创立了解释学的实践哲学。这种实践哲学之所以被创立出来,基于以下原因。首先,近代以来,由于实践概念的衰亡,自然科学方法被视为达到知识和真理的唯一方法,造成科学方法论的混乱。"在科学方法论方面所产生混乱的最后根据是实践概念的衰亡。实践概念在科学时代以及科学确定性理想的时代失去了它的合法性"[3],因此有必要重建实践概念和实践哲学。其次,实践哲学是理论哲学的基础与目的,理论哲学最终必须回到人的生活实践的运用中来,服务于人的生存与生活。实践哲学并不追求数学那种永恒而普遍

〔1〕 转引自俞吾金.一个被遮蔽了的"康德问题".复旦大学学报,2003(1).

〔2〕 同〔1〕.

〔3〕 伽达默尔.真理与方法:下卷.洪汉鼎译.上海译文出版社,1999.739.

有效的知识,而是追求将普遍的东西应用于具体特殊的情况,亦即将普通的东西特殊化。因此,“依靠实践哲学传统能帮助我们用这种方式免受近代科学概念的技术自我理解观的影响”[1]。再次,“实践哲学与人类生活中包罗万象的善的问题有关,它不单是技术那样通常只局限于一个特定领域”[2]。而从解释学这一方来看,解释作为一种理解,渗透和发生在人类生活的一切关系和一切方面,理解运动是包罗万象的、普遍的,决不限于某一个狭隘的特殊的领域。因此,伽达默尔说:“解释学是哲学,而且是实践哲学。”[3]

伽达默尔将解释学作为实践哲学,其根本旨趣是想在科学化的时代,以哲学解释学重新赋予已被近代科技片面化的理性以全面的涵义,指出理性并非只有一种,它除了科技理性、工具理性,还有更重要的、与人的存在活动直接相关的实践理性、道德理性、社会理性、存在理性,等等。伽达默尔认为理性一词,本就指知识和真理以及科学方法意识所不能加以把握的“半圆状态”。在德语世界,“理性”虽然不断地衍生,但总是与实践有着一种内在必然的关联。理性与科学理性不同。科学理性只是理性的一种运用,它不能取代理性本身。理性就其本身而言,是一种综合的能力,即包括认识活动在内的人类生活一切方面的反思和判断能力,它指导着人类生活的一切实践行为。用伽达默尔自己的话说:“真正说来理性的德行并非只是要实现人类生活的一个半圆,而是应当能支配给人类打开的整个生活空间,也应当能支配我们的一切科

〔1〕 伽达默尔. 真理与方法:下卷. 洪汉鼎译. 上海译文出版社,1999. 740.

〔2〕 伽达默尔全集:第2卷(德文版). 图宾根,1986. 304.

〔3〕 伽达默尔. 科学时代的理性. 国际文化出版公司,1988. 98.

学能力和我们一切的行动。”[1]

伽达默尔看到，很长时间以来，理性堕落成为科学理性和技术理性，成为控制自然和操纵人类社会生活的手段和工具，完全失去了古希腊时期那种沉思的含义和作为人的实践活动方式的含义。随之而来，实践与实践智慧正在逐渐丧失，“实践堕落为技术”[2]。堕落为没有自身内在目的，而只是服务于外在目的的手段，谋利的工具。伽达默尔指出，按照正当的理解，理性是人类批判性的自我理解和自我反思。科学认识和科学技术仅仅是人类实践的一个方面和一种活动能力。从而，不是科学使实践才成为可能，而是实践使科学成为可能。科学技术不能构成理性的根据和保证，更不应当对人类生活进行全面统治。

伽达默尔站在当代立场回溯了实践概念的原初含义，认为实践(prakitik)一词出自希腊文“praxis”。Praxis 原意有二，一是指重复进行某项活动，使之变得熟练、有水平，二是指人类行为活动的理性、思考以及由此制订计划而付诸实施与应用。伽达默尔采用后一种含义。“在他那里，实践实际上是一种以善本身为目的来对人类具体实践活动加以理性反思，并反过来以此指导人类实践行为的人类基本存在活动。人类的实践过程便是人类的存在过程，也就是使人能够作为人的过程。”[3]视实践为人的存在活动和方式，把实践定位在人生在世，这是伽达默尔实践概念的要义，也是整个当代西方实践范畴的主旨。从美学的角度看，这种意义上的实践，才真正构成美学的理论基础，构成了审美活动、审美境界

〔1〕 伽达默尔.科学时代的理性.国际文化出版公司，1988.3.

〔2〕 同〔1〕.65.

〔3〕 张能为.理解的实践——伽达默尔实践哲学研究.人民出版社，2002.155.

的生成根基。伽达默尔毕其哲学的一切努力，克服近代以来加之于实践概念的各种片面规定，摆脱视实践为理论的应用的错误模式，拯救失落于近代科学中的实践哲学传统，把实践拉回感性人生的相关域，把人类的实践行为规定为理解行为，把理解和解释规定为人类生活的最基本经验和人类生活的存在方式。在他那里，实践就是一个意义理解和意义创造的过程，人类活动行为的意义是自由的、开放的、相对的，它是理解中的创造。这又可以引导出一个重要的美学命题：不存在一种凝固的僵死的美的物自体，美是在人生实践中当下生成的，美的生成是意义的生成。

应当指出的是，伽达默尔没有矫枉过正。在他的实践概念中，科学、知识仍然有立足点。只不过，这里所谓的科学，从属于实践，是人的活动方式、存在方式之一。这里所谓的知识，不是客观的表象和反映，而是实际地改变事物，是指导人们行动的实践知识。

第四章

“存在”与美学思考方式

第一节

存在与存在之思

一、存在

本书所以要反思存在概念与存在之思，主要的原因有三：其一，实践存在论美学思考方式内在地蕴涵在存在概念与存在之思中。从人生在世到审美活动，无论从思考方式建构的意义上讲，还是从事实上讲，存在都是不可悬置的。离开存在，我们不仅无法从人生在世进入审美活动，而且无法从人生在世现实地引导到审美活动。其二，实践存在论美学思考方式，不是在空地上搭建而成的，而是在继承前人一切有益的思想资源的基础上建构起来的。为着建构实践存在论的美学思考方式，我们需要到西方哲学史和美学史中去寻访思想资源。其三，西方美学的重要特色之一，是从哲学的存在论引出美学的存在论，从对世界本体存在的思考解说，引出对美的存在的思考解说，哲学上如何看待世界的本体存在，美学上就如何看待美的存在。因此，为着加深我们对西方美学各种理论观念和思考方式的了解，有必要深入到古往今来的存在概念和存在之思中去。

"存在"，英文为"being"，希腊文为"eimi"、"on"和"ousia"等，拉丁文为"ens"，德文为"sein"与"dasein"。如果按照字面的意思直译,“being”作为系动词“is”的动名词形式,当译为“是”。但很长时间以来,汉语译者多用“存在”一词来译“being”,几经流传之后约定俗成,至今已广为学界认可。因此,我们在本书中袭用这一译法,把“being”及其族类词译为“存在”。

在西方哲学体系中,“存在”是形而上学之最高的和最基础的范畴。按照18世纪德国哲学家沃尔夫的描述,理论哲学在实践哲学之上,形而上学是理论哲学的真正内容,存在论处于形而上学的最高位置。所谓存在论,顾名思义,乃是以“存在”为原点和起点派生出来的哲学体系。从这个意义上讲,西方的哲学史就是“存在”范畴的发展史。

国内流行的哲学辞书一般认为,存在一词可作两种解释:一种是与思维相对的存在,一种是与无相对的存在。前一种意义的存在源出于拉丁语 esse,泛指一切独立于思维之外的客观实在。后一种意义的存在源出于拉丁语 esse 或 ens,拉丁语又源出于希腊语 to on 或 einai,泛指世界上一切物质现象和精神现象。

这两种解释值得辨析。首先,与思维相对的存在,实际上即是根据传统形而上学和认识论所理解的存在,即客观物质实在和对象实存。如此说来的存在,其实并非存在,而只是存在者。因为,存在一旦被实体化和客体化,便必定沦为存在者,哪怕它是最高的终极的实体和客体,也逃不出存在者的范围。所以,把存在理解为与思维相对的存在,并不确切。其次,所谓与“无”相对的存在,是从有无关系上理解的存在。这种理解虽有新意但又有不足。新意在于它已明显超出了形而上学和认识论的局限,不再从客观实在来看存在,而把精神现象也纳入存在范畴。不足在于,它把存在视为与“无”相对的“有”。这就一方面和现代存在论的“存在即无”

相矛盾,另一方面又与纳入存在范围的精神现象相冲突。我们都知道,精神现象本就是一个“无”。

存在的概念自古以来颇多歧义。不用说前苏格拉底时期,古希腊哲人有从自然科学讲存在的,有以“数”设定存在的,有以“一”或“始基”来标划存在的,如此等等。就是到了亚里士多德,不单哲学研究存在,而且从自然科学到人文科学没有不探究存在的,这一点成就了亚里士多德博学的美名。传统哲学关于存在的概念当由黑格尔最后敲定。在黑格尔那里,存在是一个外延最广大、内涵最稀薄的概念。外延最广大是因为存在无所不包,内涵最稀薄是因为存在毫无内容。黑格尔指出:存在是“无规定性的直接性,先于一切规定性的无规定性,最原始的无规定性”〔1〕。“如果我们试观察全世界,我们说在这个世界中一切皆有,外此无物,这样我们便抹煞了所有的特定的东西,于是我们所得的,便只是绝对的空无,而不是绝对的富有了。”〔2〕这就是说,存在一方面最抽象,另一方面最空疏。按黑格尔的区别,具体事物、个别事物是“定在”,即特定的、特殊的存在。存在不涉及具体事物,它只是一个“纯全抽象的东西”〔3〕。

现代语境下的存在概念大致可作如下归纳:

(1) 存在是最高的最抽象的哲学范畴。它指陈着所有的存在者和存在物,因此不当成为认识论探究的对象,更不当成为各门具体科学探究的对象。存在属于本体论探究的对象。

(2) 存在不是离开存在者和存在物而高悬天国的终极实体,

〔1〕 黑格尔.小逻辑.贺麟译.商务印书馆,1980.190.

〔2〕 同〔1〕.194.

〔3〕 同〔1〕.199.

不是所有存在者和存在物的集合相加，也不是从存在者和存在物归纳出来的最高属性，而是一种只有人的生存才能牵挂、显现在场的始源意义。

(3) 存在有普遍性，但存在的普遍性不是种类的普遍性，而是“超乎一切种的普遍性”，是关系的普遍性和意义的普遍性。

(4) 存在本身为“无”，“无”即无对象、无限制、未显现。无对象是指存在不是实体，任何一种实体对象都无法表征它；无限制是指存在是自由的，不受任何他者他物他律的支配和限制；未显现是指存在自身的本真状态，因为存在本身处在未显现状态，所以，不可见、不可闻、不可知、不可言说，更不可成为认识对象，制成知识论体系。存在的显现为“有”。“有”“无”同为存在的本性。

(5) 通常所谓的存在者大体可分为自然存在者和人这类存在者。

二、存在之思

一般认为，思考存在的哲学称为存在论，亦译本体论。哲人们对存在的本体运思表达了一种共同的精神诉求。孙正聿先生指出，这种精神诉求是“一种追本溯源式的意向性追求，一种理论思维的无穷无尽的指向性，一种指向无限性的终极关怀”。它通过寻求世界统一性、寻求知识统一性、寻求意义统一性而体现出来[1]。

存在论的第一要著，是必须弄清存在与存在者的关系。按我们肤浅的理解，存在与存在者的关系并非一般与个别、普遍与特

---

〔1〕 孙正聿. 哲学通论. 辽宁人民出版社，1998. 231－234.

殊、总体与个体的关系,而是一种共属关系。所谓共属,大概的意思包括两个方面:第一,存在与存在者总是水乳交融般地相互牵挂在一起;既没有离开存在者的存在,也没有离开存在的存在者;存在者总是存在的存在者,存在总是存在者的存在。第二,存在既遮蔽又澄明地相关于存在者。一方面,存在的意义由存在者显现出来、澄明出来;另一方面,任何存在者都不能完全显露存在的意义,而只能是有所澄明、有所遮蔽;正在显露出来的存在意义为澄明状态,尚未澄明的存在意义就处在遮蔽状态。存在与存在者又是有差异的,差异主要在于:存在虽然指陈着所有的存在者和存在物,但任何一种存在者和存在物都不足以表达存在、定义存在、取代存在。这个差异不可忽视,它既体现着存在问题探索的艰难,又表达了存在论研究的基本原则。海德格尔说过,自柏拉图以降两千余年的传统哲学在存在论上的最大问题,就是没有搞清存在与存在者的界限、差异,误把存在者当做存在,结果一再遗忘了存在,耽搁了存在的追问和思索。

西方哲学史上,对存在的本体论思考大致可以划分两类:一是传统形而上学,另一是现代存在论。

形而上学的希腊语为 ta meta ta physica,拉丁文为 metaphysica,原意是"物理学之后",或者"后物理学"。这个词义表明,形而上学与自然科学、知识论一开始就有一种脐带关系。自然科学包括物理学、数学等等,顾名思义是以探究自然实在为己任,这很好理解。但在古希腊,探究自然实在,却同时是形而上学存在论的根本旨趣,而把存在实体化、客体化、自然化,则是形而上学存在论的擅长。

形而上学的存在之思又分为两种基本模式:一种是自上而下

的模式,即从超绝的终极实在起始,推导出具体存在者的模式,如柏拉图以摹仿论为中心,从理式世界推导到现实世界,普洛丁以“流溢说”为中心,从“太一”依次流溢出理念、灵魂、人和万物,就属于这一种模式;另一种是自下而上的模式,即透过经验存在去把捉超越存在,透过事实存在去追问本体存在的模式,如亚里士多德的形而上学。

这两种模式都出于同一个信念:经验事实现象的背后总有一个超越的本体,此本体是不受经验限制和规定的终极的实体,是不受时机、机缘牵连的永恒的自在存在。形而上学的根本任务就是要在物理学之“后”去把捉这个终极的实体存在。同时,形而上学从思维与存在的关系入手思存在。思维与存在本来就是主客体的本体论还原,故而思维与存在的关系便是主客关系。思维是主体,存在是客体。形而上学就总是把存在当做客体来思。它围绕这个客体来设立一系列的矛盾,如形上与形下、感性与理性、内容和形式、普遍与特殊、一般与个别等矛盾,通过矛盾的分析而到达最高的客体存在。此外,形而上学认定存在是自然性的,是最高的自然属性。因而,它即使涉及人的存在,也常常从自然物的角度来理解,把人的属性泛化为自然属性。正是基于这一点,我们以为形而上学的存在论不能给当代美学思考方式提供根据。

形而上学存在论在西方哲学史上绵延了两千余年。自康德把纯粹理性提升为最后主宰,黑格尔以绝对精神统一存在、理性、历史和逻辑之后,西方世界便开始了存在论的转向。这个转向从内容上看,即由探索万物的存在为主转向探索人的存在为主,由探索人的抽象属性为主转向探索人的生存特性为主。从思考方式上看,由对存在的知识论思考转向对存在的生存论思考,由对存在的对象性思考转向实践性思考。这一转向的结果便是现代存在论的诞生和形成。现代存在论在这里是从广义使用的。其中包括海德格尔以此在生存论分析为核心的基本本体论，也包括马克思以实践为根本基础的社会存在论，等等。现代存在论的根本之点，是彻底突破与超越形而上学和认识论的主客二分的对象性思考方式，从人生在世的本体源域出发、从人的现实生存出发，以实践论和存在论的思考方式去理解存在。从而，在现代存在论看来，真正的存在不是现成的、终极的实体和客体，而是一个在时境中当下构成、生生不息的意义之在。对这种意义之在，一切表象、概念都失效，一切知识、认识都无能为力。意义之在只能以实践的方式带上前来。存在之思的根本指归不是静观认识对象，冥思终极实体和最高实体，而是致力于探求人生在世的生存实践，追问在生存实践中开显的存在意义，求索理想的存在方式和存在状态。因此，我们认为，只有现代存在论所探究的这种存在，才是美学要寻找的真正落脚点。

三、美与存在

早期希腊哲人喜欢从变动不居的存在者入手探求最高的存在，从最高的存在着眼理解美的本质。这一点奠定了美学的形而上学性质，使得“存在”论往往成为“美”论的轴心。自此以后，美学之思与存在之思就结下了不解之缘，哲学关于“存在”范畴之内含与意义的确立，一直决定着美学关于“美”的内含与意义的确立。直到今天，我们几乎只要通过对存在范畴史的勾勒，就能为“美”范畴史描画出基本的发展轨迹。

希腊哲人最初把存在断定为从万物的流变中“涌现”的起始、

发端和源头,存在的涌现当中就包含着美的涌现。柏拉图率先划分出理念世界和现象世界,把关注重心从感觉的实在转移到超感觉的实在,从而不可感的理念世界变得比可感的现实世界更为原始,人的理性存在变得比个体的感性肉体存在更为真实,这个存在论的框架同时也是美论的框架。亚里士多德用感性事物固有的本质属性解释"实是",用"实是"解释本体,进一步把存在问题转换为本质问题,从而在亚里士多德那里,美也就由天国的秩序转换为事物固有的本质属性。笛卡尔根据"我思"来确定"我在",不仅使理性取得了前所未有的优先地位,而且使人由"理性的动物"转变为理性的主体存在,使世界转变为理性认识的客体存在,随之,美就转变为理性认识的对象。康德力图从主体性出发全面理解人和世界。他把人的存在区分为自然存在与自由存在,把世界理解为主体理性发挥作用的界域,即理论理性发挥作用的现象世界和实践理性发挥作用的本体世界。在康德的思考中,审美不仅与自然存在相关,而且与自由存在相关,是沟通自然存在与自由存在的桥梁。黑格尔把理性主义存在论推向顶峰,在他这里,"理性是世界的灵魂,理性居住在世界中,理性构成世界的内在的、固有的、深邃的本性,或者说,理性是世界的共性"[1],自然、人类、社会、历史统统成为"绝对精神"自我孕造、自我运动、自我异化、自我复归的产物,于是,在黑格尔包罗万象的体系中,美成了理念自我运动的一个环节,成了"理念的感性显现"。

美是存在。但美既非感性存在,亦非理性存在,而是在人与世界的当下关系中生成显现的意义之在。这种意义存在在人生在世

〔1〕 黑格尔.小逻辑.贺麟译.商务印书馆,1980.80.

的时机境遇中，依托于某种特定的载体显露出来，便构成我们所直接观照的审美对象。

审美对象大体包括三层构成。最表面的一层是形式层。这是审美对象最先显现到我们的感觉器官、引发我们审美愉快的层面。这个形式层或者是一片柔和的颜色，一个和谐的音符，一条优美的曲线，一系列平稳而又流转的图案，一张阿拉伯风格的地毯，一个古希腊爱奥尼式、科林斯式的建筑柱头；或者是一片混乱的色彩，一阵喧嚣的声浪，一种粗砺的形状、巨大的体积、高危的势态，一系列紧张冲突的局面。前者和谐，后者不和谐；前者常常作为中和、优美对象的形式呈现出来，后者常常作为崇高、悲剧性或荒诞、丑的形式凸显出来；前者使人沉浸于单纯、明净的愉悦，后者首先使人产生一种动荡不安的痛感，然后由痛感切换和超越到审美愉快。应当指出，审美对象的形式层是容易引起误解的。西方美学史上，亚里士多德把美看做比例、匀称、明确，开了以审美对象的形式层为美的先河。以后很长一段时间内，许许多多的美学思想家和艺术理论家把美等同于感性事物和事物的感性形式，诸如和谐、比例、对称、娇小、光滑、鲜明、柔和等等。追溯起来，这种把美的存在归结为自然感性形式的做法，在思考方式上的失误就在于，把美的构成层面或者说美借以显现的载体等同于美，把美的存在实体化。

形式层的后面是意蕴层。审美对象的形式层固然是重要的，没有形式层，我们所遭遇到的事物便无法显现为审美对象，但是，形式层只是一个浅表的层面，审美对象不能仅仅靠形式来打动人，而必须有超越形式的意蕴层面在。举安格尔的名画《泉》来说，少女柔美的身体曲线与瓦罐中泻下的清澈水流确实很重要，优美和谐的形式确实不可缺少，但这个作品的意义绝不限于形式层面，我们对它的欣赏也绝不能停留在形式层面。作品所要传达与我们所要领会的是形式背后的一种青春无邪的气息和况味。审美对象有超越形式的意蕴层面存在,并且这个意蕴层面比形式层面更为根本。这可以通过我们对“丑”的欣赏来加以说明。在广大的审美领域中,“丑”也是重要的审美对象。法国诗人波德莱尔的名著《恶之花》就以描写妓女、腐尸一类丑的现象为审美主题。著名雕塑家罗丹的《欧米哀尔》展示着一个老妓女干瘪的躯体,另一个作品《巴尔扎克像》的主调也是不和谐、不优美。但是,诸如此类的丑却能让人产生审美愉快。美国著名舞蹈家邓肯就特别欣赏罗丹的《巴尔扎克像》。她认为,这座大理石雕像的每一根筋骨和每一块肌肉都充满了生命的活力,都在跳跃着人生的舞蹈,都在倾诉着人生的理想。不和谐、不优美、丑的形式为什么会成为人们重要的审美对象,引起人们的审美愉快?根本的原因不在于形式本身,而在于超越形式的意蕴。没有意蕴这一层,丑的形式是不可能被人欣赏的。当然,审美对象的意蕴层也容易引起误解,它常常诱使人们把美归结为一种超越的理性存在。西方美学史上,柏拉图和黑格尔就是这方面的突出代表。柏拉图提出“美本身”,显然是超越一切感性现实事物,把真正的美看做永恒绝对的理性存在;黑格尔提出“美是理念的感性显现”,虽然强调了美与感性“外形”“光辉”的内在联系,但明显把绝对理念,即最高理性存在设定为美的终极根据。其实,美牵涉到的人生的深层理性内容,却不等于理性存在。把美归结为理性存在,把理性存在归结为终极实体或最高属性,这正是西方形而上学美学和认识论美学的要害之所在。

意蕴的后面是更深沉的层面。这个层面,中国美学称为

"道",西方美学称为"存在"。这里的"道"或"存在",不能理解为客观事物固有的物理属性,也不能理解为永恒绝对的终极实体,而只能理解为生生不息、创生化育的本体境域,天人合一、万物并生的始源状态。"道"或者"存在"比意蕴更为深邃。意蕴既可以一层层发掘,也可以用言辞加以言说表达。"道"或者"存在"则虽然被感性具体的形象牵挂着,虽然显现在人和天地万物的生成、发育和运作中,但又是任何具体形象、情境都无法表征的,是任何言辞都无法表述的。对于"道"或"存在",我们只能意会、领悟、感思。有过这类鉴赏经验的人都知道,中国传统绘画常常在画面上留有一片虚白。在这片虚白里,我们可以感悟到一个超然象外的"道"在,感悟到一种生生不息的宇宙人生的大化之机,并能获得一种悦志悦神的美感。但是,我们却无法用言辞清晰地表述这片虚白里的道境。这种情况也存在于诗的审美欣赏中。陶渊明的"采菊东篱下,悠然见南山",谢灵运的"池塘生春草,园柳变鸣禽",张若虚的"江畔何人初见月,江月何年初照人",都给我们敞开了一个终极的、始源的"道"。我们能够生生地感觉它,却对它说不清而道不明。我们通常所说的美的"存在",正是这种"道"或"存在"。这种"道"或"存在"自身为"无",所以世间不存在现成的"美本身",不存在可以称为"美"的终极实体或最高属性。这种"道"或"存在"是在人与世界的当下关系中显现出来的,所以美只在人与世界的当下关系中才得以生成显现,除此之外,别无美的存在。

第二节

古代本体论阶段的"存在"观念

一、古希腊早期的存在观念

(一) 对"始基"的思考

"存在"这一观念萌芽于古希腊早期哲人对"始基"的追问。

亚里士多德曾经说:"古今来人们开始哲理探索,都应起于对自然万物的惊异;他们先是惊异于种种迷惑的现象,逐渐积累一点一滴的解释,对一些较重大的问题,例如日月与星的运行以及宇宙之创生,作成说明。"[1]的确,"惊异"是哲学思考的绝对开端和始源动力。只是由于有了"惊异",人类才在与自然打交道的过程中产生形而上学的冲动,才开始透过无限多样的存在者去寻找世界的统一性,追问世界的本原存在。

最初由"惊异"孕育出来的希腊哲人,是从探求万物的"始基"入手来思考"存在"的。那时侯,哲人们普遍相信,在变动不居、运作不止的世界万物的发端起始处,一定有一种东西,开启、支配和决定着万物的运动、变化,万物产生于它,复归于它,又统一于它。这种东西就是"始基"或称"本原"。"始基"一词,希腊文写做"arche",意指事物的起始、发端和源头。亚里士多德解释说:所谓

〔1〕 亚里士多德.形而上学.吴寿彭译.商务印书馆,1959.5.

始基，就是“事物之从所发始”，“事物之所开头”，“事物内在的基本部分”，“事物最初的生成以及动变的来源”以及“事物所由明示其初义”等等[1]。

“始基”在早期希腊哲人那里有不同的表述，泰勒斯把它表述为“水”，赫拉克利特把它表述为“火”，德谟克利特把它表述为“原子”，但这些不同的表述却揭示出一种共同的哲学旨趣，即对宇宙本原、最高存在的思考和对世界统一性的追求。从这一角度说，“始基”乃是希腊人的第一个哲学概念。

“始基”具有怎样的性质？“始基”具有活力。早期希腊哲人发现，人与世界都是自然而然、生生不息的活体。人的生命在自然地生长、发育、变化，代代相承延续。环绕在人的周围，人一睁眼就能看到的世界也在自然地繁衍、流变、代谢。由此，产生了哲学生长观和活力论：宇宙天地万物是一个大生命，人是一个小生命，人与宇宙天地万物共有一个生命大洪流。这种生长观、活力论，不是认识论，而是一种原始的存在论。它不是在主体与客体二元对立的认识论框架中思考人与世界，而是在不分主客、不息生成涌现的存在论境域中思考人与世界。西方最早的美学思想就是在这种生长观、活力论中引导、分离出来的。

由于原始的生长观、活力论局限于解释有限事物，而尚未解释有限事物何以永远处在生成、变化中。也就是说，不能解释世界万物及其生成、变化的无限性，所以，在生长观、活力论之后，希腊哲人提出了“无限”概念。明确提出这个概念的是阿那克西曼德。阿那克西曼德认为，始基应当具有永恒的、无限的性质。“无限”

[1] 亚里士多德. 形而上学：吴寿彭译. 商务印书馆，1959. 83.

的希腊文音译是“apeiron”，中文的音译为“阿派朗”，意指“始基”是个“无定形体”，具有不生、不灭、不竭、不坏的性质，而没有固定的感性形态[1]。正因为始基是无限的，所以它包罗一切，既超越于经验世界中的种种变化，又统一着经验世界中的种种变化；既是万物变化之起源，又是万物变化之归宿。另一方面，始基是“一”，是“全”，能够涵盖万物，包罗一切。这个“一”或者“全”，既不可被任何他者他物限制和规定，又是世间一切经验物的总和；既永恒不变，又是万变的根源，万物从它产生，最后又复归于它；既不是有固定形态的感性物体，但又标志着“一般的物质，普遍的物质”[2]，一种“无定形体”。可见，“阿派朗”的概念是对活力论的超越，它包含着对世界始基的进一步探索，包含着对事物的多样、变易之原因的进一步思考。

但我们也容易看到，用“阿派朗”来规定始基，还只是一种纯粹的否定性规定。如果从肯定的一面着眼，将怎样规定始基？阿那克西曼德的学生阿那克西米尼根据“阿派朗”的内涵提出，始基是“气”，因为气既是无限的又是不定形的，以它为始基既可以解释世界的统一性，也可以解释万物的生灭、变化。

赫拉克利特以“逻各斯”为哲学思想之魂，从“逻各斯”入手思考存在。在这位古老的哲人那里，“逻各斯”与“存在”是完全同义

---

〔1〕 西方哲学史家们一般把“阿派朗”理解为某种具有始基性质的物质，或者具有中间性质（比火密，比水稀）的物体，或者某种无规定性的物质。在此，我们采用叶秀山先生的观点，认为“阿派朗”是对始基的说明，是始基的性质，而不是始基（详见《哲学研究》1978年第11期）。正是基于这一点，所以亚里士多德没有把“阿派郎”列入自然哲学的始基中，阿那克西曼德之后的自然哲学家不是用“阿派朗”而是用某种具体的经验物，如气或火来陈述世界的始基。

〔2〕 黑格尔. 哲学史讲演录：第1卷. 贺麟，王太庆译. 商务印书馆，1959. 195.

的。“逻各斯”的原初意义不是后世西方哲学所说的“理性”或“言说”,而是源自于初期希腊思想的“集聚”。因而,所谓“存在”,所谓世界的始基,就像一团遵循着宇宙尺度[1](logos)、日新月异、永恒燃烧着的大火,从自身出发,向着自身集聚。在这团不息燃烧的大火中,聚与散、生与死、光明与黑暗、上升与下降达到了同一,这就是“从一切产生出一,从一产生出一切”[2]。赫拉克利特断言,存在“不是历经各种变化而不消灭的物质或实体,而恰恰是在永恒飞逝、永恒飘动中的流变的过程本身,恰恰是与流变和消亡相对应的飞翔和消逝”[3]。这样,在赫拉克利特那里,始基就不再是某种物质或实体“存在”,而开始指向流变与消亡的过程和势态。这一指向为巴门尼德“存在”学说的诞生提供了直接的思想资源。

(二) 巴门尼德的“存在”观

“存在”范畴起源于希腊人对世界统一性的追求。但这种追求一直发展到爱利亚学派,才真正上升到一个更高的层次。爱利亚学派的主要理论代表巴门尼德首次用“存在”范畴来规定世界全体和始基,从而把自然哲学升华到存在论“ontology”,把对“存在”的具象性思维升华到抽象的形而上学思考。

巴门尼德残篇中使用的“存在”一词,分别用 einai、eimi、estin、on 和 ousa 来表示。这些词语在希腊文中原先均为“是”动词(verb to be)的不同形态。具体地说,einai 为“是”动词的不定式,与英文 to be 相当;eimi 为“是”的第一人称单数,相当于英文 I am 中的 am;estin 为“是”的第三人称单数,相当于英文 it is 中的 is;on 与

---

[1] 由此可见,赫拉克利特所说的始基,不是无定形的,而是有定形的.

[2] 北京大学哲学系编译. 西方哲学原著选读:上卷. 商务印书馆,1981.24.

[3] 文德尔班. 哲学史教程:上卷. 罗达仁译. 商务印书馆,1996.55.

ousa 分别为"是"的中性分词、阴性分词,二者用作动名词都只能译为英文being。

如何理解巴门尼德"存在"范畴?

首先,以往的自然哲学把世界始基规定为某种具体的物质实体,巴门尼德则以"存在"表示世界全体的普遍必然本质和统一特性。由此,巴门尼德不同于自然哲学家,前者致思世界全体的存在,后者高谈万事万物的生成,前者揭示存在的永恒不变,后者主张事物的存在常逝。在巴门尼德看来,存在既没有起源,也没有终结;既没有生成,也没有泯灭。在存在之中,起源与终结、生成与泯灭都已凝固和停顿。存在自成一体,不可分割,随处具有均等的力量,在存在之外,什么也没有,也不会有什么。存在是不动的、无生灭、不可分割、永恒连续的整体"一";"存在不是过去的存在,也不是将来的存在,因为它一直是现在这样,作为单一的、连续的整体而存在"〔1〕;存在"不是产生出来的,也不会消灭,所以它是完整的、唯一的、不动的、没有终结的。它既非曾是,亦非将是,因为它即当下而是,是全体的,一和连续的"〔2〕。

其次,以往的自然哲学只是描述始基是什么,只是把始基看做某一种或几种经验之物,巴门尼德则对"始基"作了更进一步的抽象,开始追问始基的显现问题,从而把始基从经验物中解放出来。他认为,世界统一于"一","存在"实际上就是作为世界全体的"一"自己如此地显现出自身,并且在显现自身之后具有其稳定性;我们说世界"存在"着,实际上就是世界"是"其自身,也就是世

〔1〕 转引自叶秀山,王树人.西方哲学史:第2卷(上).凤凰出版社,江苏人民出版社,2005.214.

〔2〕 转引自俞宣孟.本体论研究.上海人民出版社,2000.545.

界显现出来;同时,世界只有连续地显现出来,只有当下"是"其自身,才得以存在。这样,巴门尼德通过"是"的言说,揭示出存在范畴原初具有的"显现"意义,正式开启了西方存在论的源头。

再次,巴门尼德主张,"一"的显现,亦即真理的显现,从"一"显现可以思考到"不可动摇的圆满的真理"[1]。他提出"存在"范畴,正是想指出一条通向真理之路,把整个世界作为统一体来进行理性思索。他明确指出,事物的表象瞬息万变,不可知,不可理解。感官产生的感觉只能取得关于现象世界的"意见",而不能获得关于存在的真理。存在是可知的思想对象。只有当思想超越现象世界、把握存在即世界全体的本性,才能通向真理。所谓真理,希腊文为 aletheia,原意是指"自然的显现"、"揭蔽"。所谓通向真理,就是用"思"揭示存在,也就是存在在"思"中显现出自身。由此,我们可以发现,巴门尼德已经有了一种全新的思考方式。他将存在显现自身的过程与人对存在的理性思考统一起来,将存在"是"其所是与人的存在之"思"统一起来,将形象之物与思想之物、思维与思维的对象统一起来,达到"思"与"存在"的同一[2]。

"思"与"存在"的同一,正表明巴门尼德用"思"诠释存在。只不过他所谓的"思",并非后来的哲学家所说的思想,而是思想得以成立的根据。思想基于主客二分,是主体对客体的思考和推断。依靠思想找到的只是一个"什么",一个客体实在,一种本质属性。在思想成立之前,有更原初的根据在,这个更原初的根据就是"思"。"思"中没有主体,没有客体,没有主客体的分立。"思"

〔1〕 转引自汪子嵩等. 希腊哲学史. 人民出版社,1993.589.

〔2〕 参见叶秀山,王树人. 西方哲学史:第2卷(上). 凤凰出版社,江苏人民出版社,2005.216.

是思想发生的根源和“事先情况”，思想是从“思”中派生出来的一种方式。因此，按巴门尼德的看法，与“存在”同一的“思”具有终极性，是哲学沉思的对象，是一切感性事物的“所以然”或者生成根据，而绝不是“什么”，绝不是认识对象，绝不是与思想相对立的客体实在。“思”比思想客体更古老、更原初。正是在这种意义上，巴门尼德提出，“思维与存在是同一的”[1]。

(三) 古希腊早期存在论与美学的关联

美学诞生的哲学背景，是存在者的存在被揭示。

黑格尔说过一段名言，这第一次出现的必然是最抽象的东西；它是最简单的东西，最贫乏的东西，是与具体对立的东西。这段名言启示出，如果对存在的理解还只是在最抽象的层面上的诗性阐发，如果存在范畴尚未借助概念表达其内含，那它就不可能与具体事物的存在结合起来。从美学的角度讲，对存在本身的哲学思考尚未展开之时，美的存在问题就不可能提上日程；对具体事物的存在尚未能以观念的形式来表达，对美和艺术就不可能加以理论反思。所以，在古希腊早期，哲人们关于美与艺术还缺乏一种专门的理论反思，还没有从存在论的高度展开理论概括，也没有出现后世那种以主客二分为思维模式、以主体感受为核心内容的“美学”。

这个时候的美学思想在表述形式上是零碎的、分散的、朴素的，在思考方式上是一种具象性的猜测。究其原因，在于古希腊早期的存在观，包括巴门尼德的存在观，还没有把“存在”转换为具体的概念，因此没有给美学反思提供真正的哲学基础。但是，我们

---

〔1〕 北京大学哲学系编译. 古希腊罗马哲学. 商务印书馆，1982. 51.

仍然能够发现,古希腊早期不仅诞生了美学思想,而且形成了美学思想的总体倾向,那就是结合世界的统一性来思考美。古希腊早期哲人最初把“美”称为 kalos,kalos 的原初意义为“完善”或者“圆满”。“完善”或者“圆满”乃是一种来自宇宙论上的感受,一种对世界整体的感受。古希腊哲人对美的性质的考察,从一开始就与对世界统一性的追问水乳交融。他们对美的反思一开始就扎根在宇宙论中,流露出明显的形而上学倾向。比如,毕达哥拉斯对美的宇宙论理解,赫拉克利特把和谐与美归结为世界的合乎规律性安排,就是如此。

可见,西方美学从古希腊早期起就在宏观的哲学格局中生长发育,西方人的审美反思,从古希腊早期起就与宇宙之思、存在之思不可分离。

二、柏拉图的存在之思

巴门尼德的“存在”尽管包含着“显现”的意义,但总让人觉得与具体实在脱节。为了使不变的“存在”和流变的具体事物统一起来,自然哲学家们如恩培多克勒、阿那克萨哥拉将巴门尼德的“存在”演变为生长观。不过,生长意味着从始基出发不断地发生分化、流变。如果像自然哲学那样沿着分化的思路追问到底,由始基到四根,再到种子、原子,那么,最终的结局必然会走向生长的终结,使生长的世界变成物理世界。这就势必产生一种危机:“存在”虽然获得了实体的含义,但其“显现”的含义却被极大地淡化了。

柏拉图的革命性意义集中体现在他为了克服生长观的危机,以“相”论取代原来从“始基”引出的生长观。他提出“相”,主要强调其设计性、结构性和建构性，用以代表着设计、结构和建构的最初模型；同时表明，世界并非从原子这类终极实体生长出来的，而是根据和仿照“原型”制作出来的。在柏拉图看来，“原型”仅仅为世界万物所模仿，却永远不会走向终结；“原型”不在世界万物本身，而是高悬于可见世界之外；因此，既不可能从世界万物本身找到“原型”，从“原型”引出生长分化，更不会出现生长分化的终结。由此，柏拉图改变了西方哲学的根本提问方式：传统哲学提出的问题是，世界是如何从始基生长、流变出来的？柏拉图把问题转变为，世界是如何模仿“原型”制作、建构出来的？[1]

“相”的希腊文为 idea 和 eidos，汉语学界通常译为“理念”。由于考虑到柏拉图保留了 idea 和 eidos 之无限“显现”义和具体流变性，因此，我们以为用“相”来译 idea 和 eidos 似乎更为传神，也更贴近柏拉图的原初意思。

柏拉图的“相”论是一种独特的存在论。它的主旨大体包括两个方面：一方面，力图从抽象的世界统一性入手思考存在，转变到从具体事物，即存在者的角度来研究存在者之存在，使存在之思具体化；另一方面，力图保持“存在”的无限永恒性和绝对的显现意义，严防“存在”变成不断流变的具体存在者。

在柏拉图看来，“相”与可感世界是分离对立的。可感世界是感性认识的对象，它代表着一个感性的、变易的、现象的世界，一个犹如影子一般处于不停的运动、变化和生灭之中的世界，从这个可感世界只能产生意见而不能产生知识。“相”则代表着一个永恒、绝对、无限、本真的存在世界，它静止不变地居于一切变化、发

〔1〕 参见叶秀山. 哲学作为创造性的智慧. 江苏人民出版社，2003. 2.

展之上，规定着可感世界同类事物的存在根据与本质，引导出世间的一切自在的正义的生活；它是“无始无终，不生不灭，不增不减的”真实存在[1]，是思想的居所和超越的境界。

那么，无限的永恒不变的“相”如何与有限的具体的“可感世界”关联沟通？也就是说，“相”的绝对显现意义如何落实为具体事物的流变？为解决这一问题，柏拉图提出了“分有”说，认为可感世界的一切具体事物都是由于分有了“相”这个存在本身才得以成为存在者。比如，“美本身加到任何一件事物上面，就使那件事物成其为美”[2]。

从表面看，柏拉图通过“分有”说夯实了巴门尼德的“显现”观，把“存在”由抽象意义上的“一之显现”，推演为现实意义上的事物之间相互影响的能力，使“存在”更接近可感的现实世界，但实际上，柏拉图却不仅没有为可感世界的现实性作出辩护，反而强化了感性事物的虚幻性和不真实性，强化“存在”与“存在者”之间的分离和对立。

柏拉图晚期在《蒂迈欧篇》中更新了他的存在观：“从不可分的和永远自身同一的存在，也从可分的亦即有形体的存在，神创造了第三种存在作为联合两者的中介，它具有自身同一的性质和他物或对方的性质”，“于是神就把它造成不可分的和可分的东西之共同的中介”[3]。这段话提到的“第三种存在”，是对“分有”概念的发展和延伸。“第三种存在”既不同于永恒不变的、不可见的存

---

〔1〕 柏拉图. 柏拉图文艺对话集. 朱光潜译. 人民文学出版社，1983. 272.

〔2〕 同〔1〕. 188.

〔3〕 转引自黑格尔. 哲学史讲演录：第 2 卷. 贺麟，王太庆译. 商务印书馆，1959. 232.

在本身,又不同于可见的、变化的具体存在者,而是一种“概念”存在。永恒不变的、不可见的存在本身只通过理智的沉思来把握,可见的、变化的具体存在者可以通过感官来把握,“概念”存在则是前二者的中介,它可以通过一种奇特的推理来把握。由此可见,柏拉图晚期的“存在”论,不再拘泥于抽象的存在本身和具体个别的存在者,而涉及有能力影响他者的事物,也就是存在者之存在。

柏拉图以“相”为核心的存在论具有极为重要的美学意义。

首先,基于对“相”的存在论思考,柏拉图在美学思想史上最早为美学的诞生奠定了根本基础,为美学的发展指定了基本方向,第一个沟通了美学与存在论的联系,开创了美学研究的形而上学思考方式,同时也对美学研究提出了最高的哲学要求。他主张,美学研究不应停留在美的现象层次上,而应当抛舍“美就是有用的”、“美就是恰当的”、“美就是视觉和听觉所产生的快感”、“美就是有益的快感”等现象描述,直至找出美的现象背后的真实本源,即美之所以存在的根据,亦即绝对唯一美本身或美的“相”。

其次,开启了以“相”与“现象”二元对立为基点来反思审美活动与艺术的传统。柏拉图认为,美的事物虽然分有美的“相”,但它只是一种现象;现象时而生、时而灭,处在不断幻化之中;我们从现象界找不到真正的美。只有美的“相”才是真正的“美本身”,才无始无终、不生不灭、不增不减,构成一切美的事物之永恒源泉和存在根据。基于这样的存在论观念,柏拉图将美的世界划分为三层:第一层是最高的美本身,第二层是分有美本身的现实世界,第三层是作为实际事物与事实的影子与反映的艺术世界。这一划分必然引出如下结论:诗和真理隔着三层,诗人与国王隔着三层,诗与诗人不得进入理想国。

再次，柏拉图从存在论出发，细心描绘了人的审美过程，这就是在灵魂的牵引下，从个别的美形体开始，进到贯通一切其他形体的美，继而到心灵的、行为制度、学问知识的美，最终升达宇宙之心，观照美本身。

三、亚里士多德的存在之思

存在论发展到亚里士多德那里，又形成一种新的转折。从整体上讲，亚里士多德上承苏格拉底的“一般”，尤其是柏拉图所设立的“理念”，以理性逻各斯推演出来的“实体”来解释“存在”，完成了“存在”到“本体”的转换。

但亚里士多德不同于柏拉图。柏拉图认为，理念是本原的存在，具体个别事物是“分有”和派生出来的存在者，即按照理念制作的摹本；理念先于、高于具体事物，是具体事物得以产生、形成的根据，而从具体事物中抽象出来，更不以具体事物为根据；世界之所以能体现理念，是因为世界本来就是按照“理念”制作的。在亚里士多德，“个别实体”才是本体和原型；这个“个别实体”不在现实事物之外，而在现实事物之中，可以从现实事物中抽象和概括出来；不存在与现实事物分离的独立的本体或原型世界。

亚里士多德提出“本体”与“实体”两个概念。“本体”为“to on”，类似于康德所谓的“思想体”、海德格尔所谓的“存在”。“实体”为“ousia”，类似于康德所谓的“经验对象”、海德格尔所谓的“诸存在者”。ousia，汉语一般译为“实体”，亦可译为“本在”，大意是指确定、确实、本真的存在。

在亚里士多德之前，柏拉图就已经提及过 ousia 一词，只是并未展开使用，更没有以之为理论核心。亚里士多德的贡献之一，是把 ousia 提升为哲学的中心课题。他看到,原先的哲学追寻的"存在",究其实只涉及事物的状态,而不涉及事物的存在,因而不足以承载事物的各种属性与状态。哲学要发展,必须思入 ousia。只有 ousia 一词,才指称事物最根本、最确定、最真实的"存在"。他说:"如果没有第一性 ousia 存在,就不可能有其他的东西存在。"[1]由此,亚里士多德明确主张,对"存在"的研究应当从"相"的探求转向对 ousia 的探求,应当从追问什么是"存在"转向追问什么是 ousia,应当从对存在者的向上超越转向对事物之最确实的存在的思索。

亚里士多德是怎样设定"ousia"的?他认为,如果从经验层面追问,"ousia"就呈现为一个环环相扣、无头无尾的因果系列。这个因果系列仅仅是经验材料,由众多的"什么"所构成,因此只可能作为自然科学的对象,而不可能是哲学的对象。另一方面,如果按照哲学研究的要求,就得在因果系列的"头"和"尾",分别设定一个起点作为"第一因",设定一个终点作为"终极因",才能找到那个本真的存在"ousia","ousia"才真正超越事物的因果系列,而成为哲学的对象。由此,亚里士多德就创立了专门探究 ousia 的本体论,即第一哲学,亦即形而上学。不过,正是从他开始,这个"ousia",亦即"存在",就被理解为肇始因果系列又独立于因果系列的终极"实体",理解为自身不动的"致动者",一切存在者之所以存在的"因"和根据,并且被作为"第一原则"构成形而上学的特殊对象。同时,也正是从他开始,"存在"不再指抽象的世界统一性,而指个别事物中的本体;对存在的思考不再是揭示世界作为

---

〔1〕 亚里士多德. 范畴篇:2b5—6. 商务印书馆,1959. 10-11.

“一”的性质，而是要通过实实在在的事物来探求其内在属性。

亚里士多德指出，形而上学与经验科学在思考方式上存在着极大差别。经验科学探究因果系列中的具体存在者，以“三段论”为其思想工具，形而上学研究非常识所能及的神圣的本体、存在、第一因，以“辩证法”为其思考方式。由于辩证法 dialectic 要从原始混沌神圣的本体出发分开言说，然后要把分开的言说贯通为公理〔1〕，所以，以“辩证法”为其思考方式的“形而上学”，一方面具有神圣的气质，另一方面扎根于地上人间。

亚里士多德的存在论最为关心的问题是事物如何由潜能转变为现实，即事物如何完全实现自身。为此，他提出“隐德来希”的概念。“隐德来希”的意思是指“纯粹的活动性”，也就是事物由潜能转向现实的能力。黑格尔解释说：“在亚里士多德那里通常称为能力的，也被称为‘隐德来希’。这个‘隐德来希’其实就是和能力相同的范畴，不过是就其为自由的活动性而言，就其具有目的于自身之中、为自己设定目的，并积极为自己确立目的，——就其为规定、目的的规定、目的的实现而言，就叫‘隐德来希’。”〔2〕的确，亚里士多德就是凭借这个“隐德来希”，来实现物质与形式、潜能与现实的相互转化活动的。在他看来，事物的存在 ousia 包括三个环节：质料、形式、能力（隐德来希）；唯有质料、形式和能力（隐德来希）的统一，才是绝对的最高的 ousia，才是作为世界统一性的 ousia。

〔1〕 辩证法 dialectic 一词，本有分开、贯通、分而后通的意思，这里我们采叶秀山、王树人先生的说法。参见叶秀山，王树人. 西方哲学史：第 1 卷. 凤凰出版社，江苏人民出版社，2004. 97.

〔2〕 黑格尔. 哲学史讲演录：第 2 卷. 贺麟，王太庆译. 商务印书馆，1959. 294.

亚里士多德的存在论对于美学的产生与发展具有非常重要的意义。

首先,它改变了希腊美学的基本思考方式。亚里士多德认为,美与艺术问题的反思,基本方法是分析与综合,基本工具是概念,美学研究应当通过对具体事物的分析与综合,运用概念来揭示和确定具体事物的本质属性。正是基于这一点,他与柏拉图形成了明显的区别。柏拉图抛开具体的美的事物和艺术作品,仅仅从"美自身"出发思考美学问题,因而他只是承认美的自身规定性,对美作了抽象肯定,却没有道出美的真实内涵。亚里士多德则根据他的实体存在论,回转到具体的美的事物之内,对美的事物,尤其是所处时代的伟大艺术进行理性的分析和思考,探索美的固有因素、成分、结构和变化,寻找美的共同本质,从而把美学从对美的玄思转变为对美的事物的分析,从抽象的理论肯定导向具体可靠的描述,揭示出美的事物的存在内涵。

其次,在亚里士多德看来,艺术中第一性的 ousia 就是本质性的形式,艺术创作就是从质料到形式的转化过程或者质料与形式的结合过程,或者形式物化的过程。比如,大理石雕像就是由质料——石头,通过艺术家的刻刀赋予形式后形成的统一体。"形式"有广义与狭义两种区分。广义的形式是 eidos,它既是本质又是由本质所决定的形态;狭义的形式则指事物的结构与形态。亚里士多德所说的形式多指广义的 eidos。eidos 与柏拉图的"相"一脉相承,它先于技艺造成的制品而存在,先于事物的结构形态而存在,预先在艺术家心灵之中存在,因此是每一事物的

“怎是”与“原始本体”[1]。亚里士多德认为:“关于制作过程,一部分称为‘思想’,一部分称为‘制作’——起点与形式是由思想进行的,从思想的末一步再进行的功夫为制作。”[2]这就是说,形式是艺术的第一 ousia,是艺术存在的充足原因,是艺术的本在;艺术则是一个从思想到制作的过程,思想先于制作,形式先于艺术品。

形式的在先性决定了艺术的本质在摹仿。因为,形式在先,艺术品就是借助于媒介,即质料对形式的摹仿。在亚里士多德看来,形式是摹仿的起点,摹仿就是一种创造:“每一技术制品总是由于与它同名称的事物制造出来(如自然产物的产生一样),或由它本身的一部分同名称的事物制造出来(……),或由某些包含着它的部分之事物制造出来——偶然产生的事物除外。凡一物直接从本身生产一物的原因,就成为那产品的一部分……所以在综合论法中,‘怎是’为一切事物的起点。”[3]

在亚里士多德看来,狭义的形式也是使一事物成为“美的事物”的本质因素。他在《政治学》中指出:“无论是活的动物,还是任何由部分组成的整体,若要显得美,就必须符合以下两个条件,即不仅本体各部分的排列要适当,而且要有一定的、不是得之于偶然的体积,因为美取决于体积和顺序。”[4]“体积”和“秩序”作为美的最有意义、最本质的标志,不仅体现于诗歌、戏剧、雕塑、建筑等所有艺术门类,而且也体现于国家:“美产生于数量和大小,因

---

[1] 参见亚里士多德. 形而上学. 吴寿彭译. 商务印书馆,1959. 136.
[2] 同[1]. 137.
[3] 同[1]. 141.
[4] 亚里士多德. 诗学. 商务印书馆,1996. 74.

而大小有度的城邦必然是最优美的城邦。"[1]在《形而上学》中，亚里士多德更加明确地指出："美的主要形式'秩序，匀称与明确'，这些惟有数理诸学优于为之作证。又因为这些(例如秩序与明确)显然是许多事物的原因，数理诸学自然也必须研究到以美为因的这一类因果原理。"[2]这段话揭示出，事物的本质取决于它的第一 ousia，也就是形式；形式总会体现为某种结构关系，甚至是数的关系；这种结构或数的关系决定事物的美；美的原因在于事物自身，在于事物自身的属性形式中所包含的数理关系。

四、中世纪的"存在"论

中世纪经院哲学大体从两个层面或者方向上理解存在，一是把柏拉图主义关于"一"或者"太一"无所不在、无所不包的特性赋予上帝，从"人"的灵魂、精神和内在经验出发，解释上帝的存在以及上帝与诸存在者之存在的关系；另一是根据亚里士多德主义的实体论，以事物的存在为认识的基点，在确定性的指引下对存在者的存在进行细腻的分析。托马斯在实体论的层面上取得了突破性的进展，艾克哈特在上帝元存在的层面上提出了新见，邓·司各脱则对二者进行了调和。

基督教诞生之初，教士们就以"神"为中介环节，把希腊哲学中表示世界最高统一性的"存在"范畴和基督教的"上帝"概念结合起来，用希腊人的"存在"概念转译上帝的"实体"。这样，存在

〔1〕 亚里士多德.政治学:1326a.颜一，秦典华译.中国人民大学出版社，2003.236.

〔2〕 亚里士多德.形而上学.吴寿彭译.商务印书馆，1959.285－286.

论的方向发生了一种根本转变:希腊人追问"存在",为的是拯救现象,给现象找到根据,通过现象寻找存在,基督教追问"存在",则是要抛开现象,破除现象,达到现象背后的实体;在古希腊哲人看来,存在是从现象中显现出来的世界始基或者统一性,在基督教看来,存在源自实体,实体就是并且只能是上帝。

奥古斯丁一开始就致力于揭示基督教的创世观与希腊传统中的创世概念的区别,以图把上帝的万能与创世的事实协调起来。他看到,在希腊人的观念中,"如果上帝创造了世界,那么他应该被视为使用了现成原材料的建筑大师",否则上帝创世就会变得无中生有;而在《圣经》的叙述中,上帝"既创造原材料,又创造建筑物"〔1〕。奥古斯丁采用《圣经》的观念,坚认上帝是一个永恒的精灵,他创造了世界,也创造了时间。奥古斯丁关于时间的解说富有存在论意义。他指出,时间是具有三重性的现在:过去是现在的回忆,未来是现在的展望,现在则是唯一真实存在的东西;时间具有人的心灵体验的主观性。这种时间的存在论意味就在于,时间是从人作为上帝的创造物诞生开始的,也就是从上帝创世开始的,因此,倘若追问创世之前的"存在",就将变得毫无意义。

波埃修通过对希腊"存在"概念的翻译与辨析而提出他的存在论。在《神学论文集》中,波埃修辨析道:"存在与是这个的东西是不同的。因为单纯的存在等着显现,但一个东西只要已经获得赋予它存在的形式,它便是这个,并且存在着。"〔2〕这段话可以用现代哲学的语汇来转述:"存在"与"这个"的不同,在于前者表示

---

〔1〕 罗伯特·罗素.西方的智慧(上).崔权醴译.文化艺术出版社,1997.279.

〔2〕 转引自赵敦华.基督教哲学1500年.人民出版社,1994.186.译文参见王路."是本身"与"上帝是".外国哲学,2003(3).

存在的普遍意义，后者表示存在的具体意义。基于上述辨析，波埃修一方面坚信，“存在”就是“实体”，“实体”为一切事物所具有，但又外在于一切事物，并以分有的方式赋予一切事物以“存在”；另一方面坚信，“存在”显现于“这个”，“这个”即希腊文中的hyposopon，亦即个体的“存在者”，也就是具体的、不可归诸其他事物的存在物。波埃修把这两个方面纳入基督教的思想框架，认为上帝与“存在”一样包括两个方面：一方面是类似于“实体”的上帝的本质，另一方面是类似于“这个”的上帝的存在；“实体”与“这个”的关系是普遍与个别、潜在与现实、必然与偶然的关系，二者之间具有同一性，因此，上帝的本质与上帝的存在是同一的。

可见，波埃修借助亚里士多德的存在论范畴表达了基督教的神学观点，在“存在”与“存在者”关系中初步确立了中世纪的“存在”论框架。

继波埃修之后，中世纪哲学就围绕上帝存在来沉思。爱留根纳在《自然的区分》中划分了存在与非存在、存在与实体两对概念，把存在理解为事物显现出来的现象，而把非存在理解为现象下面的实体，认为一切存在都是实体，但并非一切实体都是存在，存在仅仅指可感知的存在者。这样，古希腊时代为了解释现象、给现象寻找根据而提出的“存在”概念，到爱留根纳这里，却成了现象本身；古希腊时代仅仅作为存在之一环的实体，到爱留根纳这里，却一转而成为存在的根据；古希腊时代存在论的主要问题——“什么是存在”，到爱留根纳这里，却一变而为经院哲学的主要问题——“什么是实体”。

12世纪后期，思想史上出现了一个重大事件：亚里士多德的许多重要著作，如《形而上学》、《诗学》、《物理学》等从阿拉伯世界纷纷流入西欧。经院哲学的发展获得了崭新的思想资源。在这个背景下,产生了托马斯·阿奎那的实体论存在观。

托马斯·阿奎那创造性地发挥了亚里士多德《形而上学》中的实体论及其"存在优先"原则,把它与基督教神学内在地整合起来,建立了一整套"存在"理论。

托马斯认为,"存在"来自动词"是","'是'本身的意义并不指一个事物的存在……它首先表示被感知的现实性的绝对状态,因为'是'的纯粹意义是'在行动',因而才表现出动词形态。'是'动词主要意义表示的现实性是任何形式的共同现实性,不管它们是本质的,还是偶然的。"[1]"esse 指称一种特定的活动;因为说一事物存在,不是因为它处于潜在状态,而是因为它处在活动中。"[2]这里,托马斯明确以"现实性"指陈作为"纯粹活动"的"存在",继承和发展了"是"的源初意义。如前所述,在巴门尼德的"是"论中,"是"的本义指纯粹的"显现",事物在显现中获得自身的现实性。托马斯正是坚持从现实性和纯粹活动的角度来理解存在的。他把存在论研究的重心落实在存在者之存在。而所谓的存在者之存在,拉丁文写作 ens。傅乐安在《托马斯·阿奎那基督教哲学》一书中曾经说过,托马斯与经院哲学家们所追问的存在,"常常用拉丁文 ens 这个词,而不是人们通常说的 existentia(存在)这个名词"[3]。ens 一词类似于亚里士多德所谓的 ousia,具有以下几层意义:其一,它是一个东西,指示着某一事物的存在;其二,

---

〔1〕 转引自赵敦华.基督教哲学1500年.人民出版社,1994.375.

〔2〕 Copleston. f. . s. j: a history of philosophy. The Newman press, 1985. vol. II. 332.

〔3〕 傅乐安.托马斯·阿奎那基督教哲学.上海人民出版社,1990.79.

它是“存在”活动的承受者，是在存在活动中获得现实性的东西；其三，它是显现出来的实体，具有实体的存在状态；其四，它不同于事物(res)。

托马斯指出，ens作为自身的来源和原因时，表示自有的存在者，即上帝；ens作为对所有具体事物之统一性的抽象，表示“共有的存在者”，即所谓的“存在者的存在”。这实际上把亚里士多德关于活动与潜在关系的学说用来解释存在与本质的关系。在托马斯看来，任何事物、形式、本质都具有两种状态，一种是潜在状态，一种是现实状态。事物处在潜在状态时，仅仅具有可能性，只有处在现实状态才真正“存在”。因此“存在”乃是由潜在转为现实的活动：“存在表示某种活动，因为一事物并不因其潜在而被称作存在，它在存在基于它在活动这一事实。”[1]正是基于这一点，现代基督教哲学家吉尔松评价说，托马斯的存在论无疑是形而上学历史上的一场革命，它扭转了经院哲学把存在视为实体偶性的看法，而把存在和实体的现实性结合起来，视存在为纯粹活动，在西方哲学史上第一次真正把现实存在纳入存在论，给予现实存在以充分尊重。

托马斯还提出，存在先于、高于本质。“存在”是实体之最高的完善性，实体的一切性质只有在存在中才是现实的。譬如，人作为实体，其一切性质就包含在它的存在中。存在的就是现实的，现实的才是完善的。托马斯由此把现实性与完善性等同起来：“我在这里把存在理解为最高的完善性，因为活动总比潜在完善”，“我们在这里所理解的存在是一切活动的现实性，因此是一切完

---

〔1〕 傅乐安.托马斯·阿奎那基督教哲学.上海人民出版社，1990.380.

善的完善性”〔1〕。

艾克哈特沿着柏拉图主义的思路，改造和更新了上帝元存在论。经院哲学通常把上帝理解为最高存在，即存在自身，亦即元存在。艾克哈特却在经院哲学的整体语境下提出上帝是“非存在”的观点，认为上帝是超越一切差别的自身不包含“多”的纯然的“一”，对于这样的永恒无限、无形无体的“一”，人不可能对它形成任何知识。他说：“上帝是难以名状的，因为关于它人既不能说什么，也不能理解什么”，上帝“超越于一切理解之上”〔2〕。在艾克哈特看来，上帝是太一。存在虽然从属于太一，从太一派生出来，但却不等于上帝或太一：“存在是上帝的创造，存在属于一切被造物，但不属于造物主，正如眼睛看到各种颜色，眼睛的晶体却无颜色。上帝必须高于、先于存在，他才能成为一切存在的原因。”〔3〕显然，艾克哈特关于上帝与存在的解释，体现了上帝元存在观与实体存在观之间的冲突，或者说柏拉图主义的“纯粹存在”观和亚里士多德主义的实体观之间的 次冲突。要消解这种冲突，必须对存在范畴作出更高的抽象。

邓·司各脱把“being”分成作为“存在者”的“being”和作为“存在本身”的“being”。他一方面认为，人的认识来源于感觉，起步于个别事物，即一个个具体的“存在者”，“上帝”不可能成为人类理智的首要对象，只有触动人们理智的“偶然属性”才是可感知的，“存在”最先就作为“存在者”在人们的感知中出场。这样，把

〔1〕 傅乐安.托马斯·阿奎那基督教哲学.上海人民出版社，1990.381.

〔2〕 W. R. Inge：light, live and love—selections from the germen mystics of the middle ages. Methuem, London, 1935.1－2.

〔3〕 赵敦华.基督教哲学1500年.人民出版社，1994.358.

握存在的第一条思路就是从可感知的“现象”层面上升到本质层面,也就是后来西方哲学史上的经验主义的思路。另一方面,邓·司各脱看到,存在具有本体论意义,它涵盖着世间一切实际存在的和可被思想的事物,即使“上帝”也能够被它网罗。这个本体论上的存在概念,即存在本身(sein),亦即“存在者之为存在者”。邓·司各脱提出“存在者之为存在者”,目的是为了调和具体个别的存在事物与上帝,消解上帝存在观与实体存在观之间的紧张。他认为,“存在者之为存在者”是“一个适用于一切事物的最普遍的概念,它撇开了事物个别、具体的,乃至它们的种、属规定性,只指示无所不在的存在”[1],即事物最基本的规定性,亦即“存在”一词的最一般意义。通过“存在者之为存在者”一词,邓·司各脱对“存在”作了最高的抽象,从而存在既不再指实体,也不指属性,更不是指希腊人所说的实体性的“一”,而是超越于实体、属性,甚至上帝之上的范畴,充满了理性的绝对的肯定性。据此,邓·司各脱指出,“存在者之为存在者”是人类理智的第一原则和根本出发点,只有在理解“存在者之为存在者”的基础上,才能认识事物的其他规定性。他说:“每一个哲学家都认定他所持的第一原则是存在者之为存在者。比如,有的人认定火是存在,有的人认定水是存在。如果一个怀疑者要肯定或消除一个较低的概念,证明说火不是第一存在,而是后于第一存在的存在。这一证明并没有取消他所持的关于第一存在的概念。”[2]这就是说,任何对具体事物之存在的怀疑,都包含着对“存在”的肯定。“存在者之为存在者”在

〔1〕 赵敦华. 基督教哲学1500年. 人民出版社,1994. 458.
〔2〕 转引自赵敦华. 基督教哲学1500年. 人民出版社,1994. 460.

逻辑上先于具体事物的存在,然而具体事物的存在却在时间上先于“存在者之为存在者”。在人类理智活动中,“存在”消除了关于它的全部歧义而超越为“存在自身”。

邓·司各脱把存在分为无限存在和有限存在。所谓“无限存在”,就是“不能想象比之更完满的存在”,也就是上帝。所谓“有限存在”,就是由形式与质料构成的实体,也就是被造物,其中质料是性质所依附的体,形式是表现或规定物体的质。在“无限存在”与“有限存在”之中,唯有“有限存在”才能被人认识,才能转化为经验事实。同时,邓·司各脱强调,无论作为无限存在的上帝,还是作为有限存在的被造物,都统一在“存在”范畴之下。这样一来,最高的“存在”概念、具体事物的存在、第一存在即“上帝”之间便得以融通,中世纪流行的各种存在论思想成果便得以清理、吸收与深化。

综上所述,中世纪的存在论在总体上是以上帝作为第一“存在”和上帝作为终极“实体”两个层面展开的。第一个层面凸显出神性,第二个层面凸显出“实体”性。中世纪的美学实际上也是从这两个层面展开的:第一个层面偏重于把美理解为“纯一”,基本观点是认为美根源于上帝的“存在”,上帝是世界的创造者和最高统一性,上帝作为存在以及他所创造的世界本身就是圆满的,是美的;第二个层面偏重于把美理解为“杂多”,基本观点是认为美是实体的某种属性。这两个层面的美学思考,前者带有柏拉图主义的特色,后者带有亚里士多德主义的特色,两者的对立与交流,构成中世纪美学的总体风貌。

把上帝作为第一存在来理解美的美学思想,在柏拉图主义者伪狄奥尼修那里得到了系统表达。伪狄奥尼修从神学出发,以宗教思辨为特色，建立了一套超越的、先验的、与现实世界和日常审美格格不入的基督教美学体系。他在存在论上把美看做一种绝对与原型。他说："一旦在万物中区分了分享和被分享的事物之后，我们便将分享绝对美的事物叫做美，而称被分享的、作为所有美的事物中美的成因的事物为绝对美"；绝对美"作为普遍美、超越美和永恒美，长久不渝，无生无灭，无盛无衰，不会在一物美而在另一物丑，也不会此时美而彼时丑，不会因与一物相关而美，与另一物相联而丑，也不会在一地为美而在另一地为丑，也不会对一些人来说是美的，而对另一些人来说是丑的，它自在自为，始终如一，是包含着一切美的事物的原型美"[1]。不难看出，伪狄奥尼修的美学观完全建基于存在论上的"上帝"观念："美"就是上帝的另一个名字，"美"与上帝一起成为一种绝对，成为万物的标准与尺度，成为本原性的力量，成为最高的完善。

中世纪美学的另一种倾向是从实体的角度来理解美，认为美在于杂多，是杂多所体现出来的整体感。这种美学观念建基于上帝作为终极"实体"的本体论，其理论代表是奥古斯丁。奥古斯丁吸收亚里士多德的实体论思想，将上帝视为最高实体，承认世界的实体性、客观性，从经验出发思考美，其美学思想饱含着理性精神。奥古斯丁看到，美在于事物的客观属性，因为上帝按美的方式创造了万物，赋予万物以客观的和谐、整一、秩序以及数的关系。他说："观察大地与天空，可以发现快感仅生于美；而美取决于形状；而形状取决于比例；比例又取决于数。"[2]在这里，奥古斯丁明显受

〔1〕 塔塔科维奇. 中世纪美学. 褚朔维，李国武译. 中国社会科学出版社，1991. 42.
〔2〕 同〔1〕. 75.

到亚里士多德与毕达哥拉斯的影响，以理性的精神、态度和方法研究事物的美的属性，包括尺寸、形式、秩序，对称、和谐、整一，色彩、节奏、比例等等〔1〕。但我们不能忘记，奥古斯丁毕竟是一位教父，因此，他最终必定要把美的原因归之于上帝和上帝的神性，必定会把上帝看做美本身，必定会认为现实世界的美是短暂的、易逝的，上帝的美才是永恒的、绝对的。

在长达一千年的时间内，伪狄奥尼修与奥古斯丁的美学一直是基督教美学的权威，整个中世纪关于美的论述都是以他们两人的理论为依据。同时，也正是在他们这里，中世纪的美学才获得了形而上学的奠基。对此，塔塔科维奇曾经指出："构成中世纪美学基础的宗教和形而上学的美学观点在公元4、5世纪便得以形成。尽管其地位一直保持到中世纪末，它却毫无发展，而只是一再被重复，有时是以新的词语，但更经常地是照搬伪狄奥尼修和奥古斯丁的言论。"〔2〕

---

〔1〕 塔塔科维奇. 中世纪美学. 褚朔维，李国武译. 中国社会科学出版社，1991. 74－80.

〔2〕 同〔1〕. 73.

第三节

理性主义与经验主义存在观念

一、笛卡尔的存在观

存在概念发展到笛卡尔,又产生了一个历史性的转变。笛卡尔之前,“存在”一词包括希腊文的 on,拉丁文的 esse,英文的 being,都具有系动词的纯显现意味。这里,存在与本质有着明显的界限:存在是指事物显现出来,本质则是指事物的内在规定性,有本质者不一定存在,唯有上帝才是存在与本质的统一。从笛卡尔开始,西方近代哲学围绕 existence 来讨论存在问题,它不再追问显现意义上的存在与事物实存之间的关系,而是转向思考实存事物的本质。这种转向不仅强化了存在的实存意味,淡化了存在的纯显现意味,而且使得存在与本质纠缠不清。

笛卡尔致力于建立一套数学式的哲学体系。这套哲学体系必须以确定而真实的“存在”为根据。为了找到这个确定而真实的存在,以便为哲学体系夯实基础,笛卡尔以怀疑为方法论原则重估一切命题和观念[1],他在彻底怀疑中找到了一个绝对无可置疑的前提——“我思”,继而由“我思”推导出“我在”。在笛卡尔看来,思想可以怀疑一切外部对象,也可以怀疑进入思想之内的对象,但

---

〔1〕 譬如,笛卡尔认为,“我坐在火炉边”与“我梦见我坐在火炉边”的可靠性就值得怀疑,理由是我们找不到区别清醒与睡眠的最终标志。

却不能怀疑自身，不能怀疑“我在怀疑”，因为，“我”首先必须“在”，才谈得上进行怀疑；同时，我只要想到我是某种东西，任何人都不能使我什么也不是，即使上帝以任何可能的方式欺骗我，我也能从“我的思想活动”知道我存在。由此，笛卡尔声称：“‘我思想，所以我在’这条真理是这样确实，这样可靠，连怀疑派的任何一种最狂妄的假定都不能使它发生动摇，于是我就立刻断定，我可以毫无疑虑地接受这条真理，把它当作我所研求的哲学的第一条原理”〔1〕。

笛卡尔存在论的起点就设定在“我思故我在”。“我思”指我的思想活动、我的属性，“我在”指我的实体，“故”表示属性和实体之间的必然联系，也就是从自我的思想活动可以确定地知道作为怀疑主体的自我必定存在。“我思故我在”的命题，标志着存在论的一个重大转折：一方面，“存在”与“本质”开始纠缠在一起；另一方面，存在与实体开始等同。

笛卡尔经过怀疑批判，最后确立了三种存在：自我、上帝、物质世界。他把三者都称为“实体”。所谓“实体”，就是“能自己存在而其存在并不需要别的事物的一种事物”。严格地说，只有上帝才是实体。只不过由于心灵与物质两种存在除了上帝别无依托，所以两者也可视为实体。实体与存在的关系是同一关系，一切实体必存在，一切存在的必是实体，实体是绝对的存在，存在是无限的实体，实体等于存在。

笛卡尔认定，精神世界和物质世界虽然是二元的，谁也不决定

〔1〕 转引自北京大学哲学系编译. 西方哲学原著选读：上卷. 商务印书馆，1981. 369.

谁,谁也不依赖谁,二者彼此隔离,但它们共有一个本源——上帝,都作为实体而存在,都具有真理性和实在性,并且都是知识的对象。

笛卡尔把精神世界与物质世界都称为“实体”,既推进了存在论,又留下了新的疑案。首先,他把精神世界称为实体存在,不仅使“我”成为评判一切的尺度,而且使主观精神实体化,成为认知主体与实践主体,从而使人的主体性和主体地位得以真正确立。其次,他把物质世界称为实体,揭示出物质世界具有真理性,包含着明晰与确定的知识,从而对自然科学提供形而上学的支持。这一点,马克思曾经作过陈述,笛卡尔“把他的物理学和他的形而上学完全分开。在他的物理学的范围内,物质是唯一的实体,是存在和认识的唯一根据”〔1〕。再次,他把物质世界与精神世界之间的关系理解为实体关系,揭示出“知识”产生、形成的可能性。笛卡尔说,知识的产生、形成必须有两个基本条件:一个是“清楚的知觉”,一个是“明晰的对象”〔2〕;前者指清晰的、实在的、可供仔细的思索的知觉,后者指具有足够的作用力使我们的眼睛能把它置于视线之下的对象;前者来自于精神主体,后者来自于物质客体;知识就在精神主体和物质客体的实体关系中产生出来。当然,笛卡尔没有对实体及其属性进行界定、分析与清理,也没有对精神与肉体、人与自然之间的关系作深入研究,这就给西方存在论留下新的疑案。

---

〔1〕 马克思恩格斯全集:第2卷.人民出版社,1957.160.

〔2〕 转引自巴克拉捷.近代哲学史.上海译文出版社,1983.84.

二、斯宾诺莎、洛克、莱布尼茨、休谟的存在观

斯宾诺莎存在论的根本目标，乃是要使精神和物质都成为绝对实体的表现。显然，要实现这一目标，前提是对“实体”作出解释。斯宾诺莎系统而严谨地给“实体”下过定义：“我把实体理解为在自身内并通过自身而被认识的东西。换言之，形成实体的概念可以无须借助于别的事物的概念。”[1]从这个定义，我们可以看出斯宾诺莎对笛卡尔的继承和改造：其一，笛卡尔曾经断言，心灵和肉体代表两个不同的实体。斯宾诺莎则坚认，世间只存在一个自然秩序，实体必定只有一个，不存在心灵与肉体两个实体，心灵与肉体只是单一实体的两个属性，所以，人的存在乃是上帝的有限的变体。其二，实体是自由的，它以自身为原因和根据，从自身派生出一切性质与活动，因此不能从外在的角度来规定实体，也不能赋予实体以个体性和人格，这就进一步清除了笛卡尔存在论中残留的神学色彩；其三，实体必是永恒的，没有由外因决定的开端；“实体”的唯一特性就是“存在”，是基质意义上的“存在”；斯宾诺莎虽然把这个基质意义上的“存在”也称为上帝，“上帝，我理解为一个绝对无限的存在，就是说，一个包含无限属性的实体，这些属性中的每一个都表达了永恒无限的本质”[2]，但是，这里所谓的上帝，已经不是笛卡尔所说的那种脱离世界、外在超越的人格化上帝，而是在世界以内的可以与“自然”概念互换的永恒实体，是“创造自然的自然”，是一切存在物的源泉。按斯宾诺莎的解释，实体

---

〔1〕 北京大学哲学系编译. 西方哲学原著选读：上卷. 商务印书馆，1981. 415.

〔2〕 转引自［美］撒穆尔·伊诺克·斯通普夫等著. 西方哲学史. 中华书局，2005. 354.

是内在于具体事物的、没有外在于事物的抽象的实体，实体总是体现为具体的事物，具体事物就是实体的样态，或者说属性。这样，斯宾诺莎以唯实论调和笛卡尔的二元论，赋予了属性以实在性。

洛克从唯名论的立场出发，采用经验主义的方法，思考实体问题。他不同于斯宾诺莎研究实体的存在性，而是研究实体“观念”的产生。洛克认为，物体有能力使我们产生某些观念，这种能力就是属性。为物体本身所有、与物体浑然一体的属性，如坚硬、广延、形状、运动或静止以及数目等等，乃是第一性的属性；不在物体本身以内，依靠第一性的属性能够使我们产生各种感觉者，如颜色、声音、滋味等，乃是第二性的属性。心灵把握到第一性的属性所形成的观念，称为“简单观念”；心灵靠自己的能力把简单观念集合而成新的观念，称为“复杂观念”。简单观念不能脱离个别事物而独立存在，它们似乎附着在一个基质之上，这个基质即是实体。观念的接受需要依靠接受者，接受者是精神实体，复杂观念的产生就是由精神实体来完成的。

洛克断言，实体观念来自于理论假设，因此，它并不意味着相应实体的客观存在；对于物质实体和精神实体，我们只能认识它们的性质，只能肯定“实体观念”存在于我们的意识中，但不能肯定是否有客观实在的实体，实体本身超出了我们的认识范围，是我们无法知晓的领域；知识在本质上是观念及观念间的联系，观念之外有没有实在的世界是一个无法回答的问题。可见，洛克承认我们有实体观念，包括精神、物质与上帝，但不能肯定这三种实体的实在性。洛克的这种理解，实质上不仅动摇了实体的客观性，而且引发了哲学上的一个转向，那就是本体论把优先地位让给认识论，人类的认识能力和认识过程占据了哲学思考的中心，存在沦为认识论的一个环节。

斯宾诺莎肯定,只有一个普遍实体。莱布尼茨却断定,实体有无数个。在莱布尼茨说来,个别的东西是实在的,共相不能脱离个体事物而存在。正是基于这种实体观,他把整个宇宙分割成无数的个体存在物——单子,并把这些个体存在物看成精神的实体,或者纯粹的能动性——力。每一个单子都处在演化过程中,而且都因其内在必然性而实现其本性。单子不受外界决定,没有任何东西可以进入其中的窗子,它要成为什么样子本来就潜伏它自身以内。莱布尼茨显然吸收了柏拉图的理念论、德谟克利特的原子论和亚里士多德的"隐德来希",他的实体观奠定了内因决定论与物质发展观,奠定了理性的先验原则,也发展了斯宾诺莎的实体论。在他这里,实体不再静止不变,而是按照它自身的本性发展、变化。

洛克曾经认为,心灵好像一块白板,知识只能来自于经验,凡是灵魂中的,没有不是来自感觉的。莱布尼茨却持有完全相反的观点,心灵如同一块有纹路的大理石,凡是在理智中的,没有不是先于感觉的[1]。这表明,观念和真理是我们的认识的先验原则,它就先天地隐涵在我们心中,在单子及其相互的关系中,尽管我们不能脱离感性经验,但感觉却永远不会给与我们存在、实体、统一、同一、原因、知觉、推理和量这些理性概念。知识起自于精神与经验的协调一致,而不单单是经验。莱布尼茨认为,世界的本体是单子,单子出于上帝的创造,上帝创造精神单子和肉体单子时已经作好了安排,使二者从一开始就处于一种平行状态,肉体成了精神在

〔1〕 参见莱布尼茨.人类理智新论:上卷.商务印书馆,1996.82.

物质方面的表现，灵魂成了物质在精神上的表现，"心灵通过欲望、目的和手段，遵循终极因的规律而活动；肉体依照动力因或运动的规律而活动；这两个领域是彼此和谐的"[1]。这就是所谓的"前定和谐"说。根据这个"前定和谐"说推断，所有的单子都像一个有机体的各部分那样和谐行动，其中每一个单子都执行由上帝预先制定好的任务。单子的每一个状态都是由该单子的本性、它的前一种状态以及与其他单子的一致状态决定的，宇宙存在呈现为本然的和谐状态。这样，莱布尼茨根据单子论建立了理性主义存在论和世界的统一性原则：世界统一于单子，单子统一于其活动性，活动性统一于前定和谐，前定和谐决定着世界的运动、发展、变化，运动的规律性与必然性取代了经验论的偶然性，"存在"的活动性获得了理论上的肯定。

贝克莱对存在问题的探讨带有浓厚的神学色彩。他一方面沿用洛克的观点，认为观念或者心灵以外的世界不可能被我们所认识，另一方面又不希望出现一个和上帝并存的独立实体和纯粹空间，因为这种实体和空间将否定上帝的存在。贝克莱看到，如果相信物质实体的存在，就会导致唯物论与无神论。这种情况下，需要建立一个新的存在论来化解物质实体存在观。他指出："只要人一思考'存在'二字用于可感知事物时作何解释，他是可以凭直觉知道这一点的。我写字用的这张桌子所以存在，只是因为我看见它，摸着它；我在走出书室后，如果还说它存在过，我的意思就是说，我如果还在书室中，我原可以看见它；或者是说，有别的精神当下就真看见它"；"因为要说有不思想的事物，离开知觉而外，绝对

[1] 转引自梯利.西方哲学史.葛力译.商务印书馆，2000.410.

存在着,那似乎是完全不可理解的。所谓它们的存在(esse)就是被感知(percepi),因而它们离开能感知它们的心灵或能思想的东西,便不能有任何存在"[1]。这就是说,事物只有在被主体感知到的情况下才是存在的;只有心灵是实体,心外之物无所谓存在。

休谟的怀疑论进一步消解了贝克莱所说的心灵实存。休谟的目的是要摧毁那些试图探究知性所不能达到的领域的虚伪和混乱的形而上学,建立起真正的形而上学,也就是关于知性的科学。他看到,如果破除洛克所说的物质的第一性和第二性的性质,就会只留下一个不可知、不可理解的所谓实体,这是不恰当的,因为一切知识的对象只是关于印象的观念,而不是任何实体观念,实体不属于知识的范围:"我们只能研究人类知性有限的能力所能胜任的课题。哲学的论断不过是对日常生活的思索加以整理并纠正。哲学家考虑到他们所运用的能力有欠完善、能达到的范围狭隘和发挥的作用不准确,永远不会试图超出日常生活以外。关于世界的起源和自然的情况,人类绝不能得出令人满意的结论,过去和将来都是如此。"[2]这话的意思是说,形而上学作为世界的本源的知识,根本是不可能的;人类对于非物质、不可分的永恒心灵实体一无所知;实体观念无论从精神的角度还是从物质的角度讲都是没有意义的。那么,如何理解建立在实体概念上的"存在"观?休谟认为:"存在(being)的最完善的观念和信据是从我们的这种意识得来的"[3],存在要么是对观念的印象,要么就是观念自身,而绝不会是实体。

---

〔1〕 贝克莱.人类知识原理.关文运译.商务印书馆,1973.21.

〔2〕 梯利.西方哲学史.葛力译.商务印书馆,2000.392.

〔3〕 休谟.人性论:上册.商务印书馆,1982.82.

维柯关于存在的研究有两个鲜明的特征:一是把人的存在置于优先位置,一是在动态的生成过程中着眼思考人的存在。维柯看到,传统哲学总是致力于探究永恒不变、普遍有效的东西,不用说巴门尼德所谓的存在、柏拉图所谓的理念,具有明显的永恒不变的性质,就是笛卡尔的“我思故我在”,也不过是传统哲学认识论的变种,它所追求的依然是永恒不变的真理。因此,维柯倡导专门研究人类本性和人类自我发展的“新科学”。按他的理解,数学、物理学都是研究现成的自然界的,都不算真正的科学,真正科学的对象是人类自己创造的事务,对自然界的认识或许只能留给创造自然界的上帝,“新科学”应当探究人类的存在和发展。当维柯的眼光转向人的存在之后,他发现,人的存在不同于自然天地万物的存在,人是通过自我的实践创造而不断生成的存在,离开人的自我实践创造就不再有人。从这个角度说,“人决不是‘在’(is),他永远是生成(becoming)”[1]。

赫德尔存在之思的主要特点,是在一幅统一的历史图画中描画自然存在和人的存在。在赫德尔看来,整个世界分为两层,即精神世界和物质世界;无论精神世界还是物质世界都由上帝统治,上帝是整个世界的最高存在,即世界灵魂;人类存在于两个世界之间,向上连结着精神世界,向下连结着物质世界;从而,人是处在中介地位的存在,在精神世界中是最有地位的存在,在物质世界中是最崇高的存在。赫德尔认为,人的存在不同于自然的存在,首先,自然存在的范围单一而狭隘。譬如,蜜蜂只能构筑蜂房,蜘蛛只能织网,离开蜂房或蛛网,蜜蜂或蜘蛛什么也不能建筑,人则可以通

〔1〕 转引自赵敦华.西方人学观念史.北京出版社,2005.151.

过自由创造活动发展自己的理性能力，扩展自己的存在范围。其次，自然存在是本能的、封闭的，人的存在则是群体的、社会性的，从而也是开放性的，“没有任何一个人是为自身而存在的，他是整个人类的一分子；人类发展的链带延续不断，个人只不过是其中的一个节点”[1]。

三、理性主义、经验主义存在论与美学的关系

近代存在论是近代美学的思想根基。

从总体风貌来说，近代存在论分为两支：笛卡尔、斯宾诺莎、莱布尼茨、沃尔夫、鲍姆加登的存在论体现出理性主义的色调；培根、洛克、夏夫兹博里、贝克莱、休谟、卢梭的存在论体现出经验主义的色调。两种存在论的分歧与对立根源于对实体存在的不同理解。

同样，近代美学也呈现为两种形态：一种称为理性主义美学，一种称为经验主义美学。这两种美学之间虽然存在分歧和对立，但都建立在一个思想着的、感知着的主体之上，都坚信独立于万物的、思想着的或感受着的主体能够深入到世界，能够把捉美的事物背后的根本法则和终极属性。

笛卡尔对近代美学的产生具有开创的意义。首先，他提出“我思故我在”，从哲学的角度说，意味着“人”取“上帝”而代之，从美学的角度说，意味着思考方式的根本转变，这个变革就是从对美的形而上学追寻转向对审美主体的探讨。其次，他以理性为主导原则，认为只有从各种公理和各种基本的、必然的事实中通过严格的逻辑联系推论出来的，才是明晰清楚的真理。这就使得他在

[1] 赫德尔.论语言的起源.商务印书馆，1998.76.

美学中注重理性原则对于经验方法的优先权利,审美主体对于审美判断的优先权利。再次,笛卡尔的存在论中既包含着感性与理性的对立,又包含着主体与客体的对立。这两个对立逐渐演化出了理性主义美学与经验主义美学的对立。

笛卡尔之后的理性主义美学家主张别开丰富多彩的感性事物,关心感性事物背后的"本质"、"规律"、"形式",从这些"本质"、"规律"、"形式"中寻找艺术与审美的永恒法则与评断标准。在他们看来,作为精神活动的艺术与审美,应当如数学公式那样明晰,如力学原则、机械学原则、几何学原则那样清楚。

经验主义美学家则别开自在实体,以个别经验现象为起点追溯美。他们普遍认为,美是呈现在感觉经验中的感性对象。

洛克主张,"美"不属于外物本身,不是第一性质,而是属于第二性的"复杂观念"。这种"复杂观念"来自于"巧智"与"判断力"。因此,美学思考必须转向经验事实,美学的神学性质必须清除,美的终极实体预设必须消解。这样,洛克刨掉了形而上学的美学根基,堵绝了美与最高存在的通路,推进了近代美学的转型。

贝克莱发现,根据"存在就是被感知"的法则来看,无论第一性质还是第二性质,都只能是通过感知得到的表象,根本不存在属于外物本身的什么客观性质。如果从事物的客观属性着眼探究美,一开始就缺失根据。美即使被看成某种性质,这种性质也是主观的,是依赖于"感知"而存在的。

休谟存在论的优先位置既没有留给"自我",也没有留给"实体",只是留给了经验感受。在休谟那里,除了经验之外没有什么是实在的。经验感受是人的感性能力、知性能力与客观实在的统一。美就存在于审美经验中,因而从正面讲,既涉及客观的物质实存,也涉及主观的感觉和知性能力,从反面讲,既非对象属性,亦非心理构架。休谟指出:“美不是圆的一种性质。美不在圆周线上任何一部分上,这圆周线的部分和圆心的距离都是相等的。美只是圆形在人心上所产生的效果,这人心的特殊构造使它可感受这种情感。如果你在这圆上找美,无论用感官还是用数字推理,在这圆的一切属性上去找美,你都是白费气力。”[1]总之,在休谟那里,客观存在加上主观能力,构成审美经验的基本内容。

近代存在论的发展过程,是步步摆脱神学与假说,走向科学与知识,走向理性的分析,走向对人自身的反思的过程。这个过程始终携带着美学走,始终为美学提供契机、开辟道路。近代存在论在思维实体与物质实体的并峙中展开自身,近代美学便力求在感觉经验与理性反思、物质性与精神性的并立中揭示审美活动的真谛。

第四节 康德的存在观念

一、康德的存在观及其理论贡献

康德所谓的“存在”,包括 dasein、existenz 以及 sein 诸种意义。dasein 意指此在,existenz 意指实存,sein 意指最高的最圆满的“存在”。

〔1〕 转引自朱光潜. 西方美学史. 人民文学出版社,1964. 228.

康德看到，以往的形而上学和神学总是设定一个最高的最圆满的存在为逻辑前提，并且总是从最高的最圆满的存在出发，往下推导到一般事物的实在性。他在《未来形而上学导论》中写道："心理学的理念和宇宙学的理念是从经验出发，经过(一个个)根据的上升，被诱使去追寻(如果可能的话)这些根据的系列的绝对完整性，而在神学的理念这里则不然，理性同经验完全断绝，从似乎是可以用来做成一个一般事物的绝对完整性的那些仅仅是概念的东西，然后借助于一个最完满的原始存在体(sein，按：即英文中的 being，引者注)这样的理念，下降到规定它们的实在性。"[1]

最高的最圆满的存在，康德称为"物自体"。对这个"物自体"，国内外学界历来有多种解说。前苏联阿斯穆斯以为"物自体"可以析分为"理性的物自体"和"实践理性的物自体"；谢遐龄《康德对本体论的扬弃》以为把物自体区分为"本无"与"社会存在物"。李泽厚《批判哲学的批判》更把物自体的含义解说为四：其一，感性的来源；其二，认识的界限；其三，理性的理念；其四，道德的实体；四者之中，前三者为"物自体"的认识论含义，后者为"物自体"的道德含义；如此等等。不管怎样解释，我们觉得有如下几点不能忽视：首先，康德设定的物自体并非高悬太古的终极的客观物质实体，而是永驻于主观心灵的神圣理念，并非像柏拉图所说的"理式"、亚里士多德所说的"实体"、普罗丁所说的"太一"、中世纪神学家们所说的"上帝"、莱布尼茨所说的"单子"那样是感性现象界的客观"原型"，而是一种需要依靠内在信仰来维护的道德律令。其次，"物自体"是人自身道德实践的立法者，最高层次的自

〔1〕 康德. 未来形而上学导论. 商务印书馆，1978. 135.

由因，人生的绝对根据和绝对命令，它永远居于人自身的领域、人的道德实践的领域，亦即本体领域，而不在现象界露面，不在感性具体的物质材料、形式、属性上显现。它与现象世界之间不存在传统哲学所讲的那种"理性与感性"、"一般与个别"的关系，不被现象世界所分有、所摹仿。再次，康德的物自体只是处在彼岸的"限制概念"，其功能仅仅在于给认识论划定权限，本身却不在认识中出场，不在认识领域发挥作用，更无权给认识对象——自然立法。

由此可见，在康德的体系中，设定超越的圆满的"存在"是有意义的，它可以保证认识过程中的逻辑方法有一个确定的基础和绝对的前提。但是，由于这个超越的圆满的"存在"脱离经验，因而它的设定仅仅具有逻辑意义而不具有现实意义，仅仅能帮助逻辑方法的运用和推导，而于实际的认识无补。从这个角度讲，康德对设定超越的圆满的"存在"实际上持否定态度。

康德一方面不赞同把 sein 当做谓词表述存在问题，因为德语中的 sein"显然不是一个实在的谓词。就是说，它不是关于某个东西的概念，能够加在一个事物的概念上。它只是对于一个事物或者对于某些自在的规定本身的断定"〔1〕。谓词的作用在于丰富和充实主词的内容，sein（存在）显然缺失谓词的功能。譬如，"这石头存在"中的"存在"，就没有给石头概念增加任何内容，而只是对石头在此存在的情况作了断定。由此，康德在《表明上帝存在的唯一可能的根据》中指出："存在是一个事物的绝对断定，因而不

〔1〕 康德. 纯粹理性批判（英文版）. Critique of Pure reason, tr. by F . Max Miller, Ancher, Book, Now York, 1929. 401. 译文参考蓝译本第 430 页，王路《是与真》第 258 页，俞宣孟《本体论研究》第 429 页.

同于任何类型的谓词,其他谓词每一次所断定之物都与他物相关。"[1]

另一方面,康德又不同意用 existenz 的概念来思考存在问题。existenz 一般译为"实体",也可译为"实存",它曾经是近代本体论哲学家,尤其是笛卡尔、莱布尼茨、休谟等人反复使用的术语。但到了康德这里,existenz 和 being 一样被断言为没有用处:"当人们所见事物的存在 existenz 概念引入一事物的概念时,就已经有了矛盾,尽管人们只是想思考它的可能性,而且冠以各种巧妙的名义。如果人们承认这一点,那么就赢得了表面的胜利,但是事实上什么也没有说。因为这里仅仅是同义反复。"[2]康德把通常所谓的句式区分为分析句和综合句,分析句的特征是谓词包含在主词之中,而不给主词增加任何内容;综合句的特征是谓词完全在主词之外,扩展主词的表达。existenz 的使用范围只在分析句,它不可能对主词内容的扩充起任何作用。因此,没有必要引入 existenz 的概念思考存在。

这样,康德既推翻了仅仅作为理性推导根据和结果的最高存在概念 sein,又否定了仅仅作为"实存"或"实体"的存在概念 existenz。但是,康德却不能不承认:认识是需要对象的。如此一来,他必须面对并探讨如下存在问题:什么是认识对象的"存在"?

康德的答复是:认识对象的存在既不是现象界的感性质料,也不是人的心灵固有的天赋观念,而是"此在"dasein。

---

〔1〕 转引自 Martin Heidegger. The basic problems of phenomenology. Tr Albert Hofstadter. Blooming. Indiana University Press, 1982.

〔2〕 纯粹理性批判(英文版). Critique of Pure reason, tr. by F. Max Miller, Ancher, Book, New York, 1929. 400-401.

dasein 是 da 与 sein 两个词的组合，本意指“是在那里”。在包括康德在内的德国古典哲学家的话语体系中，dasein 的词义“主要指某种确定存在物，即存在在某一特定时空中的东西”[1]，也就是对象的“确定性”，具体存在者的确定性。在康德看来，思维总是具体的，而具体的思维需要具体的对象，dasein 就是这种具体的存在对象。

dasein 的本质是对象性。相对于一般存在而言，在康德看来，作为认识对象的存在，乃是对象性的存在，或者具体之物的存在，存在者的存在。只有对象性的存在才与现实性、确定性、当下性相关，与具体的知觉和思维相联。相比较而言，sein 或 existenz 所揭示的都只是事物的可能性，而不是从认知的角度思考事物的存在，dasein 则不仅与经验的形式条件相一致，与知觉相关联，而且指示出“多于”可能性的现实性。

康德存在论最为独特之处正在这里：它不讨论作为逻辑推演根据和结果的最高存在，不讨论无助于我们认识之增加的 existenz，仅仅讨论作为具体认识对象的存在 dasein。康德按照认识论的要求改造了形而上学，把无所不包的最高存在 being 改造为具体的存在 dasein。这样，他实际上消解了理性至高无上的权威，从而为非理性存在论的产生、出现提供了契机。

二、康德存在观的美学意义

雅斯贝斯说过：“康德是无法回避的。没有他，人们在哲学中

---

[1] 转引自《存在与时间》陈嘉映译本附录之说明．海德格尔．存在与时间．北京三联书店，1987．498．

还毫无批判性。”[1]确实,康德的思想,包括他的存在论都是极富批判色彩的。这种极富批判色彩的存在论不仅对他的美学起着方向性的作用,而且赋予他的美学以相应的批判色彩。

康德面临着两个内在相关的美学问题:首先,审美作为一种主体活动,其主体性是如何确立并体现出来的?其次,如果说有主体便有客体,主客体孤不自成,审美也无例外,那么,美作为审美活动的客体,与认识客体和其他活动的客体相比较,有何特殊性?

康德从一开始就明确指出,审美的主体性就是审美判断力的主体性。《判断力批判》的总体任务,就在于揭示出审美判断力的主体性。康德意识到,审美判断力属于人类理性统一体的一部分,人类理性的本质和功能乃在于提供先天原理,所以,审美判断力的主体性就集中体现在它为审美活动提供先天法则。在《判断力批判》中,康德首先确立了审美判断力的先天立法能力。他认为,审美判断力属于反思判断力,反思判断力的特殊性是在经验中呈现出规律性。这种规律性虽然不是给自然界而是给人自己提供的,但它却体现为自然的形式的合目的性。自然的形式的合目的性植根于反思判断力,又构成反思判断力的一个先验原则。

对自然的合目的性判断,只是关注对象的形式,也就是对象的表象。因此,自然的合目的性判断既不建立在任何有关对象的现成概念之上,也不产生任何对象概念,它只是反思对象的形式是否使对象主体产生愉悦的根据。康德认为,自然的合目的性判断就是鉴赏判断,鉴赏判断的对象就是“美的”;主体依据这个鉴赏判断对对象表象进行判断时,就会产生审美表象,形成审美愉悦;同

---

〔1〕 雅斯贝斯. 大哲学家. 社会科学文献出版社,2005. 548.

时,主体在鉴赏判断中所得到的愉悦与对象表象水乳交融地结合在一起;并且,每一个进行鉴赏判断的人都能得到审美愉悦;这就是审美判断的先天原则。由此,康德把审美判断置于鉴赏主体的先天本质结构中,从而让愉悦的感觉分享了理性的性质,确立了美与审美活动的主体性。

但我们应当特别注意,康德建构的美的主体性,不等于美的"主观性"。因为,康德的态度十分明朗:单凭主体自身是不可能有美的,审美判断属于先天综合判断,"先天"意味着审美具有主体性,"综合"则意味着审美必须具有经验对象。

审美不可或缺的经验对象,就是 dasein,亦即此在。

根据康德的存在论,凡存在必是具体的,不存在抽象的、超验的"存在"。这在美学上可以引申为:没有抽象的"美",只有具体的"美的"。于是,我们不难理解康德在《判断力批判》的那份小心精神:只问什么是"美的",绝对不问什么是"美";只问经验的对象存在 dasein,绝对不问超验的"物自身"sein。

康德对美的事物之存在有四项解说:(1)"鉴赏是通过不带任何利害的愉悦或不悦而对一个对象或一个表象方式作评判的能力。一个这样的愉悦的对象就叫做美"[1];(2)"美是那没有概念而普遍令人喜欢的东西";(3)"美是一个对象的合目的性形式,如果这形式是没有一个目的的表象而在对象身上被知觉到的话";(4)"美是那没有概念而被认作一个必然愉悦的对象的东西"[2]。这四项解说都是对"美的事物"的分析,而不是对"美感"

〔1〕 康德.康德三大批判精粹.杨祖陶,邓晓芒编译.人民出版社,2001.431.
〔2〕 同〔1〕.440.455.460.

的分析，是分析那些被我们判断为“美的”事物的性质，而不是分析美感愉快的性质。当然，我们不能忘记，这个“美的事物”乃是呈现在主体经验中的对象存在。

第五节

黑格尔的存在观念

一、黑格尔的“存在”论体系

黑格尔关于存在的基本思考方式，首先集中体现在他对“绝对精神”的设定。黑格尔之前，德国唯心主义思想家早有一种共识：知识的最终源泉是心灵，而不是物理对象或者神秘的“物自体”。黑格尔承接着这一共识，并进一步推断：如果所有的知识对象都是心灵的产物，那么，实在就是理性思想，知识的所有对象乃至整个宇宙，必定就是绝对主体—绝对精神的产物。这是逻辑上的推断。黑格尔又举“椅子”为例，从具体事实入手，对实在与理念的关系作了分析。他说，正如世界上不可能有不可知的物自体，一把椅子不存在我们不可知的方面，因此，除了我们的所知之外，椅子别无其他什么东西。这等于说，椅子必定是由我们经验它时所拥有的全部观念构成的。这样说来，我们对椅子的认识与椅子的存在恰好同一。经过这一番辨析，一个思想与实在、主观与客观、历史与逻辑交融统一的绝对本体、终极存在，就在黑格尔那里被建构起来。这个绝对本体、终极存在，就是著名的“绝对精神”，亦即“绝对理念”。

黑格尔以辩证逻辑取代形式逻辑,从运动和发展的角度思考存在问题,将整个世界的存在理解为一个过程。辩证逻辑的特色是从最简单、最抽象的概念开始,前进到复杂而具体的概念,最后成就一个包含一切的“大全”。黑格尔对存在范畴的思考通过辩证逻辑实现了质的飞跃,他使“存在”概念从绝对的抽象走向抽象的具体,从以往不可再加追问的绝对、最高统一性,成为一个由诸多环节结合成的整体,成为绝对精神的“运动过程”。在著名的《逻辑学》中,黑格尔指出,“存在”是一个运动整体,其内涵无比丰富,包括作为绝对直接性的“无”,作为实在 dasein,作为本质 essence,作为实存 existenz,作为自在的“一”,以及作为世界本身等等。存在要从存在本身的运动才会得到规定,才有可能生发出定义。

根据黑格尔的描述:最初的存在是自在的存在;然后过渡到实在,即有限的存在;最后扬弃自身过渡到自为的存在。简言之,这就是由自在之 sein 到 dasein 再到自为之 sein 的过程。

存在是从绝对精神发展的第一个阶段开始的。在这个阶段,绝对精神尚未外化到自然,只是抽象的逻辑概念之间的转化与过渡,所以,还只是一种抽象的无规定性和直接性,即通常所谓的“无”。黑格尔陈述道:“有(即指存在,引者注)首先是对一般他物而被规定的;第二,它是在自身以内规定着自身的;第三,当分类的这种暂时的先行性质被抛弃之时,它就是抽象的无规定性和直接性,在这种直接性中,它必定是开端。”[1]他继承和发展了巴门尼

〔1〕 黑格尔.逻辑学:上卷.杨一之译.商务印书馆,1976.66.

德关于纯粹存在的思想和赫拉克利特关于流变的思想,认为在绝对精神发展的开端阶段,存在与纯无既同一又绝对区别,而且每一方都直接消失于它的对方运动之中[1]。正是在这种绝对运动中,自在存在 sein 孕造成熟,此在 dasein 产生出来。

此在 dasein 是存在运动的第二个阶段。dasein 一词含义丰富,包含着各种不同的,甚至相反的规定性。在黑格尔的著述中,dasein 与从前形而上学哲学用作上帝存在之本体论证明的 existenz 相当,译为实在本来非常传神,但考虑到黑格尔与康德之间的延续性,我们译为"此在"。黑格尔认为,如果 sein 是自在存在,无规定性的纯粹存在,那么 dasein 就是一个规定了的具体存在者;也就是说,在 sein 那里还没有显现出来的规定性,在 dasein 这里彰显了出来。他说,此在是规定了的存在 sein,它的规定性是存在的规定性,即质。某物由于它的质而与他物对立,是可变的和有限的,它之被规定,不仅是与一个他物对立,而且是对这个他物的绝对否定。它在最初对立中出现,而在无对立的无限中,即在自在自为的存在中,这种抽象的对立便消失了[2]。在黑格尔看来,dasein 已经有了三个规定性:其一,此在自身是一个具体存在物,即"个体";其二,个体之间的差异就构成了个体的规定性,即个体间的相互否定;其三,在相互否定中,个体融入质的无限。

自为的存在是存在运动的第三个阶段。这个阶段,dasein 的具体性被扬弃,sein 在更高的层次上复归到自为的存在,即无限的

---

〔1〕 参见黑格尔.逻辑学:上卷.杨一之译.商务印书馆,1976.69-70.

〔2〕 同〔1〕.100.

存在,亦即自我决定、而不为他者他物所规定的存在。黑格尔解释说:"自为存在,作为自身联系就是直接性,作为否定的东西的自身联系就是自为存在着的东西,也就是一。一就是自身无别之物,因而也就是排斥别物之物"[1];"自为存在是完成了的质,既是完成了的质,故包含存在和此在于自身内,为其被扬弃了的理想的环节。自为存在作为存在,只是一单纯的自身联系;自为存在作为此在是有规定性的。但这种规定性不再是有限的规定性,有如某物与别物有区别那样的规定性,而是包含区别并扬弃区别的无限的规定性"[2]。所谓"完成"了的某物,黑格尔称为"一"。这个"一"既达到了自身的独立性,又达到了与它者之差异性,同时还实现了联系的丰富性。

自在存在—此在—自为的存在的整体过程,包括诸环节之间的"变"、使诸环节显现出来的"变"。通过存在之"变"的描述,黑格尔圆满地完成了对存在 sein、此在 dasein、本质 essence、实存 existenz 的体系化建构,并对此前西方思想史的各种存在论思想作了批判、吸收、改造和综合。可以说,对整个世界"存在"论的思考,只是在黑格尔这里才真正达到深刻与全面。

二、黑格尔的存在论与其美学的关系

黑格尔的存在论从两个层面影响到他的美学。

第一个层面:世界存在的整体结构引导整个美学体系。

---

〔1〕 黑格尔. 小逻辑. 贺麟译. 商务印书馆,1980. 211. 贺先生译 dasein 为定在,我们从统一起见,把 dasein 改译为"此在".

〔2〕 黑格尔. 小逻辑. 贺麟译. 商务印书馆,1980. 211-212.

首先,它促使美学学科的最终确立。这一点,朱立元先生早在上世纪80年代就作过深刻阐述:“美学自1750年鲍姆加登创立成为一门独立学科后,呈现出一种不稳定的发展状态,或者仍然完全依附于哲学,或者与哲学相脱离、相并列,或则蜕变为一种注重鉴赏技巧的具体艺术理论,虽然一时间大家都喜欢用‘美学’的名称,但在多大程度上可以称之为独立科学,则很难说。从康德开始,重又把美学纳入哲学体系,作为认识论与伦理学之间的中介学科,费希纳、谢林也很重视美学,但只有到了黑格尔,美学才既成为他哲学体系的有机组成部分,又具有相对的独立性,是属于广义哲学范畴的一门艺术科学……它又不同于形形色色的具体艺术理论,而是站在哲学高度对艺术进行理论概括,所以黑格尔的美学又是艺术哲学;而且,在整个体系中,美学也不是与其他哲学部门无关的孤立的学科,而是与其他各门科学紧密联结、互相交叉,既有各自在体系中的确定位置,又从不同层次、侧面联成一个首尾呼应的科学系统。这样,美学才在真正意义上成为一门既有相对独立性、又有系统性的科学。这在美学学科独立走向科学、系统方面迈出了重要的一步,是美学发展史上的一个贡献。”〔1〕

其次,它沟通了美与存在的直接关联。近代认识论曾经中断了美、艺术与真理之间的联系,使美变成单纯的感性愉悦,艺术变成刺激感性愉悦的工具,美学变成感性认识的图解和例证。黑格尔则从世界存在的整体结构着眼,一方面确立了美与艺术在人类文明体系中的地位,揭示出美与艺术对于人类文化生活的价值意义,另一方面给美学找回了存在论的背靠,使美与艺术成为“真”

〔1〕 朱立元.黑格尔美学论稿.复旦大学出版社,1985.21.

所显现的外形、存在所放射的光辉。

第二个层面:辩证的历史观赋予美学以深厚的历史感。

如前所述,黑格尔以逻辑演绎的方式描述了“存在”sein 到“此在”dasein 再到“本质”essence 最后到“实存”existenz 的历史行程,把以往存在论的全部成果编成一个以“变”的观念为主导的环环相扣的存在之链。这样,黑格尔所说的存在,就成了按逻辑法则不断变化的历史性存在。黑格尔的存在论,就成了从历史与逻辑相统一的角度辩证地看待一切事物存在的存在论。

黑格尔的美学不仅建基于他的存在论,而且体现出一种与他的存在论相同的逻辑深度和历史感。

首先,在黑格尔的美学中,与“存在”的发展历程一样,艺术呈现为一个辩证的历史过程。黑格尔自己叙述说,他“第一次试图去全面考察艺术(包括一切艺术)的整个世界史,并且使之成为一个体系”[1]。试图将艺术理解为一个从产生—发展—高峰—衰落—终结的历史过程。应当承认,黑格尔对于艺术历史过程的描述,站在我们今天的立场反思,确实显得有些武断,有些牵强,结论也有些为时过早,但是,我们却无法否认,黑格尔对于艺术发展的历史态度,以及把艺术发展过程放到“存在”的发展过程中考察和描述的方法,是永远有效的。换一种角度说,我们可以推翻黑格尔所谓的艺术从象征到古典再到浪漫发展的具体结论,甚至可以否定包括黑格尔在内的所有“艺术终结”论,但是,我们绝不能否定艺术的辩证发展历程。

---

〔1〕 贡布里希.黑格尔与艺术史.转引自国外黑格尔哲学新论.中国社会科学出版社,1982.405.

其次，黑格尔抓住“存在”概念的辩证发展过程，作为开启美学之门的钥匙，作为思考和理解美的发展历程的根本原则。在他的笔下，“存在”从纯无的自在存在到具体的实在然后到自为存在的漫长发展过程，就是美的发展历程；“存在”的辩证发展模式，就是美的辩证发展模式。美同存在一样，呈现为一个从简单到复杂、从一般到具体、从低级到高级的发展过程。这个过程包括三个阶段：第一阶段是自然美，即从各自的分立的物体美到有系统的无机物之美，再到自然生命的美；第二阶段是自然生命的美，即从植物美到动物美再到人体美；第三阶段是艺术美，即从象征艺术的美到古典艺术的美再到浪漫艺术的美。贯穿这三个阶段的中心线索，或者说推动这三个阶段发展的根本动力，乃是“理念的感性显现”所昭示出来的理念与感性形式的对立统一。在这里，由于黑格尔紧扣存在的发展历程来展示美的历程，因此，他用“美的历史”对“美的本质”作了前所未有的深刻表达。

再次，黑格尔指出：“因为先后相承的各阶段的确定的世界观是作为对于自然、人和神的确定的但是无所不包的意识而表现于艺术形象的。”[1]由于世界的艺术史与世界的社会历史相统一的融合点是时代精神，因此，艺术史发展进程的每一个环节都体现着不同的时代精神，展示出与时代精神相应的社会历史的不同发展阶段。黑格尔始终坚信：艺术随着社会历史的发展而发展；艺术的发展归根到底要受到时代精神，即各时代社会思想文化状态的制约；人类自身文明水平的增长，人类认识能力的增强，与艺术的发展是互为表里的。在这里，黑格尔不仅发展了温克尔曼、赫尔德、

〔1〕 黑格尔. 美学：第1卷. 朱光潜译. 商务印书馆，1979. 90－91.

斯太尔夫人、席勒、施莱格尔等人的观点，把艺术的历史逻辑发展与社会自身的历史逻辑发展内在地统一起来，而且为丹纳、鲍桑葵[1]、马克思、别林斯基、克罗齐等人在历史和逻辑的统一中考察、理解艺术提供了直接的思想资源。

第六节

马克思的社会存在观念

马克思之前，西方思想史关于人的存在的思考经历了一个漫长而曲折的发展过程，其大体情形是：在古希腊，人被理解为秉具理性的自然存在物，人的存在之思从属于自然的存在之思。中世纪，上帝君临世界，神学统治一切，几乎没有给人留下任何独立存在的空间，人的存在之思也就几乎濒临绝迹。近代哲学转向认识论，人的理性的功能和意义空前地凸显出来，人的存在问题被提上哲学的日程，并且逐渐占据哲学思考的中心。康德以人为目的，通过三大批判，全面澄清和建立了人的认识主体性、道德实践主体性和情感主体性。黑格尔以其包罗万象的巨大体系，从绝对理念自我运动的全程着眼，把人的存在作为最重要的一环来思考，使人的存在之思达到了前所未有的高度。

马克思从青年时代起就致力于人的思考。他对人的存在的理

[1] 应当说，黑格尔所实现的是艺术史与审美意识，而不是美学史，他并没有以哲学史的方式整理自古以来的美学思想材料，这个工作是他的后学鲍桑葵按他的思想方式完成的。

解也有一个从"自我意识"到"人自身"再到"现实的人"的演变过程,即从理性存在到抽象存在再到社会存在的演变过程。早年,马克思受青年黑格尔派的思想影响,把人的存在本质理解为"理性"、"自我意识",并由此出发去抗击宗教,批判现存国家制度。继而,他在费尔巴哈人本主义思想的引导下,转变了关于人的观念,把人的存在看做"人本身",主张人的存在是人的最高本质。最后,他告别了费尔巴哈,把人定位于社会存在,展开他独特的存在之思。

马克思关于人的存在之思的独特之处何在?

从总体上讲,由于"马克思哲学的实质不是自然哲学,而是实践哲学;不是历史哲学,而是经济学哲学;不是逻辑学,而是法哲学"[1];因而,始终坚持从历史实践出发,从现实生活出发,从具体的社会关系出发来统一理解人的存在,就构成了马克思关于人的存在之思的基本特色。

具体说来:

第一,马克思始终从实践着眼审视人的存在,强调实践对人的存在的生成建构作用和人在实践中的能动作用。马克思认为,实践,包括人类征服、改造自然的物质生产劳动,变革现存事物、现存社会制度的革命实践,以及其他种种形态的人生实践,乃是人的本体境域,人的存在之根就深扎于实践之中。人是实践的存在者,他以实践改造自然和社会。只是在实践中,随着自然成为"属人的存在",自然界客观展开的丰富性,自然的不断人化,人才得以逐渐生成自己的五官感觉,建构自己属人的本质力量,展开和丰富人与自然、人与社会的各种实践关系。无论是作为人的实践感觉的

---

〔1〕 俞吾金.实践诠释学.云南人民出版社,2001.261.

感性,还是作为人的实践活动方式的感性,无论是人自身的存在,还是人的生活世界的存在,都是在实践中形成开拓的。在这里,马克思揭示出,所谓人,就是在实践中历史地生成建构的社会存在,或者说,是以实践的方式带上前来的历史性、社会性存在。

第二,马克思始终紧扣现实来理解人的存在。现实是人的存在的特定历史境遇。从这样一个特定的历史境遇着眼,展开对人的存在的历史性反思和现实性揭示,这是马克思的存在论区别于其他一切存在论的一个内在本性。的确,马克思终生都在思考人,但他所思考的人,不是出世之人,而是在世之人,“不是某种处在幻想的与世隔绝、离群索居状态的人,而是处在一定条件下进行的、现实的、可以通过经验观察到的发展过程中的人”;从而也是“有自由的人”,“从事实际活动的人”[1]。在马克思看来,只有这样的人,才与费尔巴哈所说的那种无世界性的现成实体,那种抽象设想、想象出来的人根本区别开来,才具有真正的历史性、社会性。正是基于对人的存在的现实思考,马克思看到:一方面,在他所处的资本主义市民社会,人的现实存在状态乃是一种异化状态。欲改变这种异化状态,必须诉诸革命实践。这样,人的存在之思就必然引向实践之思。另一方面,现实性意味着历史性,历史性意味着时间性。从而,现实性就引向时间性,人便成了时间性的存在,“时间实际上是人的积极存在,它不仅是人的生命的尺度,而且是人的发展的空间”[2]。当然,这个“时间”与海德格尔所说的时间有同也有异。相同之处是都指人生在世时间。不同之处是,在海

〔1〕 马克思恩格斯全集:第3卷.人民出版社,1960.30.
〔2〕 马克思恩格斯全集:第47卷.人民出版社,1979.532.

德格尔，时间为生存时间，它凸显人的有限性和向死而生的品格，而在马克思，时间为实践时间，它确立人作为时间性存在的实践生成性和创造性。从马克思对时间的规定，我们可以见出他在现实、实践的融合中思考人的存在的逻辑必然。

第三，马克思始终从具体的社会关系出发来思考人的存在。马克思的经典文献的确涉及过人的自然存在，并肯定人的自然存在的意义。譬如，"全部人类历史的第一个前提无疑是有生命的个人的存在，因此，第一个需要确定的事实就是这些个人的肉体组织以及由此产生的个人对其他自然的关系"〔1〕。不过应当肯定，在马克思那里，人的自然存在并没有独立的意义，而且它已经在人的社会关系中，在漫长的社会实践中，被社会形式中介化，已经渗透了社会内容，与人的社会存在不可分割。海德格尔在《关于人道主义的书信》中谈到："马克思主张要认识并承认'合人性的人'。他在'社会'中发现了合人性的人。在马克思看来，'社会的'人就是'自然的'人。在'社会'里，人的'自然本性'，这就是说'自然需要'（食、衣、繁殖、经济生活）的整体都同样地得到保证。"〔2〕马克思认为，人是关系中的存在，也只能在关系中存在，只有人才在关系中存在，"人们是什么，人们的关系是什么，这种情况反映在意识中就是关于人自身、关于人的生存方式或关于人的最切近的逻辑规定的概念"〔3〕。关系如同呼吸一样环绕人，成为人的存在的根据。关系不以人的主观意识和意志为转移。人可以改变关系，但不能自由地抛弃或选择关系。只要是人，他自始就在

〔1〕 马克思恩格斯选集：第1卷. 人民出版社，1995. 67.
〔2〕 海德格尔选集：上卷. 孙周兴选编. 上海三联书店，1996. 364.
〔3〕 马克思恩格斯全集：第3卷. 人民出版社，1960. 200.

关系中存在。但关系不是现成的主客体关系，不是概念中的逻辑关系，而是在生活实践中产生、形成和发展的人与自然的关系、人与社会的关系，“这样，生活的生产——无论是自己生活的生产（通过劳动）或他人生活的生产（通过生育）——立即表现为双重关系：一方面是自然关系，另一方面是社会关系”〔1〕。在马克思看来，关系虽有人与自然的关系、人与社会的关系的分别，但人与社会的关系，尤其是社会生产关系却具有本体论的意义。因为，“只有在社会中，人的自然的存在才成为人的属人的存在，而自然界对人说来才成为人”〔2〕，同时，社会关系，尤其是社会生产关系直接体现着人的社会存在本质和存在方式，并与本体论意义上的革命实践直接相关。从而，马克思不仅在现实社会关系上确立人的存在本质，认为人的本质“在其现实性上，它是一切社会关系的总和”〔3〕；而且把人的终极关怀始终指向人的社会存在状态和社会关系的变革。

在马克思那里，实践、现实和具体社会关系是一个相互联系的统一的整体视野，彼此之间不可分割。马克思就是从这个统一的整体视野去审视、思考和理解人的存在的。因此，他既不同于先前的哲学家只是从自然与社会、感性与理性、灵与肉的二元分立思考方式去理解人的存在；也不同于后来的海德格尔从人与世界源始相关的纯粹生存论结构去思考人的存在。

马克思的存在论启示我们，本体论意义上的存在，不是形而上学所探究的那种终极客体、自然实在，而是人的存在。而本体论意义上的人的存在，不是人的自然存在，而是人的社会存在。本体论

〔1〕 马克思恩格斯全集：第3卷．人民出版社，1960．33．

〔2〕 马克思．1844年经济学—哲学手稿．刘丕坤译．人民出版社，1979．75．

〔3〕 马克思恩格斯选集：第1卷．人民出版社，1995．56．

意义上的社会存在，不是认识论所说的客体存在和现成存在，而是实践存在，即以实践的形式带上前来的、生活在现实社会关系中的存在。美学要寻找存在论的根基，就得返回到这种实践存在。

第七节

现代人文主义存在观念

一、叔本华的存在观

叔本华认为，从笛卡尔到黑格尔的理性主义哲学家，统统颠倒了意志与理性的关系，违背了基本的常识：人是由于有意愿才去认识他需要认识的东西的，意志先于认识，高于认识，并派生认识。"意志是第一性的，最原始的；认识只是后来附加的，是作为意志现象的工具而隶属于意志现象的。因此，每一个人都是由于他的意志而是他，而他的性格也是最原始的，因为欲求是他的本质的基地。由于后加的认识，他才在经验的过程中体会到他是什么，即是说他才认识到自己的性格。所以他是随着，按着意志的本性而认识自己的"〔1〕。认识是随着意志现象的客体化而出现的。认识的内容、方法、形式都存在于个体化原理之中，以根据律为依托。认识活动只是意志理解自己、达到自身的工具，只能为意志提供动机，只能变更意志的方向，而决不能变更意志本身。"认识本来是

〔1〕 叔本华. 作为意志和表象的世界. 石冲白译. 商务印书馆，1982. 401－402.

命定为意志服务的，是为了达成意志的目的的。”[1]

叔本华的存在论意味着西方存在哲学的一种转型：

首先，从客观本体存在转向主观本体存在。自古希腊开始，人们一再运用理性的方法，探究世界的本质、宇宙的本源，认为现象世界是杂多的、变化的，也是不真实的，在这个不真实的经验世界之上或背后一定有一个恒定齐一的实体世界、“存在”世界。近代以来，理性主义哲学家试图到所谓的客观世界中去寻找永恒不变的本质和规律，以为只要研究并发现支配宇宙万物的秩序和规律，也就找到了人类社会的根本秩序和人类生活的最高准则。叔本华把意志确立为世界的本体，就从根本上打破了这一局面，将“存在”从传统的客观本体转变为主观本体。

这一转向从两个方面凸显出来：一方面，意志本身就是主观性的；另一方面，只有“我”才能对表象和意志活动加以认识。在日常用语中，“意志”只是表达一种意愿、决心、毅力、欲求，即一种流动的、理智与激情相混合的状态，虽有主观性的特征，但不具有恒常的、永在的本体意义。在哲学史上，柏拉图曾把人的心灵结构区分为理智、意志和情欲三个部分，意志属于心灵结构的一部分，虽然具有主体性，但没有本体性。从古希腊，经中世纪，一直到康德，意志都只是属于主体的、现象的和表象的，并不具有本体性质。只是到了叔本华这里，主观性的意志才被提升到本体的高度，整个世界才被理解为意志的客体化存在。

叔本华认定，“世界是我的表象”，同时，“世界是我的意志”。人们一旦认识了这个真理，“就会清楚而确切地明白，他不认识什

[1] 叔本华. 作为意志和表象的世界. 石冲白译. 商务印书馆，1982. 220.

么太阳，什么地球，而永远只是眼睛，是眼睛看见太阳；永远只是手，是手感触着地球；就会明白围绕着他的这世界只是作为表象而存在着的；也就是说这世界的存在完全只是就它对一个其他事物的，一个进行'表象者'的关系来说的。这个进行'表象者'就是人自己"[1]。在这里，叔本华断然否定了传统哲学以客观本体为中心的存在观，高扬人的主体存在，为西方现代人本主义的存在论奠定了基础。

其次，从上帝世界转向人生世界。传统哲学对理性的重视必然导致主客分立的二元论和对上帝的信仰。叔本华认为，康德是摇摆不定的，他一方面限定理性只能认识现象，不能认识自在之物，不能形成关于上帝的知识，上帝没有任何客观实在的意义；另一方面却又通过自在之物的设定而为上帝保留了地盘。叔本华用意志取代了康德的自在之物，使哲学从对上帝世界的关注转向对人生世界的关注，从对彼岸世界绝对价值的寻找转向对人自身存在价值和意义的寻找。从这个意义上来说，叔本华的哲学确实是一种人生哲学。金惠敏在《从超绝到经验——论叔本华哲学的经验主义趋向》一文对此作过评价："他的确是以其特殊的'意志'发动了一场哲学上以至文化上的革命的，德国哲学终于因而在其真正的和最大可能地完全的意义上走上了一个新的即世俗化的、人化的和内在化的方向。如果说在这一方向上叔本华对于尼采、哈特曼、狄尔泰等人的影响是直接的、显在的因此也是无可争议的，那么胡塞尔的'生活世界'概念以及哈贝马斯对它的改造和发挥，海德格尔以'此在'为对象的'基本本体论'，舍勒的哲学人类学，

[1] 叔本华. 作为意志和表象的世界. 石冲白译. 商务印书馆，1982. 25.

卡西勒的文化人类学，等等，叔本华于其中的作用虽非直接和显在，但应当也是不难想象的。”〔1〕

叔本华抛弃理性思辨哲学，注重人的非理性的感性存在，这必然导致对审美直观的重视。在叔本华看来，直观是优于理性的。理性定义只能从直观中获得内容来形成抽象概念，进行抽象思维，直观才占有一个本源性的地位。直观不是像概念那样建立在主体与客体的二分关系之上，而是建立在主体与客体直接统一之中，这种统一只能借助于直观者本身的体验才能存在。直观就是审美的方式。叔本华认为，我们通过审美直观，能够认识世界的本质就是意志，人生痛苦的真正根源就是意志。我们一旦获得这种纯粹认识，就会踏上清心寡欲之途，达到宁静愉悦的状态，甚至会彻底否定生命意志。这是理性认识永远也无法产生的拯救痛苦人生的功能。所以，叔本华指出，审美作为直观，高于理性认识，理性至上应当让位给审美至上。由此，叔本华实际上为现当代诗化哲学的诞生开了先河。以后，尼采、柏格森、海德格尔等现代哲学家，主张哲学与艺术的结合，甚至用艺术取代哲学，从渊源上说，都与叔本华的审美直观论紧相联系。刘小枫《诗化哲学》说得好：“审美直观直接指向作为终极实在的意志，不是去认识它，不是把它作为涉及实在的真理之源来理解，而是像神学中的信仰和启示那样，达到一种彻悟，进而摆脱意志的束缚，使自己成为纯粹的、无意志的、无痛苦的、无时间的认识主体。这就是叔本华的本体论的诗化。”〔2〕“生存本体论的确立又引起了诗的本体论的转换，即走向了本体

〔1〕 金惠敏. 从超绝到经验——论叔本华哲学的经验主义趋向. 哲学研究，2000(10).

〔2〕 刘小枫. 诗化哲学. 山东文艺出版社，1986. 118.

论的诗。诗不再是去意指实在的绝对本体，而是生存本体自身的诗化，是感性存在自身的诗意的显现。”[1]

二、海德格尔的存在观

（一）前期的“此在”存在观

海德格尔对存在的思考可以称为反思。反思就是以一种怀疑与颠覆的态度思考传统的存在论。经过反思，海德格尔看到，几乎从苏格拉底开始，西方哲学家就企图依靠理性来寻找那个终极的“什么”，通过“什么”来言说“存在”或者“是”，酿成了长达两千年的存在之蔽。这个存在之蔽起因于存在论中的答非所问。所谓答非所问，指叩问的是“存在”，用来回答的却是“存在者”，追问的是“是”，说出的却是“什么”，欲加探索的是“无”，把捉的却是“有”，即一切显现出来、受时空限制、可以认识和言说的对象。海德格尔指出，正是这种答非所问，造成“存在者”对“存在”的遮蔽，“什么”对“是”的遮蔽。换个角度说，虽使思想有了对象，但却使“思”一再无所依据。正如《存在与时间》的扉页所述：“当你们用到‘是’或‘存在’这样的词，显然你们早就很熟悉这些词的意思，不过，虽然我们也曾以为自己是懂得的，现在却感到困惑不安”，由此，海德格尔提出一个重要的方略，哲学要回复到真正的本体论，就必须追问存在本身，重新提出存在的意义问题[2]。

海德格尔前期是通过“此在”来思考存在的意义的。

---

[1] 刘小枫. 诗化哲学. 山东文艺出版社，1986. 113.

[2] 海德格尔以着重号对“意义”加以强调，我们以为至少表明两层意思：其一，存在不是实体之在，而是意义之在；其二，存在只能由人的生存牵挂在场。

“此在”一词最初见于康德的著述，康德用这个词表示确定性的和对象性的“存在”。以后，黑格尔沿用“此在”的基本含义，并将它列为存在的第二个环节。海德格尔一方面通过对“此在”一词的沿用，保持德国人讨论存在问题的思路、气派和风度；另一方面又赋予这个词以全新的含义，并以它为绝对基点，重新切入存在问题，形成以此在为中心的存在论，即“此在的基础存在论”。

全面解释海德格尔的“此在的基础存在论”是一项极其艰巨的任务。我们只拟扣住思考方式作一些粗浅的解说。

海德格尔如何看待我们存在问题的发问？他以为，我们向存在发问，不能像形而上学那样把存在当做一个终极的实体来问，也不能像认识论那样把存在当做客体对象的本质属性来问，我们的发问一开始就指向存在“意义”的寻求：“任何发问都是一种寻求”，可是，“任何寻求都有从它所寻求的东西方面而来的事先引导”[1]。是什么来引导我们提出存在的意义问题？海德格尔认为，我们在自己活动中总已处在对存在的某种领会之中了。我们对存在的发问，意味着对存在的切身领会；我们对存在的切身领会，意味着我们的生存实践；这是探究存在问题不可怀疑的第一个前提。

第二个不可怀疑的前提是：存在总是某个存在者的存在，这也就是说，我们只能从存在者身上逼问出他的存在来。决没有超越于存在者之上的彼岸的“存在”，“存在”就是包括此在在内的所有世界内有存在者的“存在”。

那么，在所有的世内存在者中，哪一个存在者在先地领会着

[1] 海德格尔.存在与时间.陈嘉映，王庆节译.北京三联书店，1987.6.

“存在”并向“存在”发问？这样一个存在者至关重要，它是我们思考存在意义问题的根本起点。海德格尔的意见是，这种在先地领会着“存在”并向“存在”发问的存在者，只能是生存着的我们自己，也就是“此在”。

同其他一切存在者相比，此在具有三层优先地位。第一层是存在者层次上的优先地位：这种存在者在它的存在中是通过生存得到规定的。第二层是存在论上的优先地位：此在由于以生存为其规定性，故它本身而言就是‘存在论的’。而作为生存之领会的受托者，此在却又同样源始地包含有对一切非此在式的存在者的存在领会。因而此在的第三层优先地位就在于：它是使一切存在论在存在者层次上及存在论上都得以可能的条件[1]。这三个层次上的优先地位集中体现和揭示出“此在”的存在论意义：此在必须在存在论上先于其他存在者而首先被问到；其他存在者的存在只有通过对此在之存在的揭示才能被领会。

于是，海德格尔的整体思路就敞亮出来：“存在”意义只能由“此在”，也就是生存着的人来解说，而在解说之前，人已对“存在”有一种在先的领会，这是因为人本身处在自身的“生存”中，而生存本质上就是去存在，这种去存在也就构成了此在的“存在”。其他存在者的存在都是围绕着此在的“生存”而展开的。

应当承认，海德格尔的此在存在论是有缺陷的。譬如，它把人的存在视为世界的存在的前提，这就只能达到对人的存在的揭示，而不是对“存在”本身的揭示；又如，它只是讨论了此在的时间性，还没有深入到“存在”的时间性。但是，此在的存在论在思考方式

---

〔1〕 参见海德格尔. 存在与时间. 陈嘉映，王庆节译. 北京三联书店，1987. 6－18.

上却给我们带来多方面的启发,其中最重要的有两点:一是从存在者与此在一体圆融的始源关系入手,把存在理解为此在的生存所牵挂和开显的存在,并且将所有存在者的存在都纳入此在的生存中,视其为此在之存在的显现;二是把“时间”引入存在问题,从时间的角度探究存在,使存在在时间的地平线上得到最源始的解释,使存在问题的研究进入前所未有的深度,并在生存论中形成的存在的非现成性识度也因为时间之流而显得极为灵妙。这两点表明,海德格尔已不单纯是思考“什么是存在”,而是从“存在”问题起源的角度来思考这一问题的各个环节之内涵,从而摆脱了以往存在论所常有的神秘性与先验性。

(二) 后期的“大道”存在观

海德格尔后期对存在的追问起步于如下问题:“存在”与“存在者之存在”有什么区别? 按他的说法,传统存在论一贯采用对象性思考方式把握存在,要么把存在理解为终极的实体,要么把存在理解为最高的属性,总之以“存在者”取代“存在”,而遗忘了“存在”的本真意义。这种情况下,人们已经弄不清楚存在者和存在有什么区别,总是误把存在者当做存在,导致存在的被遗忘状态。这样,虚假的存在就取代了本真的存在。

本真的存在是怎样的? 海德格尔通过“在”的字源学和词源学发现,希腊人有一种“揭示存在的热情”,一种寻找世界开端和始基的热情。但是,无论泰勒斯所谓的“水”,还是赫拉克利特所谓的“火”,德谟克利特所谓的“原子”,都是以一种存在者来表象存在本身的。海德格尔指出,只有当希腊先贤超越以存在者表象存在本身的思考,力图把捉那么具有超越意义的存在,才可能真正进入存在问题的探究,才是存在论思想的真正开端。开端,海德格尔认为就是 physis。

physis 在希腊人那里用来指称存在者整体，也就是“存在”。它在希腊文中被译为“自然”，在拉丁文中被译为“出生”、“诞生”。海德格尔说，physis 的拉丁文译名毁坏了该词本来的哲学的命名力量；physis 的实际意思是“自身绽开，说的是揭开自身的开展，说的是在如此开展中进入现象，保持并保留于现象中。简略地说，φύεις就是既绽开又持留的强力”[1]。这就是说，physis 的原意是“出——现”，是显现，是全部显现的过程之和，是永不停息的涌动，而不是显现的结果。既然如此，所以，对存在的“发问辟头就不许驻足于无生命物、植物、动物等等这个或那个自然的领域”[2]，而应当是对存在者的超越。

海德格尔的存在观，表面看来相当晦涩，实际上却非常亲切。你看，存在是什么？海德格尔告诉我们，就是展现在我们面前的这一切，是我们立身于其中的世界整体。与形而上学对存在的规定相比，这是一个何等朴素的答案，一个何等直截了当而又简洁通俗的答案。

当然，海德格尔素朴的答案中蕴含着一个不可回避的问题，那就是，如果存在是“出现”，是被带上前来，那么，存在从哪里“出现”？进一步，如果存在是存在者整体的最高概括，而存在者整体“是一种发生着和主宰着局面的根本存在域”[3]，它的“出现”，是“无”的“在场”，是“无”显现为“有”，那么，这个“无”又当如何理解？诸如此类的问题，海德格尔归纳为所谓形而上学的基本问题：

---

〔1〕 海德格尔. 形而上学导论. 商务印书馆，1996. 15－16.

〔2〕 同〔1〕. 18.

〔3〕 张祥龙. 海德格尔与中国天道. 三联书店，1996. 53.

为什么存在在而无却不在?

从思考方式的角度讲,这个形而上学的基本问题其实早已超出了形而上学的范围。我们知道,形而上学原本建立在思考"存在者"的基础上,也就是思考"有"的基础上,对"无"的追问,是一种比形而上学更源始的追问。海德格尔凭什么理由把"无"的追问看做形而上学的基本问题?他的理由想必是,"无"的追问实质上是在追问形而上学的根基所在,在对"有"与对"无"的操思之间,蕴藏着比形而上学更源始的希腊智慧。

这个更源始的希腊智慧就体现在"一",也就是 physis 与 logos 的统一。根据海德格尔《形而上学导论》的考察,在希腊思想的发源处,存在论大致两种原初的意旨,它一方面用以"描述一种自然而然的发生过程,一种'自己生长起来'、'自身展露出来'的大自然状态;另一方面又指这种展露着、生长着的自然过程所具有的一种力量、一种控制力量和集聚力量。正是由于这种自然发生和自然集聚的力量,自然界的万事万物才得以出现和存留"[1]。这里的集聚,就是逻各斯(logos)。逻各斯与存在是一体的,两者都是对从隐到显这一过程的表述。

海德格尔认为,存在者是在场的。在场就是纯粹的显像,就是"出——现"。"出——现"就是存在者无遮无碍地入"场",由隐而显地进入无蔽境界,也就是去蔽而入于无蔽。事物无遮无碍地展现出来,存在者无所遮蔽地"出——现",即为"真理"。这当然是最源始意义上的真理。这种真理是一切认识论意义上的真理的根本基础。

---

〔1〕 王庆节.解释学、海德格尔与儒道今释.中国人民大学出版社,2004.56

按海德格尔的想法,存在的未显现是"有",存在的未显现之域是"无"。无是有所从之出,但是,有无是共属一体的,共属于在场,这就是存在之在和无之在,"即使我们是在完全非在场的意义上意指虚无,虚无也作为一种在场的可能性而不在场的属于在场"[1]。这样一来,海德格尔就把"存在"概念与现象学的"在场"结合在一起了。

严格地说,"在场"所揭示的还只是存在者之"存在",并不是"存在"自身。这个存在自身,海德格尔称之为 ereignis。ereignis 一词指称着这样一种思考方式和思想境界:以往的"存在"总是从两个维度来确立存在的内涵,要么是用世界之外的超验之物,如上帝、绝对精神和理念等来规定存在,要么是从主体性的"我"、"意志"、"纯思"等来规定存在。现在,ereignis 这个词就是尝试采用一种能够摆脱二元对立模式来思考存在,建立涵盖主客、统一主客的存在观。

ereignis 的内涵是丰富的,是一个有机整体,它包括以下几层含义:第一层是无蔽、澄明,也就是存在者如其本然的显现自身,不带任何主观色彩,没有任何遮蔽。在这里,无蔽、澄明是一个境域,正是在这境域中,存在者才显得通透,只有在这一境域中在场,才算作存在者的存在。第二层是涌现、聚集。存在者从遮蔽之中冲出,由不在场而在场,涌入我们的视域而展现自身,构成的一个澄明之境。这既是一个解蔽过程,也是一个聚集过程。第三个层是遮蔽、隐匿,是存在者从中而出的最源始的黑暗,即"无"。有从无中来,从隐而显。隐匿、遮蔽是一切的起源,"遮蔽乃是作为无蔽

[1] 海德格尔. 海德格尔选集. 孙周兴编译. 上海三联书店,1996. 634.

的心脏而属于无蔽”[1]。这正合中国古代老子“无,名万物之始”之意。

ereignis 不是静止的,而是纯粹的运作,是存在与时间的共属一体,是隐与显的交融。所以,海德格尔从 ereignis 中领会到一种称为“诗意”的东西,这就是天、地、神、人四重奏。ereignis 揭示着原始的统一性——天、地、神、人“四方”归于一体。“大地是承受者,开花结果者,它伸展为岩石和流水,涌现为植物和动物”;“天空是日月运行,群星闪烁,四季轮转,是昼之光明和隐晦,是夜之暗沉和启明,是节气的温寒,是白云的飘忽和天穹的湛蓝深远”;“诸神是神性之暗示着的使者。从神性的隐而不显的运作中,神显现而入其当前,或者自行隐匿而入于其掩蔽”;“终有一死者乃是人,人之所以被称为终有一死者,是因为人能够赴死。赴死意味着能够承担死亡,唯有人赴死,而且只要人在大地上,在天空下,在诸神面前持留,人就不断赴死”。四方融为一体,只要我们思及其中的任何一方,就已经一道思及其他三者。四方是一个相互勾连的整体,你中有我,我中有你。海德格尔以桥和壶为例“道说”了四方的一体实现:桥把河流、河岸和陆地带入相互的邻近关系中,把大地聚集为河流四周的风景,为终有一死的人提供道路,作为飞架起来的通道,桥聚集在诸神面前,“桥以其方式把天、地、神、人聚集于自身”。壶容纳和承受被注入的东西,然后又倾倒出来。它倾倒出来的,总是天地之产物,总是为人之物,也可用来祭神。在壶中,天、地、神、人四方也聚集为一体。推而广之可以说,任何存在者之存在都是四方的统一。

〔1〕 海德格尔.海德格尔选集.孙周兴编译.上海三联书店,1996.1259.

天、地、神、人的四方一体,构成了海德格尔后期存在论的坚核和精髓,展示出海德格尔后期对存在问题的诗意思考。在西方存在论史上,除了中世纪神学对上帝的存在追问之外,所有关于存在的探索实际上都是在思考"存在者之存在",或者说为存在者的存在找根据。因此,所有的存在概念,我们都能用"本质"、"形式"、"质料"、"相"、"实体"、"实存"等概念来解释。海德格尔看到,"存在"却是不可言说的"无",就像上帝的存在一样,是最深的黑暗,也是最亮的光明,是终极性的"一",是不可言说的神秘,需要超越"存在者之存在"而直接追问。海德格尔的存在论思考就给出一个通达存在的道路。

三、克尔凯戈尔的存在观

克尔凯戈尔的存在论是对黑格尔存在论的反叛。黑格尔存在论从绝对精神出发,片面关注人的全体,贱视人的个体,仅仅在理性、思维中演绎人的存在,而遗忘了在具体历史进程中的个体存在。克尔凯戈尔慧眼看出,黑格尔虽然创造了有史以来最为完整的思想体系,但他恰恰遗漏了哲学最重要、最庄严的主题,这就是存在(exist)。克尔凯戈尔的思考主题始终是存在问题,他的存在论的思想聚焦始终是人的存在。从思考方式上讲,克尔凯戈尔区别于其他存在论思想家的特色是,从"孤独的个体"出发,一方面强烈地关注感性个体的生命存在个体生存状态,另一方面始终让感性个体人生牵挂着上帝,面向上帝飞跃,从而力图追溯人的存在的本真境域和无限可能的领域,消解存在的理性思考方式和存在的知识论体系。

克尔凯戈尔认为,只有个人才是存在着的人,"存在"仅仅是一个适用于个人的概念;感性个体的生活过程,包括自我参与、自由选择以及自我实现,构成了存在的基本内涵。每一个感性个体都可以按照自己选择的独特方式来生活,他的存在都有族类的本质无法包容的东西,从而不能由族类的本质所规定。按克尔凯戈尔的思考,"存在"的拉丁文意思是"站到之外",这个"之外"暗示着一种生活的可能领域。按照可能性来划分,人有三种最基本的存在方式,即为履行责任而生活的伦理的存在方式,为服从上帝而生活的宗教的存在方式,为追求瞬间快乐而生活的审美的存在方式。这三种存在方式实际上就是三种存在的可能性。感性个体存在,至关重要的就是要站到有待实现的无限可能的生活领域,去自由地选择和实现一种特殊的可能生活。所谓自由,就是个体自己参与生活的过程当中所面临的、不受任何他者他物左右的自由选择。这种自我参与、自由选择,不仅是个人责任感形成的根源,而且是个体存在自我实现的前提。克尔凯戈尔描述说,真正存在着的人应当如同驾着飞马纵横驰骋、在驰骋中自由选择自我实现的人,瞌睡沉沉、任马行止者,与动物并无二致,动物的特征正在于只能按照种类规定的方式存在。

克尔凯戈尔看到,存在乃是一个由低级向高级不断飞跃的过程,这一过程充满了生活的辩证法。不过,他所谓生活的辩证法与黑格尔所谓观念的辩证法是有重大区别的:黑格尔的观念辩证法没有给感性个体留下任何独立的空间和地位,个体总是要在庞大的整体框架中才有意义,同时,观念的辩证运动全由理性来推动;克尔凯戈尔的生活辩证法本身就是感性个体的自我实现过程,整个辩证运动过程的致动因就是感性个体的无理性心理。

克尔凯戈尔对群体、集体、整体、理性、思辨等抱有一种强烈的敌意,对个体的非理性、独立性、自由性、实践性等等则持有一种强烈的维护意识。"一个群体,不管是这一个群体还是那一个群体,不管是现存着的还是消亡了的群体,不管是卑贱的还是高贵的群体,富人的还是穷人的群体——一个群体在概念上就是错误,因为它把个人变得彻底的顽固不化与不负责任。"[1]在克尔凯戈尔看来,存在本来是排斥理性、与思辨绝缘的,它不是传统哲学所描述的那种脱离人的生存和生活的自然物质存在,而是在生生不息的人生进程中的体验的、实践的存在。存在不是依靠逻辑证明、理性求索的认识对象,而是一个具有无限发展可能性、无法知识化的实践领域。存在不是从理性中演绎出来的通过概念思维表达的种属存在,而是必须通过人的亲身经历和主观体验才能领略到的感性具体的个体存在。

克尔凯戈尔把人的存在称为"孤独的个体"或者"主观思想家"。所谓"孤独的个体",是指独特存在着的个人。所谓"主观思想家",则是对"孤独的个体"的进一步揭示。它揭示出个体存在的实质在于他的主观性,即每个人内心中所具有的独一无二的生存经验感受。作为"孤独的个体",他的生活辩证法开始于感性阶段,继而飞跃到伦理阶段,最后飞跃到宗教阶段。克尔凯戈尔以"孤独的个体"或者"主观思想家"标举人的存在,意味着人在其存在途中只能倾听自己的声音,体验和感受自己的存在状态,而与他人无关,也不能参与他人的社会。这样,克尔凯戈尔力图克服传统理性主义存在论,尤其是黑格尔存在论理性与感性两分所造成的危机,但他自身却又陷入人与他人、人与世界彼

〔1〕 转引自赵敦华.西方人学观念史.北京出版社,2005.482.

此分裂的困局。

顺理成章，克尔凯戈尔不能不重视存在的内在体验。因为，每一个感性个体在生活辩证运动过程中的每一个飞跃的时刻，都可能怀抱着一种面临选择而又无法确定选择的畏惧感。譬如，“感性阶段的‘绝望’，伦理阶段的‘犯罪感’和宗教阶段的‘荒谬感’”[1]。克尔凯戈尔指出，正是感性个体在飞跃过程中面临自由选择所产生的内在体验，揭示了实践的真理，揭示了存在的真谛。

克尔凯戈尔以“孤独的个体”来理解人的存在，具有重要的意义：首先，他揭露了黑格尔从理性出发演绎存在的弊端，揭示了理性在存在论上的荒谬和无能，颠覆了传统的理性主义存在模式；其次，他初步完成了现代人本主义存在论思想视角和思考方式的重大转换，即由超绝的永恒的实体存在转向处在生活中心的具体的人的存在，由理性的种类存在转向感性的个体存在，由现成的存在转向具有无限发展可能性的存在。但是，克尔凯戈尔的存在论滋生出了新的矛盾，这就是他一方面使人的存在返回生活世界、实践世界、体验世界，另一方面又由于把人的存在视为“孤独的个体”，从而使人与世界隔离开来。

四、雅斯贝斯的存在观

雅斯贝斯与克尔凯戈尔关于“存在”的思考较为接近，他把人的存在理解为一个不断自由地超越现有存在境遇的过程，并且把“上帝”设定为存在的终极目标，整个人生超越过程不可超越的存

[1] 赵敦华. 西方人学观念史. 北京出版社，2005. 483.

在者。

雅斯贝斯是在区分哲学与科学的基础上解说“存在”问题的。他认为,“存在哲学”是与“科学”相对的概念。科学把存在包括人的存在当做客体,将存在分割成各种层面,然后单刀直入探究其中的某个方面;同时,科学追求公认的确定性,“科学的事实知识并不是存在知识。科学知识是特殊的,是关涉一定对象而不关涉存在本身的”,“科学知识不能给生活提供任何目标”,“科学不能回答关于它自已的意义问题”[1]。哲学则不同,它探寻个人作为整体存在的意义,以个人存在作为思考的中心和方向,注重来自个人内在的体验、领悟和思维的自由创造,致力于阐明和实现思想者本人的存在。可见,雅斯贝斯关于存在哲学的定位,带有非常鲜明的现代特色。

雅斯贝斯认为,存在不能由认识论来思考,“任何被认识了的存在,都不是存在本身(das sein)”[2],不仅如此,存在一旦变成认识对象,就会消沉自毁。正如康德所说,世界本身的存在不是我们的认识对象,而是一种观念,我们所能认识的一切事物都在世界里,决不就是世界本身的存在。存在是无限的“大全”,认识论永远无法达到存在的视野边际,无法以存在为思考对象。“对我们来说,存在永远没有尽头,永远是没封闭的;它把我们引向四面八方,而四面八方都是无边无际的。它永远让我们发现还另有新的有规定的存在。”“这个存在,我们称之为无所不包者,或大全(das Umgreifende);它不是我们某一时候的知识所达到的视野边际,而

〔1〕 雅斯贝斯.生存哲学.转引自俞吾金.二十世纪哲学经典文本(欧洲大陆哲学卷).上海译文出版社,1994.358.

〔2〕 同〔1〕.362.

是一种永远看不见的视野边际，一切新的视野边际却倒又都是从它那里产生出来。”[1]

与克尔凯戈尔接近，但又有别，雅斯贝斯也以个人的自由为出发点展示个体的存在，并认为自由是面对上帝的自由，同时也把个体的存在理解为对未来可能性的自我设计与实现；不过，克尔凯戈尔用于生活辩证法中的“飞跃”，在他这里变成“召唤”。雅斯贝斯提出，个体的存在不是实体存在、事实存在、现成存在、已经存在，而是可能存在、未然存在、意义存在、生成存在。他说：“我不是存在着，而是可能的存在；我没有自我，而是正在达到自我。”[2]雅斯贝斯描述，人的存在过程经历了三个阶段，即世界阶段、生存阶段和超越阶段。在世界阶段，人作为世界的一分子存在，是固定的、受制于必然性的。进入生存阶段，人被看做非固定者和未完成者，人一方面意识到自身的有限性，另一方面又能见出自身牵挂的无限性，从而把自己理解为有限性与无限性的综合体，进入一种临界处境(grenzsituation)。临界处境实际上意味着人处在死亡、苦难、罪孽等等不确定状态时所产生的自我迷失。雅斯贝斯指出，在临界处境中，若能发现超越的存在者，就能跃出生存状态，进入超越阶段，化解一切隔膜、分裂，到达“大全”之境。

根据雅斯贝斯的观点，哲学寻求的存在，乃是超乎客体之上的无所不包的“大全”(das Umgreifende)。“大全是那样一种东西，它永远仅仅透露一些关于它自身的消息——通过客观存在着的东西和视野的边际透露出来——但它从来不成为对象。它是那样一

[1] 雅斯贝斯.生存哲学.转引自俞吾金.二十世纪哲学经典文本(欧洲大陆哲学卷).上海译文出版社，1994.363.

[2] 转引自汉斯·萨内尔.雅斯贝尔斯.中国社会科学出版社，1992.162.

种东西,它自身并不显现,而一切别的东西都在它的立面对我们显现出来。它同时又是那样一种东西,由于它,一切事物不仅成为它们各自直接显现的那个样子,而且还都继续是透明的。"[1]

雅斯贝斯指出,大全无所不包,是超越的存在者,是一切存在的基础和源泉。不过,大全是无限的、多义的、不可穷尽的,它不能成为认识对象,而只向朝着未来可能性不断自我设计与自我实现的人透露零星半点的"密码",并且即使是些微"密码",人还不可能完全领悟。这个"大全",其实就是上帝,也类似海德格尔所说的"存在"。按雅斯贝斯的说法,大全的样式有二,一是存在自身在其中显现的大全,叫做世界;二是我和我们自己所是的大全,叫做一般意识。"大全"按下列步骤发展出四种存在方式:第一步,一般大全分解为存在自身的大全和我们自身的大全;第二步,我们自身的大全分解为我们的实存(又译此在)、一般意识、精神;第三步,从内在存在达到超越存在;第四步,生存(existeinz)。

在以上四者中,唯有生存才能揭示人本身的真正存在及整个世界的存在。处在生存状态的人面临着不确定性的可能性,他必须超越自身进行选择,朝向超越存在。所谓超越存在,并非指造物主,而是绝对的现实性,表现在世界和人的存在之中的世界本身、世界与人、人与人之间的统一性的实现。

雅斯贝斯从人类历史进程着眼,把轴心时代理解为人类的精神突破。他指出,虽然人的存在是有限的,因而也是历史的,人总是处在某种环境中的个体存在,死亡、偶然性、罪责以及世界的不确定性等"临界处境",是人的生存所不可回避和改变的世界因

〔1〕 转引自汉斯·萨内尔.雅斯贝尔斯.中国社会科学出版社,1992.363.

素，也是人的生存和历史性的标志，尤其是最近一个世纪以来，整个时代特征已经有所改变，时代重心转到了平均化、机械化、大众化，已不再有任何个人的独立存在，而只还有任何人都能代替任何人的那种实存[1]，科学主义的思考方式取代了哲学的思考方式。这种情况下，人们已经从根本上忘却了存在与生存意义的追寻，人的存在的有限性以更尖锐的形式凸显出来。但是，人类曾经在公元前800年到公元前200年之间，经历了思想史上最为激动人心的“轴心时代”。在这个时代，古中国诞生了孔子和老子，古印度出现了《奥义书》和佛祖释迦牟尼，古伊朗出现了查拉图斯特拉创立的宗教，古希腊产生了荷马史诗和一批哲学家。总之，人类实现了全面的精神突破和人性的全盘改造，开启了自由超越的历史行程。不仅如此，“人类一直在靠轴心时代所创造的一切而生存，每一次飞跃都要回顾这一时期，并被它重燃火焰”[2]，从它获得超越于所有信仰之上的人类共同信念和揭示人类共同未来的崭新视角。雅斯贝斯预言，全体人类生存景况的恶化，会使我们迎来以存在哲学为主题的第二个轴心时代。

五、现代存在观与美学思考

现代存在论对存在问题作了比较彻底的讨论，它提出的许多观点，诸如世界是存在的显现，历史是存在的时间性，人是存在的看护者，只有感性个体的此在生存才能把存在带上前来，精神的各个方面都可以成为“存在”的某个环节等等，都极大地超越了传统

[1] 转引自汉斯·萨内尔. 雅斯贝尔斯. 中国社会科学出版社，1992. 354.

[2] 雅斯贝斯. 历史的起源和目标. 华夏出版社，1989. 14.

存在论的存在观念，全面揭示了“存在”概念的现代内涵，并给美学研究带来深刻的启示。

这主要有如下方面：

现代存在论旗帜鲜明地联系人的存在思考存在。譬如，海德格尔提出“此在在世”，克尔凯戈尔提出“只有个人才是存在着的人”，雅斯贝斯提出“个人就是整体存在”。他们或者主张只有人才存在，或者主张只有人才显现存在，或者把存在看做由人生在世的过程中带上前来的意义之在，总之一句话，存在问题不能别开人来谈。同时，现代存在论又从最深邃的层面上把“美”与“存在”内在地关联起来，提出“美是作为无蔽的真理的现身方式”的基本命题，认为“存在”即是美的本质和本源，“美”是“存在”的显现，“对存在的观照是人的本质特有的，因此，只有当我们弄清了对存在的观照不是作为人的一种纯粹的附属物而出现时，他才可能作为一个人被理解。对存在的观照作为他最内在东西而属于他”。“需要那种使存在之观照的这种恢复不断复活与维护成为可能的东西，那只是某种直接的、在被遭遇之物的变动外表中显示存在的东西，完全陌生而又是易见到的东西。在柏拉图看来，这就是美。”[1]这样一来，现代存在论就突破和颠覆了传统存在论把存在，包括美的存在统统理解为物质存在和物质属性的实体化观念，从而给现代美学开辟了一条从意义存在着手思考解说美的新途径和新思路。

在现代存在论看来，语言原本是存在的家园，但现代人生活的

---

〔1〕 以上引文见海德格尔 Nietzsche Volume Ⅰ：The Will to Power as Art, trans D. F. Krell Routledge & Kegan Paul London and Henley, 1981. 189.

世界充斥着悄无声息的语言暴政，一切公众对话的工具都由语言所主宰。这种语言暴政带给现代思想的厄运，就在于它扼杀了“思”，遮蔽了存在，葬送了哲学。另一方面，科学技术的无限膨胀，异化现象的日趋严重，致使现代人追名逐利，劳形烦心，无法在流变的世界中领会与观照存在之本质，致使存在的被遗忘状态成了生活的日常状态。这种情况下，现代存在论每每将拯救存在被遗忘状态的伟大使命交给了审美活动。海德格尔就指出：“美是最直接提升我们、迷住我们的东西。美一方面作为一个存在者与我们相遇，同时又解放我们，使我们得以观照存在。美是一种在自身中不同的东西；它可以是直接感性外表，同时又向存在飞升；它既是迷人的，又是自由的。因为正是美将我们从存在的忘却中夺走，并肯定了对存在的观照。”[1]与此同时，现代存在论认为，美与诗以一个与利害无涉的、超越功利的、如梦境一般的世界，揭示“存在”在人的生存实践中的敞亮，天、地、人、神四方游戏局面的显现，存在真理的出场。美与诗并非通常所谓的艺术作品，而是理想的人生在世，就是存在意义呈现的场所。基于这一理解，现代存在论提出了一种完全不同于传统美学的思考方式：传统美学从美与诗入手探究存在的真理，现代存在论则恰好翻转过来，从存在的真理入手美和诗，传统美学把美与诗看成存在真理的认识和反映，现代存在论则将美与诗看成人生在世的存在方式和存在状态。正如海德格尔所说：“就美最真实的本质而言，它是在感性王国中最闪亮光辉的东西，在某种意义上，它作为这种闪光而同时使存在光

〔1〕 Nietzsche Volume Ⅰ: The Will to Power as Art, trans D. F. Krell Routledge & Kegan Paul London and Henley ,1981. 190.

耀(照亮存在)。存在是那种人们一开始就在其根本上对其抱有喜爱的东西;正是在走向存在的路上,人被解放了。"〔1〕

现代存在论紧扣人生实践来理解存在:海德格尔把存在理解为此在的生存所牵挂和开显的存在,认为离开此在的生存,就无所谓存在;克尔凯戈尔把存在理解为感性个体自由选择、自我实现的生活辩证法,理解为在生生不息的人生进程中的体验的、实践的存在。雅斯贝斯把个体的存在理解为对未来可能性的自我设计与实现,理解为实践性的过程;总之,存在是在个体生存实践中呈现的存在。这一点,造成了现代存在论美学思考的非现成识度。传统形而上学将美视为最高概念的显现,视为一种现成存在、一种结果、一种凝固态,现代存在论美学则把美看做"显——现"的动态过程。海德格尔看来是这样一种过程:"美让对立者在对立者中,让其相互并存于其统一体中,因而从或许是差异者的纯正性那里让一切在一切中在场。美是无所不在的现身(allgegenwart)。"〔2〕正是这样一种"让并存于统一体中",决定了美不仅仅是某种显现或者光耀,而且是生成意义上的"让……显现",是让作为整一的存在显现。这就是海德格尔对美所下的另一个定义:"美是原始地起统一作用的整一。这个整一只有当它作为起统一作用的东西而被聚合为整一时才能显现出来。"〔3〕这显然是一种"体用合一"、"即体即用"的思想,是从美之用的角度对美的规定。怎么理解他所说的"整一"呢?这个整一就是我们前面解说过的

〔1〕 Nietzsche Volume Ⅰ: The Will to Power as Art, trans D. F. Krell Routledge & Kegan Paul London and Henley ,1981. 191.

〔2〕 海德格尔. 荷尔德林诗的阐释. 孙周兴译. 商务印书馆,2000. 62.

〔3〕 同〔2〕. 162.

"physis",也就是"自然"。"美乃是以希腊方式被经验的真理,就是对从自身而来的在场者的解蔽,即 physis,对希腊人于其中并且由之而得以生活的那种自然的解蔽。"[1]这样一来,美和解蔽,和真理,和大道是共属一体的,是存在的一种样态。

〔1〕 海德格尔.荷尔德林诗的阐释.孙周兴译.商务印书馆,2000.197.

第五章

“自由”与美学思考方式

第一节

自由与自由之思

一、自由的语义

自由,英文为 liberty,德文为 freiheit。liberty 与 freedom 含义相同,并没有公认的区别。因此,在西方学术著作中,两个术语往往交替使用,而不会导致歧义。

liberty 一词源出于拉丁文 libertas。拉丁文 libertas 又出自希腊文 eleuthros。西方学者们猜测,在希腊文 eleuthros 出现之前,有意指部落氏族成员的词语更为早出。有代表性的说法是,自由的源始语义当指"自由人或自由生产者的地位和身份,与奴隶状态恰成对照";"'自由的'的条顿词根似乎描述的是共同体中受保护的成员的地位";"自由乃指有保障且有权力的人"〔1〕。

不过,在漫长的历史演变过程中,自由一词从上述源始语义逐渐扩延出了非常多样而复杂的引申义。据统计,单是西方观念史家记录的有关自由的定义就多达两百余种,而究竟哪一种或哪几种定义权威地表达了自由的本真语义,一直没有定论,也无法定论。这种情况无疑给历代西方哲人探究自由的确切含义增添了巨

〔1〕 参阅弗里德利希·冯·哈耶克. 自由秩序原理(上). 邓正来译. 北京三联书店,1997. 319 注 5.

大困难。孟德斯鸠早就说过:“没有一个词比自由有更多的含义,并在人们意识中留下更多不同的印象了。”[1]擅长于哲学定义的黑格尔有过同样的感触:“一般所谓‘自由’这个名词,本身还是一个不确定的、笼统含混的名词。并且它虽然代表最高无上的成就,它可以引起无限的误解、混淆、错误,并且造成一切想象得到的越轨行动。”[2]当代自由主义思想家伯林也同样感到:“人类历史上的几乎所有道德家都称赞自由。同幸福与善、自然与实在一样,自由是一个意义漏洞百出以至于没有任何解释能够站得住脚的。”[3]

自由之所以有如此纷繁的语义,原因是多方面的。首先,人类的一切活动行为和生活关系,从政治、道德、经济、学术、文化、审美活动,到个体生理、心理活动,从人与自然、社会、国家、民族、集团、家庭的关系,到个体自身的感性生存,都存在着自由与否的问题。其次,一切探索人和人类生活的学问,从哲学、政治学、伦理学、经济学、社会学、历史学、人类学、美学,到心理学、行为学等等,都会在不同层面上涉及自由的问题。再次,古往今来的思想家都在不同的时代、语境下,从不同的立场、视角,思索和论涉自由的问题。由此,无论是自由的表现领域,还是人们的自由之思,都是多样的、多层的、多维的。这就必然形成自由语义纷繁复杂的局面。

但是,不管自由的语义有多么纷繁复杂,都有一个绝对的前提在,那就是:自由总是对人而言的,总是对人的存在状态的陈述。世间一切存在者存在物中,只有人才拥有自由,才配谈自由。因

---

〔1〕 孟德斯鸠. 论法的精神(上). 张雁深译. 商务印书馆,1995.153.

〔2〕 黑格尔. 历史哲学. 王造时译. 上海书店出版社,1999.20.

〔3〕 以赛亚·伯林. 自由论. 胡传胜译. 译林出版社,2003.189.

此,自由的基本语义可概括为人的存在的自由状态,即自己以自己为根据,自己决定自己,自己开显自己,自己实现自己的状态。这个由自包括内外两个维度,在外不受他者、他人、他律的强制,在内由自己作主而行动。西方思想史上的"消极自由"和"积极自由",便是从这两个维度引导出来的。

迄今为止,学术界没有发现中国古代用于哲学的"自由"概念。根据我们肤浅的认识,中国古代哲学的自由思想,主要是用"自然"一词来表达的。在源远流长、浩如烟海的汉语典籍中,很难找到用"自然"指称大自然界的例证,有太多的例证反而是,"自然"指称人与天地万物的存在状态。汉语中的"自然"是"自"与"然"两词的结合。"自"即自己、自身,"然"即如此、这般、这样。综合起来,"自然"的本意即自然而然、自己如此,展开说,亦即天地万物自己如此地缘起、发生、呈现,自然而然、没有人为痕迹的天然存在状态。王庆节先生在《解释学、海德格尔与儒道今释》一书中对中国古代,尤其是道家的"自然"观念作过深入探讨,认为自然在整体上指称着"一种不同于人为而又高于'人为'的状态",细说起来包括两层意指:一层是指人和天地万物以一种自己而然的方式自生自长自成自灭,一切依自身的自己而然;另一层是指人不受他者的干涉、支使约束、他者的自己而然,前者表示"自然"的积极意义和肯定意义,后者表示"自然"的消极意义和否定意义〔1〕。

中国古代各个学派中,最为强烈地追求"自然"生存状态的是道家。王庆节先生指出,在道家那里,一方面,"自然"意味着人和天地万物以自身为缘由和根据,自然而然地生成、显发、实现自己。

---

〔1〕 王庆节.解释学、海德格尔与儒道今释.中国人民大学出版社,2004.143.

这种意义上的自然，接近于西方世界所说的积极自由。另一方面，“自然”意味着不受任何他者他物他律的干涉、限制、支配和奴役。这层意义上的自然，接近于西方世界所说的消极自由。接近积极自由的“自然”比较容易理解，它就是“道”与人以及一切天地万物最原始、最普遍、最本真、最深邃的生成构成特性，就是人与天地万物自我生成、出现、完成，自己“是其所是”、“成其所是”的过程和状态。接近消极自由的“自然”，仔细分析起来，包括两种情况：一种情况是摆脱他者他物对“本我”、“真吾”的拘限束缚，也就是通过“堕肢体、黜聪明、离形去知”一番“坐忘”的功夫，全身心退出“物欲”，退出“与物相刃相靡”、“危身弃生以殉物”、“以物易其性”，超越物欲、功名，甚至生死的纠缠，抵达顺物自然、物物而不物于物、素朴纯真的自由存在状态[1]。另一种情况是不充当他者他物去限制、支使人和天地万物，而“让”人和天地万物“自由”。这种“让——自由”的思想，老子表述为“生而不有”、“为而不宰”，庄子表述为“鱼相忘乎江湖，人相忘乎道术”[2]。在老庄说来，道一方面生天生地，神鬼神帝，创生化生，使天地得以养育，万物得以负载，但另一方面，道在创生天地、发动万物之后，却不做天地万物的主宰，不在万物之上留痕迹，而是退隐而去，隐于至远、至深、至高、至下、至古、至老的“无何有之乡”，让万物自己如此地生长、运作、发育。正如叶秀山先生所说：“‘道’好像那种子，生长出树木、枝叶后，自己就隐去。道是天地万物的最原始的‘种子’，是古代希腊人的‘始基’，恩培多克勒的根，阿那克萨哥拉的‘相同

〔1〕 引文参见庄子・大宗师、让王、骈拇、齐物论. 上海古籍出版社，1995.

〔2〕 庄子・大宗师. 上海古籍出版社，1995.

体'——'种子'。"进一步说,人由道所生,人生就当循道而行,像道那样生成万物而隐去,以无为的自由态度对待自己的创造物,不占有、不主宰、不支配,让其自己如此地生成、运动、发展,这样,人因为消除自己与天地万物的隔阂而得到自由,万物也就由于人的"退出"和"让度"而得自由。

二、自由与自由主义

西方哲学自由范畴史研究的另一个难题是自由与自由主义的区分和关联。

自由与自由主义是有区别的。首先,自由是人类普遍思考的课题,普遍追求的理想存在状态和生活目标。"普遍"在这里不仅是空间意义上的涵盖面广,而且是时间意义上的深源长流。在空间上说,没有哪一个民族不追求自由。就时间而言,自由与自我意识共始终,与人类历史共进程。亚当、夏娃的神话故事不单表征上帝的万能,而且表现人类始祖最早就有自由冲动,并且永远怀抱着恢复自由的强烈渴求。自由主义则是一种现代现象,它以 17 世纪英国革命为实际开端,但作为一个名词直到 19 世纪才真正出现。约翰·格雷在《自由主义》一书中以肯定语式指出:"尽管历史学家从古代世界,尤其是从古希腊和罗马中,找出自由观念的成分,然而,这些成分仅仅构成自由主义史前的内容,而不是现代自由主义运动的组成部分。作为一种政治思潮与知识传统,作为一种可以辨认的思想要素,自由主义的出现只是 17 世纪以后的事。"[1]这一说法代表了西方学术界的主流观点。

〔1〕 John Gray, Liberalism, England: Open University Press, 1986.6.

其次，自由作为哲学范畴，是从人与世界的关系中揭示人类在外不受强制、在内自己作主的生存状态。自由主义则主要是政治学说和意识形态。它一开始提出就被用来称呼一种政治运动，在其发展过程中又一再与社会、政治、经济问题纠缠不休。早期自由主义者的宗旨是反对绝对主义，争取个人的政治权利，争取宪法政府。从18世纪起，自由主义者们开始关注经济活动方式，形成了经济自由主义理论。到19世纪中后期，自由主义的兴趣中心转向社会问题。可见，自由主义具有鲜明的政治色彩。斯蒂文·霍尔姆斯指出，自由主义的核心规范大概有四：其一，个人安全，即强调法律对国家机构的监督和制约；其二，公正性，强调法律制度适用于所有的人；其三，个人在广泛的领域内享有不受集体或国家制约的自由权；其四，个人有参与决策的民主权利[1]。可以说，自由主义往往是从社会政治、经济、法律、人权、民主等层面来思考和言说自由的。它与哲学上的自由范畴不可等视齐观。

但是，自由与自由主义又是有联系的，两者不能截然分开。

首先，自由主义的历史渊源和理论资源可以追溯到古代哲学的自由观念，尽管古代哲学的自由观念只是自由主义的先声，而算不得系统的自由主义学说。但如果没有自由范畴的先行奠基，自由主义的产生就会缺失必要的前提。其次，自由主义的核心范畴是自由。有不少学者索性将自由主义定义为关于自由的学说。美国学者萨皮罗就指出："自由主义在所有时代的典型特征是它坚定地相信自由对于实现任何一个值得追求的目标都是不可或缺的。对个

---

〔1〕 Stephen Hotmes, The Anatomy of Antitiberalism, Harvard University Press, 1993.3-4.

人自由的深深关切激发自由主义反对一切绝对权力,不论这种权力来自国家、教会或政党。"[1]再次,自由与自由主义有共同关心的问题。如前所述,自由主义是热衷于讨论社会政治问题的。最根本的社会政治问题莫过于社会的本质、国家的本质、法律的本质,在社会、国家、法律下的人的本质,以及个人、社会、国家、政治之间的关系。诸如此类的问题恰恰也是西方哲学自由范畴常常涉及的重要问题。最后,自由主义固然偏重于政治问题,但是,政治问题可以从哲学高度加以解说,哲学中可以容纳政治问题,政治可以成为哲学的题中之义。亚里士多德开创的实践哲学就定位于对人的伦理、政治行为的反思。在康德、黑格尔那里,政治、道德、历史诸问题都涵盖在实践哲学的名下。到了马克思的手上,哲学通体发展成为实践唯物主义,一切社会历史政治问题、人类生存发展问题都从实践观点加以审视,政治哲学、经济哲学、法哲学、历史哲学都被实践哲学一举包揽。这表明,政治与哲学不能截然分开。哲学上的自由范畴与作为政治学说的自由主义并不能一刀两断。

事实上,从自由主义兴起以来,西方哲学史上的自由范畴常常就体现在自由主义理论中。自由主义思想家们常常从哲学的高度来界说其自由主义理论。这就造成自由与自由主义部分重合,甚至同一的情况。这种情况提醒我们,在梳理自由范畴史的时候,既不要把自由与自由主义等同起来,又不要把两者隔离割裂,而是有所鉴别、有所选择,从而真实准确地揭示自由范畴的历史原貌和历史行程。

---

〔1〕 J. S. Schapiro, Liberalism: Its meaning and History, Princeton: D. Van Nostrand Co., 1958. 9.

三、自由作为哲学范畴

何为哲学的自由范畴？这是西方哲学自由范畴史研究的第一个难题。

学术界长期流行着一种说法，认为只有从与自然必然性的关系中思考自由，才称得上自由的哲学之思，只有认识和支配自然必然性的自由，才是哲学上的自由范畴。

本书不赞同这种说法。

从逻辑的角度讲，我们的理由有三：第一，它从认识论的立场来理解自由，遮蔽了自由的本体论维度；第二，它仅仅涉及人与自然关系中的自由，而悬搁了人与社会关系中的自由、个体灵肉关系中的自由；第三，它仅仅从人类征服、改造自然的物质生产理解自由，而将人类通过社会运动、社会斗争来争取自由和解放的革命实践，以及广大的人生实践（包括各种精神生产活动）排除在自由的相关域外。

从历史的角度看，西方哲学在很长一段时间并不关心自由与必然的关系。古希腊虽有自由是对必然性的把握的思想萌芽，但其自由理论的重心在个体与城邦的关系，因而个体积极参与城邦共同体的政治事务就构成自由的主要内涵。中世纪神学哲学从人对上帝的服从和信仰来理解自由，根本就拒绝人类征服和改造自然的自由意志，主张中止人对自然必然性的认识。即使在人类大举进逼自然、积累财富、谋求生存主动性的近代，英国政治哲学关于自由的概念也不涉及自由与自然必然性的关系，而是把个人与社会政治的关系、个人的自由权力置于思考中心。当代西方存在哲学更是一开始就对“认识和支配自然必然性”的自由抱着一种敌视和解构的态度，力图把这种自由观念连根拔掉，代之以此在在世的自由，个体感性生存当下开显生成的自由，在它的视野里，自由与必然无关。追溯起来，自由与必然的关系只是从斯宾诺莎才开始进入西方哲学史的。以后，认识和支配必然性的自由构成黑格尔自由理论的基本内核，经过黑格尔的影响而成为恩格斯自由理论的主要内涵。所以，断言认识和支配自然必然性的自由才是哲学意义上的自由，与西方哲学史的实际情形是相悖的。

自由的哲学思考，既具有多样性和多元性，又具有一致性和共同性。

古往今来，如此漫长的自由探索历程，如此众多的哲人思考和辩解自由概念，决不可能只有一种或几种关于自由的话语模式。再者，哲学本就包括许多分支和层面，大而言之有本体论、认识论、方法论之分，小而言之有政治哲学、道德哲学、历史哲学、经济哲学、法哲学等之别。从这些分支和层面去探讨自由，必定会造成自由理论的多元化和多样化。当代英国学者戴维·米勒就曾经提出，仅从大线索上讲，西方思想史上便出现过三种主要的自由传统，或者出现过分属于三个不同“家庭”(family)的自由观念。第一种是起源最为古老的共和主义(republicam)传统。这一传统强调，自由人就是一个自由政治共同体的公民，自由政治共同体就是自主的共同体。第二种是自由派的传统。这一传统强调，自由是个人行为的某种状态，即不受他人制约或干预的状态。第三种是唯心主义的传统。这一传统的关注中心不在个人生存的社会制度，而在决定个人行为的内在力量，它强调一个人只有在自主的时候才是自由的[1]。这表明在西方思想史上,自由的哲学思考,无论在内容上还是在表现形态上都是多元化和多样化的。

另一方面,对自由的哲学探索又有一致性和共同性。我们看到,在西方思想史上,一切上升到哲学层面上的自由范畴都有一个共同点,它们都是从本体论意义上提出来的,都是与世界观、人生观、价值观联系在一起的。同时,我们还看到,一切关于自由的哲学思考,其视野不出人与世界的关系之外。它或者从人自身追问自由的真意,或者到人的外部世界寻找自由的根基,或者在人与世界的统一中探究自由的要义,总之在人与世界的关系域内分分合合、合合分分。这种情况启示我们,只有放在人与世界的关系中加以思考的自由,才算得上哲学意义上的自由。基于这一认识,我们拟以人与世界的关系为中心线索来梳理西方哲学自由范畴的源流演变,并以人与世界的关系为出发点来理解自由的哲学内涵。

但是,这里有如下四点需要说明:

第一,人与世界的关系可以从不同的角度加以区分。就关系方式上看,有实践关系和认识关系之分。从关系涉及域看,有上文所述的人与自然关系、人与社会关系、个体自身的灵肉关系之分。此外,从关系的内容看,更有物质利害关系、政治关系、道德关系、精神关系等的分别。对人与世界关系的不同区分,体现出自由之思的不同视角,揭示出自由概念的不同内涵。但是,我们认为,在人与世界的诸多关系中,相对于认识关系来说,实践关系是始源性的。因为,人在作为主体认识世界之前,一向就在世界中实践地存在着。相对于人与自然的关系而言,人与社会的关系具有本体论

〔1〕 参见李强.自由主义.中国社会科学出版社,1998.173-174.

的意义。因为，人有否自由，取决于现实社会关系，而不由人与自然的关系来决定。相对于物质利害关系而言，政治关系、道德关系、精神交往关系又远为重要，因为，后者正是实践关系、人与社会关系的突出体现。因此，在西方哲学史上，自由往往是实践哲学的中心课题，而极少出现在自然哲学中。

第二，在胡塞尔提出生活世界的概念之前，西方传统哲学所谓的世界，主要是指自然世界和社会历史世界；前者为大自然，后者为历史地形成起来的社会组织、政府机构，法律纲常、政治制度、道德规范、经济交往、人伦关系、文化工艺乃至风俗习惯，等等。在现象学提出之前，西方传统哲学主要是按二元分立模式来思考人的，人或者是自然性与社会性的统一，或者是感性与理性的统一，或者是物质和精神的统一，或者是灵与肉的统一。因此，西方传统哲学中的人与世界关系，实际上就包括人与自然的关系、个体与社会的关系，以及个体自身的灵肉关系。从而西方传统哲学所说的自由，也就包括人与自然关系的自由、个体与社会关系的自由，以及个体自身灵肉关系的自由。

第三，当西方传统哲学把世界理解为必然王国，并思考人如何去掌握、控制和驾驭必然性以求得自身存在的主动权之时，自由与必然的关系就被提上哲学操思的日程。从人与世界的关系中求索自由，就转换为从自由与必然的关系中求索自由。这样一来，自由与必然的关系也就成为西方哲学自由范畴史的线索之一。但是，我们应当看到，自由与必然性的关系是从属于人与世界的关系的。从自由与必然的关系中求索自由，仅仅是西方哲学史上的一段节略，而并未贯穿始终。

第四，自由概念发展到德国古典哲学，才真正与审美发生内在联系。康德把自由设定为整个哲学大厦的拱顶石，把自由在感性现象界、自然界、经验界的显露设定为审美的根本。黑格尔把自由看做绝对理念不断显现自己、展开自己、转换自己、发现自己、回复自己的历史逻辑过程，认为“人必须在周围世界里自由自在，就像在自己家里一样，他的个性必须能与自然和一切外在关系相安，才显得是自由的”[1]；正是这种自由的绝对理念的感性显现，便产生了美。

综而述之，自由产生于人的生存实践，体现在生存实践中的人与自然关系、人与社会关系、人与他人关系以及人与自我关系，标示着富有诗意的、理想的人的存在状态。自由作为哲学范畴，根本含义是指人在与世界的相互关系中，在自己的生存实践中，免于他者他物他律的限制和束缚，以自己为根据、自己决定自己、自己选择自己、自己如此地开显自身的存在意义和世界的存在意义。

四、审美与自由

自由是从美学的哲学基础向美学的内在问题过渡的中介，也是从人生在世、实践存在向审美现象、审美活动过渡的中介。按照我们的理解，人在生存实践中，在内不受功利欲望的支使，在外不受他者他律的限制，而全身心沉浸于天地万物一体的关系，与天地万物一道，自己如此地生成、显现、运作、存在，便是人生在世的自由状态。人生在世一旦达到自由状态，审美情境就会应运而生。

我们知道，日常现实中的人的存在，一般以家庭为活动的中心场所，以维持个体生命存在、维系人伦关系为基本目的，以衣食住

---

〔1〕 黑格尔. 美学：第1卷. 朱光潜译. 商务印书馆，1979. 322.

行、婚丧嫁娶、生儿育女、养老送终、走亲访友、交际应酬等等为主要内容。这里，人的地位和角色是预先确定的和安排好的，其成长过程也被传统习惯无形地控制和规范。人消融入传统习惯之中，自发地运用世代相传的模式来处理各种日常生活问题。人所处身的世界，表面上似乎是人避风息凉的港湾、宁静温馨的家园，但实际上，却消磨着人的创新意识和忧患情怀，给人造成平均化的生活状态。

日常生活中的人的存在是一种异化的存在。马克思在《1844年经济学—哲学手稿》、《德意志意识形态》等著作中曾深刻地指出，私有制条件下的劳动和人的存在都具有异化的性质。异化是对人的自由本质的一种扭曲和蜕变。在异化劳动中，人不是自由地表现自己的生命，而是用摧残生命的方法来维持生命；人本身的力量不是人进行自由创造的力量，而是一种与人对立、驱使和驾驭人的力量；劳动产品不仅没有成为人的本质力量的肯定和确证，反而成为人受奴役的一种表征。

审美活动使“人”从日常世俗的、受到局限的、操劳烦忙着的存在状态中解放出来，进入自由的生存状态，而且也使“世界”从被支配、被肢解、被遮蔽的状态中解放出来，进入澄明敞亮状态。在审美活动中，人不再是为了肉体生存的需要而实际地占有和支配天地万物的功利主体，也不再是为了求得某种可靠的知识，按照主客分立的思维模式，理智地感知、发掘万物物理属性以制成知识体系的认识主体，而是诗意地栖居在世界之上，以自己的虚怀去领悟世界存在的意义，以自由的态度和全面的方式，从精神上体验和感受世界的“此在”。万物不再是满足人类肉体官能欲求的功利对象，也不再是以其物理属性、科学材料而引人注目的认识对象，而是在与人共在的关系中当下显发着存在意义的完整自足的,并且与人自由交流对话的"世界"。人与世界的关系乃是一种自由的精神交往关系和情感交流关系,一种心物交融、物我两忘、你中有我、我中有你的同情、移情关系。所以,审美活动乃是人所独有的最自由的存在方式。席勒曾经写道:"如果在权利的动力的国度里,人和人以力相遇,他的活动受到了限制,如果在职责的伦理的国度里,人和人以法律的威风互相抵抗,他的意志受到了束缚,那么,在美的社会交际里,在审美的国度里,人就只须以形象的身份呈现于人,只作为自由游戏的一种对象而与人对立。通过自由去给予自由,这就是审美的国度的法律。"〔1〕

审美活动作为人所独有的自由存在方式,大体可作如下理解:

审美活动超越物质功利性,追求人类自由理想的生存、发展状态。在审美活动中,人并不以肉体功利欲望的满足为目的,相反还必须以摆脱这种肉体功利欲望为前提。因为,如果囿于直接的功利目的,为有限的功利欲望所支配,个体就会失去使他生成为审美主体所必需的自由本性,万物也不会作为审美对象向他呈现。马克思说:"囿于粗陋的实际需要的感觉只具有有限的意义。对于一个饥肠辘辘的人说来,并不存在着食物的属人的形式,而只存在着它作为食物的抽象的存在;同样地,食物可能具有最粗糙的形式,并且不能说,这种饮食与动物的摄食有什么不同。忧心忡忡的穷人甚至对最美丽的景色都无动于中;贩卖矿物的商人只看到矿物的商业价值,而看不到矿物的美和特性。"〔2〕审美活动追求的价

〔1〕 席勒.审美教育书简.转引自西方美学家论美和美感.商务印书馆,1980.179.

〔2〕 马克思.1844年经济学—哲学手稿.人民出版社,1979.79-80.

值，乃是一种启迪人类领悟人生真谛，激励人类不断去创造自己的生活意义、实现自由理想存在状态的精神价值。这种价值内在地包含着“真”，但不是认识活动所追求的仅仅符合事实并终止于事实的“真”，而是超越现实而指向理想的真，即人生“应有之真”。这种价值内在地包含着“善”，但不是道德活动所追求的仅仅局限于现实人伦关系的“善”，而是激发人类的创造精神、召唤人类创造理想未来的“善”。这种价值含着对人的“终极关怀”，但这种“终极关怀”却不像宗教活动那样将人类引向虚幻的神灵世界，而是将人类引向个性丰满、生命充盈、本质力量全面发展的人生世界。

审美活动超越有限的实用世界，通达无限的意义世界，从有限走向无限。所谓超越有限的实用世界，就是不以任何功利态度对待天地万物，而像庄子所说的那样忘名利、忘外物、忘天下、忘生死，以恬淡虚静、自然无为的态度观照世界。所谓通达无限的意义世界，就是在与之打交道的有限事物中体味和领会无限的人生价值和存在意义，从而在精神上“游乎无何有之乡”。这个无限的意义世界，就是澄明的审美人生境界。所谓澄明，作为名词解，是指一种自由、光明、敞亮的人生境界，作为动词解，是指揭开遮蔽、去除迷误、敞亮存在意义的生存方式。张世英先生说：“澄明之境首先是一个本体论（存在论）范畴，它就是前面所说的无穷的相互联系、相互作用、相互影响的交叉点或集合点，也可以说是万事万物的聚焦点。这个点是空灵的，但又集中了天地万物的最广博、最丰富的内涵和意义，它是最真实的。动物无世界，不可能体会这个交叉点的意义，不可能体会到万物一体。一般人都具有这种体会的本性和能力，但过多、或较多地沉沦于功利追求而很少能进入这万物一体的澄明之境。唯有诗人能吟唱这个最宽广、最丰富的高远境界。"[1]在审美活动中，人以完整的"我"与完整的世界直接相遇，人与世界之间的一切遮蔽、晦暗均被消解，人的存在意义与世界的存在意义都得以敞开，人生由此而超越世俗生活状态，超越认识活动、道德活动的存在状态，进入本真的、自由的、理想的最高生存状态，即光亮无蔽的澄明的存在状态。

在审美活动中产生的审美经验是一种自由的感性经验。

首先，在审美的感性本身是一种"有意味的形式"。认识以知性秩序为主导。在知性秩序下，感性自身并没有意义，或者说，它的意义外在于自身。因为，任何一种感性经验，都仅仅只是为理性提供感觉材料。这种感觉材料必须经过理性抽象、整理、概括之后，才成知性秩序，也才有意义。所以，自认识论勃兴之日起，笛卡尔就以怀疑为起点，排斥和悬搁感性。他提出的"我思故我在"，凸显了思想、理性在认识活动中的绝对优先地位。可以说，认识活动中的感性是被否弃的对象，并无自由可言。审美经验中的感性则是自由的感性。从起点看，审美发生于人与世界的超功利的感性交往。从过程看，审美中的世界始终呈现为生机勃勃、独立自足的感性世界，审美中的人始终是洋溢着生命活力、"由乎自身"的感性个体，人与世界处在自由的交流之中。从终点看，审美最终到达一种气韵生动、自由超越、令人悦志悦神的感性境界。同时，在审美经验中，感性常常是完满自足的，是无需依靠知性的转化和提升就能让人感到富有意味的。譬如，月的阴晴圆缺，山的起伏连绵，水的奔腾流泻，花的开放凋谢，树的生长荣枯，人事的流转升

---

〔1〕 张世英. 进入澄明之境. 商务印书馆，1996. 140－141.

迁，以及种种呈现在审美状态下的色彩、线条、形体、声音，等等，本身就向人绽露和诉说着一种存在的意义，本身就是如克莱夫·贝尔所说的“有意味的形式”。

其次，在审美经验中，感性整合着理性。认识活动不停留在直接而素朴的感觉材料和感性经验上，而要穿越感觉材料和感性经验，透过现象看本质，上升到概念、判断、推理，概括和抽绎出真理和普遍意义，最终制成知识论体系。审美则不同，它的目标不是透过形形色色的感性事物去探索天地万物的普遍形式、结构、属性、本质、规律，上升到理性认识，以求得符合客观事物本来面貌的真理，而是上升到人与天地万物为一体的、自由的、理想的人生境界。审美固然要超越，但审美的超越不是离开感性的超越，而是具体的超越，是从有限发展到无限的超越。在这种超越中，人始终面对事物直接的感性展示，始终让事物自己显现自己，让事物的本质在感性现象中自行绽露。这样一来，审美没有一个脱离感性的理性认识阶段。人的各种知性、理性、认识因素，事物的各种意蕴和意义，都交织在感性中，被感性融化和整合。

再次，在审美经验中，感性提升着欲望。功利活动以欲望满足为主导，欲望表现为对于感性物质对象的占有冲动。功利经验作为一种感性经验，表现为肉体对感性物质的占有、享用和消费，以及由这种占有、享用和消费所带来的快感。处在功利活动中的人仅仅关注感性对象的物质实存。譬如，口渴的时候喝到一杯泉水，饥饿的时候吃到一块面包，用牟利的眼光去打量一棵古松，等等，人的感觉和心思全部集中在有利、有用、有益的对象实存上。这个时候，欲望支配和驱使着人的感性行为和感性心理活动。在审美经验中，审美的人必须有一个对象世界相应，才能产生美感。同时,美感作为一种高级情感体验,具有通过对象来交流和传达的先天倾向,如康德所谓“主观普遍的共同感”、胡塞尔所谓“先验意识”,都先天地具有朝向外在对象的意向性结构。但是,在审美经验中,人并非实际地占有对象,而只是精神地牵挂对象。譬如,以审美的态度和方式去欣赏清泉、面包和古松,人所关心的只是虚化的意义对象和对象意义。这种意义对象和对象意义所引起的,不是功利欲望满足的生理快感,而是与直观、想象、联想交织在一起的移情、同情、感悟、爱等超功利的精神愉悦。这就表明,在审美中,人的全部感性心灵包括欲望,都朝向超功利的自由的精神境界。

第二节

古希腊罗马的自由观念

一、古希腊罗马自由观念的基本特征

古希腊时代,持续的海上贸易,频繁的经济扩张,不断发展、变更的城邦制度和民主政治,加上地中海的地理条件,造成了古希腊人独特的生活样式和生存形态,唤醒了他们的自由意识,并促使他们把这种自由意识推向哲学思考的前台。威廉姆·奥滕曾经描述说:“很少有任何地方像古希腊共和国那样鲜明地展示了自由与组织、自由与稳定、进步与秩序之间的困境。希腊共和国未能成功地解决这些问题,其失败有必然性”,“然则,在失败的过程中,在

希腊人为此反思的过程中，西方世界几乎所有政治问题都第一次得到系统的探索”[1]。

古希腊人是作为发展正常的人类儿童来思考自由的。他们对自由的思考带有人类初次觉醒时代的特色。

首先，自由与人生相互融合。古希腊人坚信，自由是人区别于禽兽的根本，是人之所以存在、发展的根本。只有自由的人才是真正的人、理想的人。所以，他们的自由观念，总是表征着人的理想生存状态，而与奴隶状态形成鲜明对照。欧里庇得斯就曾经指出，所谓奴隶，就是一个不能发表自己思想观点的人，只有自由人才能发表属于自己的思想观点。

其次，自由与真理血肉相关。古希腊人看到，人为了自己的生存、发展，必须自由地选择和决定自己的行为，必须自己承担行为的责任，而要自由地选择和决定自己的行为，就必须依靠理性和科学，去发现和认识真理，澄清和纠正谬误。另一方面，每一个人都要求善，都希望自己有善的美德，但是求善的关键却在于人是否对善恶有真知。没有人自愿去做坏事。坏事起于对善恶缺乏真正的了解，从而误把伪善当做真善，结果导致罪恶、灾难，甚至毁灭。因此，古希腊人抱有一种共识：自由是美德，美德即真知。唯有尽可能确切的真知，才能为城邦和个人的自由自主的言行提供较为可靠的向导。自由的追求与真理的追求一向不可分离。

再次，自由与城邦生活实践紧密联系。城邦是古希腊人得以生存的背靠。古希腊人一向以严谨而现实的态度来处理、调整城

[1] William Aylott Orton, *The Liberal Tradition*: *A Study of the Social and Spinition Condition of Freedom*, Yale University Press, 1945. 21.

邦的公共事务和政治生活。在他们看来,自由只有通过城邦才能获得。城邦民主制又必须依赖公民自由平等地参与讨论,提供真知灼见,才能真正确立起来。但是,古希腊人一致认为,在个人与城邦的关系上,城邦是至上的。城邦的至善涵盖并规定了所有个人的善和次要团体的善。“城邦耸立于一切小集团之上,耸立于各种次要的团体之上,它赋予一切集团和团体以意义和价值。”[1]这样,希腊人所理解的自由,就主要是指个体积极而持续地参与城邦事务,投身公共政治,行使公民权力,即城邦生活实践的自由。相对来说,个人自由不占地位。

与古希腊不同,古罗马时代自由理论的新转向,恰恰表现在个人自由观念开始抬头。

个人自由观念产生的历史契机是希腊城邦生活的衰落。城邦的衰落意味着国家规模的扩大。国家规模的扩大,使罗马人不再像希腊公民那样能够相互了解和熟悉,能够对城邦政治生活产生直接影响和积极的投身动机。正如贡斯当所述,所有古代的共和国人口稀少,又都局限于狭小的领土上;人口和国家规模的变化改变了民主公民的经验,每个公民对政策制定的边际贡献是无限小的[2]。这就必然诱发人们政治道德理想希望的破灭,公共生活领域的萎缩,私人生活空间的突显。如此一来,罗马时期的哲人们便开始从政治、道德、人伦领域隐退,转向个人生活中寻找自我生存的自由,而不再对民主政治有发自内心的认同和喜爱,自觉自由地追求。个人自由观念便应运而生。罗素《西方哲学史》写道:“希

[1] 萨拜因.政治学说史:上册.刘山等译.商务印书馆,1990.32.

[2] 参见贡斯当.古代人的自由与现代人的自由之比较.自由与社群.三联书店,1998.310.

腊的哲学家们，下迄亚里士多德为止，尽管他们可以埋怨这埋怨那，但在大体上对于宇宙并不绝望，也不觉得他们自己在政治上是无能的”，“但当政权转到马其顿人手里的时候，希腊的哲学家们就自然而然地脱离了政治，而更加专心致意于个人德行的问题或者解脱问题了。他们不再问：人怎样才能够创造一个好国家？而是问：在一个罪恶的世界里，人怎样才能有德；或者，在一个受苦受难的世界里，人怎样才能够幸福？”〔1〕正是依据这种个人自由观念的产生，黑格尔认定，罗马人比希腊人享有更多的自由，对自由的意识也深进了一层。他说：在罗马，我们发现了“自由的普遍性”；“罗马人已经做了‘理智’的牺牲者，在‘理智’中生存；但是他们同时为其他人取得了‘精神自由’——就是内在的‘自由’，这种自由因而从‘有限的东西’和‘外在的东西’解放了出来”〔2〕。

二、古希腊早期的自由观念

从整体上看，古希腊早期处在前自由范畴阶段。这一阶段，哲人们虽然有了自由观念，但并未诉诸哲学的概念表达。他们的贡献主要在于为自由范畴的诞生作铺垫和准备。

这种铺垫和准备首先表现在对世界的思索上。西方哲学的开山鼻祖泰勒士提出水是万物的始基，万物生于水而又复归于水，迈开了人类探索世界的第一步。继而，赫拉克利特推进一层，他不仅指出世界的本质在“逻各斯”，“逻各斯”在本质上即必然性，而且把世界与人的智慧关联起来，提出“智慧只在于一件事，就是认识

〔1〕 罗素. 西方哲学史(上). 何兆武，李约瑟译. 商务印书馆，1982. 292－293.
〔2〕 黑格尔. 历史哲学. 王造时译. 上海书店出版社，1999. 287，298.

那善于驾驭一切的思想”;“智慧就在于说出真理,并且按照自然行事,听自然的话”[1],从而初露自由是对必然的认识之端倪。接着,德谟克利特又有新的拓展,他从因果关系入手谈论必然性,指出世界的产生、成长、衰落和毁灭,“一切都遵照必然性而产生”,必然性就是一切事物形成的原因[2]。同时,他开始涉及人类生存的特殊世界——国家,确立了最初的“城邦至上”观念,并在人类思想史上第一个提出“自由”的术语。他说:“应当认定国家的利益高于一切,以便把国家治理好”;“在民主国家里受穷,胜于在专制国家里享福,正如自由胜于受奴役一样”[3]。

其次表现在对人自身的探索。普罗塔哥拉率先将人置于世界的中心,把哲学的注意力引向人自身,提出“人是万物的尺度,是存在者存在的尺度,也是不存在者不存在的尺度”[4],初步亮出了自由范畴的主体维度。苏格拉底出场,使古希腊哲学真正实现了从自然到人事的根本转变。他把“认识人自己”规定为哲学的主题,又用“灵魂”规定人的根本,认为人之为人不在于他有感觉和欲望,而在于有灵魂。感觉欲望只能使人以身体为行动的原因和理由,最终让人陷入囚笼般的世界;灵魂才引导人追求善,使人的一切行为都受着一种有目的的思想支配。人凭借灵魂而高于其他一切自然物和别的动物。苏格拉底在自由范畴史上的意义,在于他从人自己出发寻找人的目的、人的天职,寻找世界的最终目的、真理、自在自为的东西,并把理性、智慧规定为灵魂的本质,从而为

---

〔1〕 北京大学哲学系编译.西方哲学原著选读(上).商务印书馆,1999.26,25.
〔2〕 同〔1〕.47.
〔3〕 同〔1〕.53.
〔4〕 同〔1〕.54.

希腊时代自由主体的建构准备了条件。

在为自由范畴作铺垫和准备的过程中，希腊早期哲人不仅有了自由的追求，而且有了人类历史上最早的自由观念。这种自由观念概括起来，就是为求真理而得自由。他们探索世界是想通过把握宇宙的本原而达到对万物的控制和利用，从自然界中获得自由。他们探索人自身，是想求得精神的普遍性，达到对最高真理的认识，即意识的自由。不过希腊早期哲人的这种自由观念，直到柏拉图的思想中才得到了一种明确而近乎完善的表达。

三、柏拉图的自由观

柏拉图是从求善原则来关注真理的。在他那里，善与真内在相关，在最高的理念世界还结为一体。不过从逻辑上讲，善高于真，从事实上看，真先于善。柏拉图看到，人在生存中无一例外地都追求善，但在追求善的过程中，有可能把恶的东西误认为善。这种情况说明，人对善的正确认识或者真理性认识是至关重要的。只有首先对善有正确的分辨，才可能在求善中避免走向恶，并且避免在分明走向恶的时候还自以为在求善。因此，真理是求善的前提。柏拉图认为，做一个自由人的先在条件，正在于认识和把握真正的善。

柏拉图在《理想国》中审察了雅典人的自由观念，认为雅典人把自由看做无拘无束，随心所欲，“每个人都有自己的一套过日子的计划，爱怎么过就怎么过”[1]，其实从根本上抹杀了人在生存中的实际选择，也违背了自由的基本原则。柏拉图分析道，个人不算

〔1〕 柏拉图.理想国.郭斌和，张竹明译.商务印书馆，1986.332.

自由主体,自由的主体是国家,个人要达到善或自由,必然将自己的利益置于国家利益之下,容不得个人为所欲为。同时,人的自由选择并非任意的,而是指向善的概念的。人总是选择对自己有利的善的对象,拒斥对自己有害的或不利的恶的对象。人的生存选择若被邪恶的观念所支使,就会被引向邪恶,而与原初的求善愿望相背驰,对自由也是一种毁坏。基于这一点,柏拉图坚决不赞同随心所欲的“自由”。他说:“极端的自由其结果不可能变得别的什么,只可能变得极端的奴隶。”[1]

在柏拉图看来,自由就是力求达到善的理念。善的理念的达到,唯有灵魂才有可能。而每一个人的灵魂都包括理性、意志、情欲。其中理性为最高,人只有在理性灵魂的引导下,才能由欲而形,由形而灵,由灵而秩序,最终到达宇宙之心,即至善。这个过程,既是一个道德完善的过程,也是一个真理性认识过程,同时还是一个审美过程。可见,在柏拉图的心目中,自由与真、善、美的追求是彼此相关的。

在柏拉图的心目中,现实世界是如同影子一般晦暗不定的世界,理念世界才是永恒的绝对的澄明的本体世界。在现实世界中,人由于受到各种实际利益的缠绕,因而只能看到个别的事物,无法洞见理念。只有在理性的引导下,人才能从遮蔽状态超越出来,“高瞻远瞩,超出我们误以为真实的东西,抬头望见了那真正的本体”[2],从而进入自由的澄明的审美之境。柏拉图的这一美学观念,为以后的西方美学奠定了一种基本的发展思路。在他以

---

〔1〕 柏拉图. 理想国. 郭斌和,张竹明译. 商务印书馆,1985. 342.

〔2〕 北京大学哲学系编译. 西方哲学原著选读(上). 商务印书馆,1981. 75.

后的西方哲学家几乎都遵循他的方向来运思自由的审美境界。这就是,一方面在活生生的现实世界之外预设了一个先验的绝对的美本体,作为现实世界一切审美对象的终极根据和最高本质;另一方面又始终坚信人类能够依靠理性的引导通达这个美的本体世界。

四、亚里士多德的自由观

亚里士多德生活在人类积极追求自由的时代。那时,自由不仅代表着最高的人文理想和人生理想,而且是人之所以为人的根本之所在。古希腊人普遍坚信,自由的人就是理性的人。而理性,既体现在道德政治生活之中,又体现在科学之中。因此,在古希腊,自由的热爱和求知欲联系在一起。各种自然科学和人文科学都被称为自由的学问。

按古希腊人的初衷,理解世界的目的是为了更好地生活。更好地生活就是更好地进行伦理政治活动,建立更好的伦理实践行为。于是,希腊人对自由的关注与对人的行为实践的关注相互结合。亚里士多德自由观的提出就基于这样一个语境。

亚里士多德认为,自由首先是自身即为目的。在《形而上学》中,他指出:"只因人本自由,为自己的生存而生存,不为别人的生存而生存,所以我们认取哲学为唯一的自由学术而深加探索,这正是为学术自身而成立的唯一学术。"[1]所谓为自己生存而生存,简言之,即由自己,以自身为目的,展开地说,就是不受他者影响,不受他律约束,不由他人来决定,而自身即是目的,自身即为根据,自

〔1〕 亚里士多德.形而上学.吴寿彭译.商务印书馆,1959.5.

身即有意义。这是亚里士多德自由概念的最基本含义,也是他判断自由的根本标尺。由此扩延开去,为自己而不为他人而存在的人就是自由人,自身即为目的的科学就是自由的科学,自身即有意义的活动行为就是自由的行为。

另一方面,自由总是与人的生活、活动、存在方式相关的。如果脱离生活、活动、存在方式,人就会类同于动物、植物,就只能服从于外界原因和条件,只能靠强力或无知而产生活动行为。这样便无自由可言。

亚里士多德根据这两个基本意见来理解自由。在他那里,自身有意义的生活即是自由的生活。他说,沉思、智慧、幸福为什么是自由的? 因为,“沉思是最高等的一种实现活动”[1],“神的实现活动,那最为优越的福祉,就是沉思”[2]。沉思表征着灵魂的最高部分,人的最高存在方式,人自身的神性,是自身值得追求的有意义的生活。智慧就是“人靠他自己就能够沉思”[3];“合于智慧的活动就是所有合德性的实现活动中最令人愉悦的”[4]。幸福更为明显,它是“合德性的生活”;是“除自身之外别无他求的实现活动”,“自身而值得欲求的自足的活动”[5]。幸福即“好的存在”,生活得好。生活得好并非财富的丰厚、物质条件的优裕、衣食住行的优越,而是人的肉体活动,尤其是灵魂活动的圆满实现,是自身有意义的最高思想活动的圆满实现。至于牟利的生活,以赚钱营

〔1〕 亚里士多德. 尼多马可伦理学. 廖申白译注. 商务印书馆,2003. 305.
〔2〕 同〔1〕. 310.
〔3〕 同〔1〕. 306.
〔4〕 同〔1〕. 306.
〔5〕 同〔1〕. 303 – 304.

利为目的的生活，亚里士多德认为是反自然的，反人性的，因而也是不自由的。

亚里士多德也根据自由来区分实践和生产。在他看来，善起源于自由。实践以善为目的。实践受理性支配，其目的就在活动自身的行为。因此，实践是人的自由的活动、自由的存在方式或生活方式。生产则不然，生产的目的在成果上。生产成果是有起因的，起因的背后又有别的起因，沿起因一线可作无穷追溯。所以，生产没有以自身为原因的终极因，即自由因。生产没有自由，它受他者制约和束缚。在这里，亚里士多德的自由观给我们的启示是：只有实践才代表了人类无条件的、实现最高目的生存方式。只有实践才是审美活动的根基之所在。

亚里士多德认为，人类的本性就是追求一种善的生活，即优良的道德生活。善的生活是本身即有意义、本身即为目的自由生活。但这种自由的生活只能通过城邦才能达到和实现。“我们看到，所有城邦都是某种共同体，所有共同体都是为着某种善而建立的（因为人的一切行为都是为着他们所认为的善），很显然由于所有共同体旨在追求某种善，因而，所有共同体中最崇高、最有权威，并且包含了一切其他共同体的共同体，所追求的一定是至善。这种共同体就是所谓的城邦或政治共同体。”[1]在亚里士多德看来，城邦在本性上高于个人。游离于城邦之外的个人将不足以生活自给，个人投身于城邦的各种政治活动，不只是外部现实的要求，而且是内在的精神要求。正是在这个意义上，人天然就是城市的公民，就是政治的动物。人虽然与城邦共同体都以善和美

---

〔1〕 亚里士多德. 政治学. 颜一，秦典华译. 中国人民大学出版社，2003.1.

好生活为追求目标，并承担着来自于共同体所赋予的道德责任。但是，个人的善要以城邦的善为归依，城邦的善涵盖并规定着所有个人的善。人的自由也受着自身理性和道德责任的制约，越是自由的人就越是自觉服从理性和责任的约束，从而"自由人最少自由"。

亚里士多德指出，自由不仅是平民政体得以存在的根本原则，而且是平民政体区别于寡头政体的根本判隔，自由在人的伦理政治生活中起着极为重要的作用，它不只为公民的和谐幸福生活的基础，也是城邦共同体实现共同善业的保障。他说："平民政体的准则是自由"〔1〕；"如果像有些人所主张的那样，自由和平等是平民政体最根本的原则，那么让一切人以同等的身份最大限度地共同参与某一政体，就会有最大限度的自由和平等了"〔2〕；"全体公民都应分享自由，财富和自由正是这两种政体（寡头政体、平民政体——引者注）赖以产生的契机"〔3〕。"平民政体有两大信条：一是权力属于大多数人，一是自由原则。"〔4〕"所有人都享有依数目而定的平等，人们认为如此一来就可以使平等和自由在政体中得以存在。"〔5〕

可见，亚里士多德是把自由同人生在世、同人的伦理政治生活联系在一起的，因而他所说的自由包含着与人类理想生活方式和目的相关的社会内容，而并不脱离人生。

〔1〕 亚里士多德. 政治学. 颜一，秦典华译. 中国人民大学出版社，2003. 133.
〔2〕 同〔1〕. 125.
〔3〕 同〔1〕. 87.
〔4〕 同〔1〕. 186.
〔5〕 同〔1〕. 122.

五、古罗马时代的自由观

伊壁鸠鲁提出的原子论和个人自由观念,可视为希腊城邦生活衰落在哲学上的一个投影。

伊壁鸠鲁认为,世间一切物体、自然现象都是原子的各种不同的结合所造成的。“原子永远不断在运动,有的直线下落,有的离开正路,还有的由于冲撞而向后退。”[1]原子通过它的偏离运动而结成万物,形成无限数目的宇宙。

基于这种原子论,伊壁鸠鲁提出了个人自由的观点。他认为,在国家和个人的关系中,个人优先,个人比国家重要。国家只有落实于个人幸福之上才有价值和意义。个人幸福之外并不存在什么永恒不变的道德价值和绝对正义。道德的价值规范形成于人们的相互交往,具有历史性和可变性。国家的基本功能只在于共同约定人们的生活准则,以护卫个人安全,使个人免受他人的掠夺和侵害。按其本性讲,所有的人都自私,都在谋求自己的切身利益。因此,自由属于个人。自由并非来自于“万物之主的命运”,而是来自于原子式的“我们拥有决定事变的主要力量”。人的行动原本自由,自由“形成了使我们承受褒贬的责任”[2]。

伊壁鸠鲁强调,既然每个人都是自由的,既然自由以个人为本位,那么,人们就不应当把必然性绝对化为不可抗拒的命运,把偶然性夸大为不可捉摸的幸运,即不应当去做命运的奴隶,或者专靠碰运气,而应当寻求和享受人间的快乐和幸福。“快乐是幸福生

〔1〕 北京大学哲学系编译. 西方哲学原著选读(上). 商务印书馆,1999. 161.

〔2〕 北京大学哲学系编译. 古希腊罗马哲学. 商务印书馆,1982. 369.

活的开始和目的。因为我们认为幸福生活是我们天生的最高的善，我们的一切取舍都从快乐出发；我们的最终目的乃是得到快乐，而以感触为标准来判断一切的善。"[1]在伊壁鸠鲁看来，自由就是个人最高的快乐和幸福。

当然，伊壁鸠鲁所谓的快乐，并不限于物质欲望的满足和官能的享受，而首先是指精神心灵的愉快。在伊壁鸠鲁的心目中，精神心灵的愉快高于肉身的享乐。他说："我们所谓的快乐，是指身体的无痛苦和灵魂的无纷扰"，"使生活愉快的乃是清醒的静观，它找出了一切取舍的理由，清除了那些在灵魂中造成最大的纷扰的空洞意见"[2]。可见，精神快乐其实就是一种身心宁静的自由感，一种怡然自得的审美心境。伊壁鸠鲁在这里实际上初步揭示了心灵自由与审美的联系。

同伊壁鸠鲁大致相似，斯多葛派的哲人们也以个人为本位来考察自由，其思想兴奋点也落在个人自由上。所不同的只在于，他们对个人自由的理解有差异。

斯多葛派提出自然法的概念，认为在现实的法律之上，耸立着一个更高的法律，即自然法，亦即人类理性所揭示的法律。现实的法律必须以自然法为旨归，才可能获得其确切性和普遍性。最高的立法者是自然本身，而不是人为的定义和原则。自然法是世界理性，它不仅意味着自然的规律和秩序，而且意味着道德秩序。人通过上帝赐予的理性能力，与诸神一道直接参与这种秩序，通往幸福生活。自然、人性和理性是一回事。人的灵魂与世界理性同质，

---

〔1〕 北京大学哲学系编译. 古希腊罗马哲学. 商务印书馆，1982. 367.

〔2〕 同〔1〕. 368－369.

与自然协调一致的生活必然也适合于人性。因此,在斯多葛派看来,自由就是对自然规律和秩序的服从,也就是抱着世界善而合理的坚定信念和宁静心灵,顺应世界理性,同一切善的力量合作。

斯多葛派的自由概念既是个体主义的,又是世界主义的。因为,一方面,他们提出,个人不是城邦的一份子,而是整个人类的一个单位。每个人都有权禀具自己的内心生活,有权受到他人的尊重,权利为个人所固有,而不是出自于对公共权力的分享。这使他们的自由观带有个体主义的色调。另一方面,他们强调人的德性目标即在服从世界理性,取得与自然的统一和完善,这又使其自由观点打上世界主义的烙印。但是,从整体上看,个体主义是斯多葛派自由观的主导倾向。个体力争在险恶而严峻的环境中,舍弃物质欲望的追求,把持住平衡的心态,特别是道德的安宁,最终达到一己的幸福生活,是斯多葛派在其漫长的演化过程中一以贯之的基本思想。

第三节

中世纪至近代的自由观念

一、黑暗时代的自由之光

无论在西方学人还是在中国学人的心目中,中世纪都是人类历史最为黑暗、最为悲怆的一页。确实,相对于古希腊罗马,中世纪的自由精神显得格外萎靡,自由空间也显得格外狭小。这个时期，封建制度与基督教神学相互结合，使人的独立、尊严、自由受到普遍的压抑和否定。整个西方世界匍匐在森严的等级秩序和威严的教皇统治之下。在这样的社会结构里，人的自由意识必然淡薄，不可能像古希腊罗马人那样为孜孜求索自由而斗争。正如库尔敦在《中世纪的农村》一书中所指出的："自由人委身于奴役，因为他们不再能维持自己；他们不是一两个这样做，而是集团地或全村庄都这样做。"〔1〕

但从逻辑上讲，这个使人类自由蒙受压抑的中世纪，却同时又是人类追求自由必经的历史阶段。从事实上看，这个时期的自由之思虽然沉闷，却并未完全中断，人类对自由的追求虽然脚步缓慢，却并未完全停止。即使像奥古斯丁、托马斯·阿奎那那样被尊奉为基督教导师的哲学家，也不能完全摆脱自由问题的纠缠，而不得不在其神学哲学中给自由留下一块地盘。这就是说，中世纪的自由观念实际上是以一种独特的方式和面貌存留、延续并且缓慢发展在基督教神学哲学之中。对此，一向视基督教神学为天敌的费尔巴哈却有一段极为精彩的论述。他说，在中世纪，"经院哲学是为教会服务的，因为它承认，论证和捍卫教会的原则；尽管如此，它却从科学的兴趣出发，鼓励和赞许自由的研究精神。它把信仰的对象变为思维的对象，把人从绝对信仰的领域引到怀疑、研究和认识的领域。它力图证明和论证仅仅立足于权威之上的信仰的对象，从而证明了——虽然大部分违背它自由的理解和意志——理性的权威，给世界引入一种与旧教会的原则不同的原则——独立思考的精神的原则，理性的自我意识的原则，或者至少是为这一原

〔1〕 转引自朱寰.世界中古史.吉林人民出版社，1981.24.

则作了准备”[1]。在这里,费尔巴哈为我们审视中世纪的自由范畴提供了一个重要识度。

中世纪自由概念的主要理论特征大体表现在以下两个方面:

首先,平等与自由相结合。平等本是人类在其生存、发展过程中所滋生的一种古老期望。人类对平等的追求与对自由的追求内在一致,血脉贯通。可以说真正的自由奠基于平等。古希腊罗马哲人的自由思想所以有局限,关键原因在于他们缺乏平等思想,尤其是普世意义上的平等思想。他们注重血缘和门第,强调自由人与奴隶的判隔,本土民族与外来民族的界限,这就自然会忽略平等,更看不到平等与自由的血脉关联。将平等思想引入政治生活领域,乃是基督教对人类文明的一大贡献。基督教提出两种平等观,一种是财产福利上的平等,一种是上帝面前人人平等,即人格意义上的平等。这两种平等观,前者为后世乌托邦思想、极权政治提供思想资源。后者为后世民主自由运动普世伦理以及宗教信仰提供思想乳汁。上帝面前人人平等,表明每个人都享有一种由上帝惠予平等的权利和机会,从而可以在上帝的庇护下追求上帝恩赐的自由。早期教父爱留根纳明确肯定,人的自由意志来自上帝,是上帝赋予人类的一种选择善恶的能力:“我们一般动作的力量是由上帝所赐的,这种力量,我们可以用来行善,也可以用来作恶。”[2]

其次,信仰与自由相结合。中世纪是人崇仰、膜拜神灵的时代。一切以神为本位,一切以神意为准绳,乃是这个时代人类行为的基本原则和哲学的根本旨趣。从人类行为上看,人由神意支撑

〔1〕 费尔巴哈哲学史著作选:第1卷.商务印书馆,1978.72.

〔2〕 亚历山大学派选集.台北基督教文艺出版社,1989.264.

和主宰，无需对自己的行为承担责任，负载压力，也无需自己选择，更谈不上控制和支配自然的生活和人生方向。因此，在中世纪，人的生存、生活是盲目的，不由自主的。不仅如此，人自身的自由意志还被普遍认为是罪恶之根，应当加以放逐和抛舍。从哲学上看，它不再需要对人类自身生活作出承诺，不再需要像古希腊哲学那样作为爱智之学存在于世，而只需用纯粹的概念分析去表喧神意。一句话，哲学成了神学的奴婢。罗素说过，中世纪的哲人们普遍拒绝把共相视为事物，反而坚认共相先于事物而存在。共相是上帝的理念，“阿奎那认为，这是个得到理性支持的形而上学真理，而奥卡姆则把它当做一个神学的例题”。上帝的存在不能用人间的逻辑来证明和确立，人的理性对上帝的存在与否无能为力。“上帝的种种属性功能，三位一体，灵魂不朽，创世纪，这完全取决于我们有无这种信仰。”[1]这样一来，哲学问题通体变成了信仰问题。自由通过信仰来求索。人相信自己无知，相信自己有罪，相信自己的自由意志导致原罪，转而坚信上帝万能，坚信上帝绝对自由，坚信通过服从、膜拜上帝可以恢复自由。这乃是中世纪自由理论的整体思路、框架和特色。

中世纪的自由观念主要体现于经院哲学。其中最重要的理论代表是奥古斯丁和托马斯·阿奎那。

奥古斯丁意识到人的自由可能会摧毁上帝万能的信念，由此，他从神学历史观出发，划定上帝之城与尘世之城的分界，力图以超感性的理念世界及其神圣原则、井然秩序去规约世俗人生世界，用上帝至高无上的绝对自由去导引人的意志自由，从而为中世纪的

---

〔1〕 伯特兰·罗素. 西方的智慧(下). 崔权醴译. 文化艺术出版社，1997. 347.

自由理论列出了一个大纲。

奥古斯丁的自由理论可以判为前后两期。在前期，奥古斯丁依照新柏拉图主义理解自由，认为人的意志自由与理性相关，根源却在于上帝的赋予。人的理性认识本身并不是最高真理，神的真理才处在最高层次，才最有普遍性，也最有效力。赋予人类以自由意志是上帝的恩典。在人的自由活动中，起根本作用的不是人的理性认识，而是上帝的意志。人的意志追求的正当目标是高于灵魂的上帝。意志追求的目标一旦指向上帝，人就能正确运用自由选择的能力，从善如流。意志追求的目标一旦低于灵魂，指向身体，就会造成秩序的颠倒，产生恶。

在后期，奥古斯丁进一步强调，如果没有上帝的恩典，人的意志只能处在恶的奴役之下，而不可能自主择善。恶的造因不在人的意志自由，而在于意志自由的丧失。人类自从始祖亚当和夏娃偷吃禁果，受到欲望的蛊惑而导致堕落起始，就在原罪中孕育诞生，背上原罪代代相承，其意志就为罪恶所污染和征服，失去了自由选择的能力。“一个人既已用自由意志犯罪，为罪所胜，他就丧失了意志的自由。”〔1〕

托马斯·阿奎那以亚里士多德的原则综合柏拉图和奥古斯丁的思想，提出关于上帝存在的五种证明，其根本宗旨是想把上帝确立为第一推动者和第一原则，确立为至善至美的宇宙本原和目的，并表明正是上帝的存在才使整个宇宙和人间万物按照必然性组成了一个秩序井然的人间世界。

托马斯·阿奎那认为，上帝以其至善创造了万物，万物体现着

〔1〕 北京大学哲学系编译. 西方哲学原著选读(上). 商务印书馆，1999. 221.

上帝的善良,并以上帝为终极目标。人是理性的创造物。人的特殊性,或者说人高于其他创造物之处在于,通过理解和认识上帝而皈依上帝。认识上帝是人的至高的善,是人的最大的幸福,也是人的自由之所在。

托马斯·阿奎那承认人的社会性,以为人不仅是依赖个人理性认识上帝的单独个体,而且生来便是社会或政治的存在,生来就与伙伴同居于社会之中。因为,自然界仅仅为人提供部分生活条件,人还需要通过理性为自己创造生活资料,需要建立国家以实现社会合作。国家的职能就是指挥,社会成员追求公共的善,确保公民的利益和自由。国家之上有上帝,国家的法律之上有上帝的自然法。无论是个人的自由,还是国家的自由,都得服从上帝的自由。上帝才是自由因。

二、文艺复兴的自由观

英国学者阿伦·布洛克在《西方人文主义传统》一书中指出:西方思想史关于人和宇宙有三种不同的模式。"第一种模式是超自然的,即超宇宙的模式,集焦点于上帝,把人看成是神的创造的一部分。第二种模式是自然的,即科学的模式,集焦点于自然,把人看成是自然秩序的一部分,像其他有机体一样。第三种模式是人文主义模式,集焦点于人,以人的经验作为人对自己、对上帝、对自然了解的出发点。"〔1〕

按这个归类,文艺复兴当属于第三种模式,即人文主义模式。这个模式的本质特征,乃是以人权挑战神权,复兴古希腊时代普罗

〔1〕 阿伦·布洛克.西方人文主义传统.董乐慰译.三联书店,1997.12.

塔戈拉的“人是万物的尺度”，开启以神为中心向以人为中心的哲学转变。

我们知道，自由从来与人随行，而且与人的地位共升降。文艺复兴时代的情形也是如此。随着人文主义思潮的蓬勃兴起，随着人的地位的空前提升，自由问题便突破中世纪的千年长夜，以强语式绽露出来，如同朝日一般地展现在人类的面前。

文艺复兴时期的自由观念，具有鲜明的人文主义、个人主义和科学主义特色。

文艺复兴之前，古希腊的思想家大多倾向于自然哲学，喜欢以科学的眼光打量世界，是一种科学主义的思维。中世纪的神学家以上帝为世界的至高原则和最后原因，说到底也是一种改装了的科学主义思维。文艺复兴则尊奉人文主义。

人文主义把人抬到中心位置，以人的价值为本位，用人的眼光打量自然世界和人的生活世界，关注人的命运、自由意志以及人在宇宙中的地位，强调人的幸福、尊严和现世享受，追求人的权利和价值。文艺复兴初起之时，但丁提出了这种人文主义的自由观。他认为人区别于禽兽之处，在于人有天赋的理性和自由意志。自由意志乃是自由的第一原则。人能够根据自己的自然意志，自行辨别是非，确定行动的目的，追求神圣的幸福。显然，但丁对自由作了人文主义的定位，把自由从神秘的天国引回到现实人间。

最能反映文艺复兴时代风貌的还有对个性的追求，而个性追求基于“人的发现”。

文艺复兴之前，古希腊时代有过相对于原始宗教的“人的发现”。文艺复兴以后，20 世纪现代西方哲学也有相对于科学主义和理性主义崇拜的“人的发现”。文艺复兴对“人的发现”，突出之点是从神权压迫之下发现个体的自我价值与能力。文艺复兴一开始产生，人文主义者们就以发现人自身为己任，强烈反对禁欲主义、来世观念和封建等级观念，追求个性的自由解放和人的自然平等，强调个体在宇宙中的地位、个人的存在权利，体现出一种鲜明的个人主义倾向。他们的这种个人主义倾向，主要以审美的形式突出地体现在文艺复兴时期的文学艺术和理论著述中。譬如，彼特拉克提出"我自己是凡人，我只要求凡人的幸福"，表白了追求自我解放的思想。薄伽丘在《十日谈》中提出：自然把人创造得美丽而匀称，不是用木头和金刚钻造人，而是用血肉创造人，因此，人应当得到全面发展。瓦拉在《论享乐》中提出人有意志自由，人做的事是人自愿做的，人要为他自己所做的事负责任。皮科在《论人的尊严》中指出，上帝造人之时就赋予人以达到一切目的的能力，"上帝认定人是本性不定的生物，并赐他一个位居世界中央的位置"，"其他一切生灵的本性都被限制和约束在我们规定的法则的范围之内，但是我们交与你的是一个自由意志，你不为任何限制所约束，可凭自己的自由意志决定你本性的界限"〔1〕。此外，还有一大批著名的文学家、艺术家、思想家，以诗歌、小说、音乐、绘画、雕塑、戏剧或者论著，展示和赞美了个人的丰富性和音乐的独特性，表达了个人主义的自由观念。

文艺复兴激发了自然哲学的勃兴。自然哲学倡扬实验观察和科学方法，追求理性精神，强调认识自然的真正工具是人的理性智慧，而不是上帝的启示，从而推动人类积极地探索自然，认识和支

〔1〕 从文艺复兴到十九世纪资产阶级哲学家政治思想家有关人道主义人性论言论选集．商务印书馆，1966．33．

配自然，增强了人的自由主体性。文艺复兴后期，库萨的尼古拉提出，理智有一种追求真理的欲望，人的灵魂通过直觉可以与无限的东西联系起来，甚至可以与上帝联系起来。从这种哲学出发，他认为宇宙是单一的，不为任何其他宇宙所限制；宇宙没有中心，没有什么"高贵的星球"与"卑贱的星球"之分。哥白尼提出"太阳中心说"："太阳被称为宇宙之灯、宇宙之心、宇宙的主宰"；"太阳好像是坐在王位上统率着围绕它转的行星家族"[1]。这些观念不仅助长了文艺复兴的科学意识，而且为后世哲学自由是认识必然性的观点的出现作了有力的铺垫。

当然，有必要指出，文艺复兴是一个热情浓于沉思的时代。这个时代，长于热情的文学、艺术取得了辉煌成就，长于沉思的哲学却未能得到长足发展，正如罗素所述："文艺复兴并没有在哲学方面诞生出伟大的作品。它并不是一个进行伟大哲学思辨的时代，而是一个重新发掘根源的时代。"[2]因而，西方自由范畴在文艺复兴时期并没有得到理论的升华，取得系统完整的理论形态。

三、近代自由理论的新转向

文艺复兴的人文主义者有追求自由的强烈兴趣，但疏于沉思，未能给自由范畴提供审慎的哲学论证和系统的理论形态。这是遗憾，但情有可原。

文艺复兴以后西方哲学进入近代，开始了对自由的沉思。概括起来，近代哲学的自由之思大体表现出两种新转向：

---

〔1〕 哥白尼. 天体运行论. 科学出版社，1973.1，32.

〔2〕 罗素. 西方的智慧(下). 崔权醴译. 文化艺术出版社，1997.375.

首先是从理性中寻找自由的根据。从理性中寻找自由的根据,可以说自古有之。古希腊哲人主张求真理而得自由、求至善而得自由,其前提性的条件就是相信人是有理性的存在物。中世纪经院哲学家主张崇仰、服从、皈依上帝即为自由,同样基于人有理性的信念。文艺复兴呼唤人的尊严、自由和解放,更是以人有独立于神权、神意的理性为前提的。近代哲学的独特之处在于它把理性既看做人之为人的根本特性,又看做人类探索、认识、掌握外部世界和人自身的一种能力,用哲学的语汇来简化,即是主体性。近代哲学对主体理性的坚定信念,促动了人类意志力的迅速膨胀。而人类意志力的迅速膨胀,又驱使人类本着自由自主的历史冲动进入近代。所以,在整个近代,几乎风行"人有理性故有自由"一类的观念。培根说,人凭着理性在思想上得到了真理,也就得到了自由。霍布斯说,人凭着理性选择了最有利于自己的事情,便是自由。洛克指出,主体因为有理性能力来决定自己的行动,所以有自由;离开了理性、思想、意志,就无所谓自由。可见,西方哲学发展到近代,自由范畴才真正在人的主体理性上找到根基,才真正与作为人性的理性和作为认识能力的理性内在地联在一起,也才真正上升到人性论和认识论的高度。

其次是从与必然性的关系中探寻自由的内涵。自文艺复兴以来,西方自然科学的旨趣伴随着资本主义的扩展愿望而不断增强。自然科学旨趣的增强,又推动着人类认识、掌握、支配自然能力的发展,推动着工业文明的历史进程。同时也使外部世界愈来愈以合目的的规律、秩序、形式呈现于人类的实践活动和日常生活,从而把"必然性"的观念历史地带上前来。梯利在《西方哲学史》中指出:"必然和因果观念完全是在自然的活动中可以观察到的齐一性而来。相似的事物经常连结在一起,心灵乃出于习惯从其中一个的出现,推论到另一个。除去相似的事物的经常连结和随后的由此及彼的推论,人没有任何必然或联系的概念。"[1]

近代哲学把自然世界各种错综复杂的关系、形式、状态、结构、属性都简化为必然性,并且认为,只要认识和掌握这种必然性,就可以解决自然宇宙的问题,解决人与自然的关系问题,甚至解决社会历史问题和人类生存、发展的问题,就可以取得自由。因此,自由与必然的关系就成了近代哲学自由理论的基本主题。培根提出,要命令自然就必须服从自然,初步揭示了自由在于认识和利用必然的思想。霍布斯否认意志自由,认为意志受必然性的约束而不得自由。斯宾诺莎干脆把自由理解为由自身本性的必然性而存在,自身本性的必然性所决定的行为,奏响了近代哲学关于自由与必然关系的最强音。

"必然性"的观念在西方哲学史上甚为早出。但在近代以前,它一直极少与自由概念关联起来。早期希腊哲人仅仅是以"必然性"表示世界的始基。古罗马时期,必然性主要与善相联系,中世纪注重神性而不谈必然性。文艺复兴注重自然,却未把必然性明确提上日程。近代哲学把外部自然界简化为必然性,并从认识论的水平上把它与自由联系起来,这在西方自由范畴史上是一个飞跃。尽管这个飞跃多为现当代哲学家所讥讽,尽管这个飞跃最终导致了人与世界、自由与必然的二元分立模式,但就西方哲学的整体历史进程来看,其理论贡献是不容抹煞的。

近代前期,弗兰西斯·培根开始结合必然性探讨自由,提出

---

〔1〕 梯利. 西方哲学史. 葛力译. 商务印书馆,2001. 393.

“要命令自然就必须服从自然，在思考中作为原因的东西，在行动中便构成规则”[1]。知识来自于对必然性的认识，利用知识可以支配自然。他说：“由于形式的发现，我们就可以在思想上得到真理而在行动上得到自由。”[2]

霍布斯对自由理论的贡献之一在于他揭示了自由的个人主义内涵。他认为，自由首先是作为个人的自然权利而存在的。“自然权利就是每个人按照自己的愿意的方式运用自己的力量保全自己的天性——也就是保全自己的生命——自由。因此这种自由就是用他自己的判断和理性认为最为合适的手段去做任何事情的自由。”[3]霍布斯指出，人类在进入社会状态以前，曾经一度处于自然状态中。人的自然状态实际上是一种没有硝烟的战争状态。这种状态下，每一个人对每一样事物都有权利，甚至对彼此的身体也有权利。霍布斯把这种权利称为自然权利。自然权利的运用，必然造成人人争食、人人争利的局面，造成人与人之间的“狼”群关系。因此，他主张，为着人的自由不受伤害，人们应当联合起来，达成一种协议和惯例，并且把自己的自然权利授予某个核心的权威。这就形成了国家。国家的根本目的和职能，是以契约的形式去维护每个人的利益，保障每个人的自由。

霍布斯从必然与自由的冲突对立考察自由。他坚信，无论自然现象还是个人行为都受必然性支配，人自身并不存在可以称为“意志”的任何力量，自由只在于“做愿意、期望，或者倾向于做的

〔1〕 北京大学哲学系编译. 十六—十八世纪西欧各国哲学. 商务印书馆，1975. 9.
〔2〕 同〔1〕. 47.
〔3〕 霍布斯. 利维坦. 商务印书馆，1985. 97.

事情时,没有发现障碍”[1],其确切意义即是外界障碍的不存在。

洛克从“天赋人权”立论,论证人生而自由,自由是自然法为人类规定的基本权利。他认为个人虽然享有自然权利,但由于自然状态有种种缺陷,因而有必要订立社会契约,组成社会,设置政府。社会、政府的目的和功能是保护个人的自有财产和权利,除此之外,别无其他特殊的益处。洛克关于个人与社会、国家关系的思路,远与伊壁鸠鲁类似,近与霍布斯相通:个人第一位,社会、国家第二位;个人是本源,社会、国家是末流;个人是目的,社会、国家是手段。按他的设计,个人为了安全而转让部分自然权利给社会、国家和政府,社会、国家和政府为个人参与共同生活而提供安全保障。洛克孜孜以求的目标,就是保证个人在从自然状态转向社会政治状态之时,其自由不会丧失。

洛克看到,人既有自由的一面,又有不自由的一面。他认为,那种无思想、无意欲的存在物,在任何方面都受必然性支配,算不得自由的主体;同时,即使有思想、有意欲、有意志的人,也没有能力阻止运动和事件的发生;从这一角度说,人是不自由的。但另一方面,人又有自由。因为,“所谓自由观念就是,一个主因有一种能力来按照自己心理的决定或思想,实现或停顿一种特殊那样一个动作”[2],也就是说,自由是一种按照自己的选择、执行或不执行的能力。在能力所及的范围内,人是自由的,只有超出这个范围才会导致不自由。洛克从人既自由又不自由入手分析自由概念,为的是解决必然性与自由既相统一又相排斥所造成的矛盾。尽管

---

[1] [美]哲学大百科全书:第4卷.芝加哥,1972.41.

[2] 洛克.人类理解论:上册.关文运译.商务印书馆,1959.208.

洛克最终并没有成功地解决这个矛盾，但他深化了对必然与自由关系的认识。

笛卡尔高扬“我思故我在”，以“我思”为逻辑起点讨论自由。他认定：物理世界是受必然性支配的，“自动的机器虽然可以精确地进行其所适宜的运动，可是它们并不因此为人称赞，因为它们的运动的进行，乃是必然的”〔1〕。因为它们没有思想。但人不同于物理器械，人是有思想的。思想发自心灵。笛卡尔把心灵区分为主动与被动两个方面，认为意志和理智是主动的、自由的，感觉、欲望等则是被动的，它依赖于生理原因，因此不自由。理智的功能在了解观念、拟构判断，意志的功能则在于作出抉择。“人之能借意志自由动作，乃是一种高度的完善性质。”〔2〕“我们的意志的自由是自明的。”〔3〕笛卡尔进一步指出，正是由于人具有自由意志，人在认识中才存在对与错的问题，在行为上才会有受赞美和惩罚的问题。

四、斯宾诺莎、莱布尼茨、休谟的自由观

必然性与自由的哲学沟通，当始于斯宾诺莎。

斯宾诺莎敌视笛卡尔的二元论，对笛卡尔所谓上帝是绝对自由和人有自由意志的观点持否定态度。他说：“笛卡尔关于意志和意志自由的一切说法……是错误的。”〔4〕上帝根本就没有属于人的那种意志，也没有随心所欲一类事情发生。上帝料理的一切

〔1〕 笛卡尔. 哲学原理. 关文运译. 商务印书馆，1958. 14.

〔2〕 同〔1〕.

〔3〕 同〔1〕. 15.

〔4〕 斯宾诺莎. 伦理学. 贺麟译. 商务印书馆，1958. 239.

事物只能永远以同样的必然性的形式呈现。上帝以一种特别的方式显示自由。上帝的自由不在于他能够创造一个不同的世界,而在于他只凭自己的本性行事,不受任何外因支使行事。

斯宾诺莎曾把自然分为创造自然的自然和被自然所创造的自然,前者指陈上帝的实体及其属性,后者指陈随着上帝的某一必然性而来的样式。在他看来,凡是以前的语言中被称为“世界”的,都可以看做上帝属性的样式;凡是上帝属性的样式,都得按照必然性而活动,为必然性所决定。人一点也没有例外,人性也是实体属性的一个样式,人只能被决定去存在并且按照上帝的实体而行动。因此就其本性而言,人与天地万物一样不自由。

斯宾诺莎的哲学奉至善为根本目的。所谓至善,既指道德上的“人生圆满境界”,又指对整个自然永恒无限的最高实体的认识和把握。斯宾诺莎认为,道德上的终极境界与自然的最高本体是相通的。只要人达到对整个自然本体的认识,也就达到了道德上的圆满境界。

斯宾诺莎提出,自由不属于心灵,而只是心灵感受到的幸福。心灵的意愿出于别的原因,别的原因背后又有另外的原因,如此纠缠递进,以至无穷。所以,心灵总是受着奴役,无法摆脱强迫症,在心灵中没有绝对的或自由的意志。只有当心灵意识到精神本质上的受奴役状态,感受到连续的幸福和快乐,才会拥有相对的自由。斯宾诺莎认为,最高的幸福与最高的知识水乳交融:最高的知识总是伴随着心灵的最大快乐和满足,引出人生对神和永恒真理的爱,自愿融汇到永恒之中;反过来,最高的幸福总是以最高的知识为前提,它就是通过对形而上的对象的思辨而获得的心灵快乐。在最高知识与最高幸福水乳交融的境界中,人以自然整体为思辨对象,把自身的一切感情、意向、欲望都看成自然的组成部分，全身心沉醉于自然，顺应着自然，不以物喜，不以已悲，呈现出一种类似于中国古代美学常说的天人合一、物我两忘的审美状态。

斯宾诺莎理解的自由接近于积极自由。在斯宾诺莎说来，制约人的行为的因素有两种，一是外在的因素，一是个人自身的内在本性。这导致人的两种不自由情形，其一是个人行为受到外在因素的阻碍，其二是个人行为受自身条件的限制，无法实现自己所希望达到的目标。真正的自由不仅仅表现为人有权利去做自己愿做的事，而且表现为人有能力去做自己希望做的事。这种能力，他规定为对事物必然性的认识。

斯宾诺莎认为，自由人与奴隶有明显差别。奴隶受情感、意志的支配，不求理解而行动，行动了又不知其所以然。自由人则受理性指导，不为任何盲目的情感、意志所左右，其行动基于充分的理解，或者说纯出于自身，即“在寻求自己的利益的基础上，以理性为指导而行动、生活和保持自我的存在”〔1〕。因此，自由人对己、对物、对神都有透彻的理解，最为乐观也充满了生存信念，最有力量也最为主动，认识自然的永恒必然性，并且按照永恒必然性而行动。

斯宾诺莎关于“必然”有他非常独特的看法。他说，人和事物的必然有两种，一种是内在的必然，一种是外在的必然。内在的必然是内在本性和本质。外在的必然是外部外界的因素。前者是自由的，后者是强制的。“凡是仅仅由自身本性的必然性而存在，其行为仅由它自身决定的东西叫做自由，反之，凡一物的存在及其行

〔1〕 斯宾诺莎. 伦理学. 贺麟译. 商务印书馆，1958. 173.

为均按一定的方式为他物所决定,便叫做必然或受制。”[1]如此看来,斯宾诺莎所定义的自由,并不是我们所理解的那种与必然分离对立的自由,而就是必然。只不过这种必然不是外在的必然,而是内在的必然,不是来自于外部世界的必然,而是出于自身本性的必然。自由与必然在本体内涵上并无对立。但是,斯宾诺莎并未将自由与必然完全打成一片。在他那里,内在的必然是自由,但还有一个外在的强制的必然在。这个外在的强制的必然是不自由的。

莱布尼茨在哲学上力主“单子论”,以至把人和整个世界都描绘为一个单子的王国,连上帝也由单子所构成。单子没有窗户,人作为单子便无待乎外,不受外界决定,而由他的本性自行决定。在他那里,外界的一切都内摄在个体自身,“关于个人的个体概念,把凡是会对此人发生的一切事情一举包括无遗”[2],个体犹如一颗种子,包含着整棵树的未来。

莱布尼茨的自由观最终奠基于单子论。在他看来,“上帝之城”是当做一切可能的国家中“最完善”的国家而创造出来的;上帝在创造世界时,按照充足理由律从一切可能的世界中选择了最好的世界,仅此一点就表明,上帝是自由的。但是,上帝也得按规则办事。上帝的规则称为“完善性原则”,即从一切可能中选择最好的来创造的原则。上帝赋予人以人性,人也总是按照自己的本性选择最好的东西,这是人的自由。

莱布尼茨提出,自由可以区分成两种不同的意义:“一种意义是当我们把它和心灵的不完善或心灵的受役使相对立时所说的”

〔1〕 斯宾诺莎. 伦理学. 贺麟译. 商务印书馆,1958. 4.
〔2〕 参见罗素. 西方哲学史:下卷. 何兆武,李约瑟译. 商务印书馆,1963. 120.

自由,这就是哲学史上斯多葛学派所说的自由。“另一种意义是当我们把自由和必然相对立所说的”的自由[1]。莱布尼茨认为,第一种意义上的自由与理智相关,第二种意义上的自由则与意志相关,通常所谓的自由指后者。

莱布尼茨解释说,理智对意志的决定作用并不在于给意志一种绝对的、形而上学的必然性,而在于“使意志倾向于什么而不是必然地逼使它怎样”,因此,他特别反对将意志和理智完全对立、视自由为随心所欲的观点,认为这种观点的要害,“是要用自由来违反一切能来自理智的印象而从事意欲,这将把真正的自由和理想一起加以毁灭,而使我们降低到禽兽之下的地位”[2]。

莱布尼茨认为,自由并不建立在充足理由律的基础上,而是建立在完善性的原则上;自由并非任意的和反复无常的,而是确定的、在理性指导下的。为了理清必然与自由的关系,莱布尼茨把必然区分为绝对的必然性和假设的必然性,或者形而上学的必然性和道德的必然性。假设的必然性是把上帝的预见和预先安排强加给偶然事物上的必然性,道德的必然性则是“使贤明者选择那最好的、使一切心灵遵循那最大的倾向”的必然性。莱布尼茨这两种必然性不仅无损于自由,而且可以和自由统一起来。相反,形而上学的必然性和绝对的必然性意味着所有其他的办法都将是不可能的,是与假设相反的,因而不能有自由。

我们可以看出,莱布尼茨的自由思想固然蒙上了一层浓厚的神学色彩,但他认为自由不是随心所欲,自由是意志与理智相统

---

〔1〕 莱布尼茨. 人类理智新论. 陈修斋译. 商务印书馆,1982. 163.
〔2〕 同〔1〕.

一，自由与假设的必然、道德的必然统一的思想，又把自由范畴的研究向前推进了一步。

休谟在西方哲学史上的地位主要得自于他的怀疑论。这种哲学怀疑论两面出击，一面指向理性主义，一面指向经验主义。在休谟看来，认识虽然基于印象，但由印象得来的认识却不可靠。印象是来自于认识客体，还是来自于主体头脑中已有的观念，没有谁能说清，所以，经验论是可疑的。理性主义一向相信人禀有天赋的认识能力，凭理性认识完全可以获得真理。这在休谟的心目中，简直无异于知识论中的神话。休谟宣称：不仅上帝不可知，而且真实的世界也无法求证，理性主义是虚妄的。

休谟试图以怀疑论来解决自由的难题。他认为，如果承认客观必然性，如果把自由理解为摆脱这种必然性，那么自由的难题就无法解决。基于这一看法，他一方面否认物质世界的必然性，否认必然性为客观事物所固有，而把必然性看做是我们思想中或想象中的"一种习惯性联想"；另一方面，他又怀疑自由与必然性的分离和对立，认为自由如果和必然相对立，而不是和限制相对立，那它就无异于一种机会，这是一切人所不承认为存在的。

在休谟看来，自由并不是要排斥人类行为和他人的动机、倾向、环境的必然联系，反而以承认这种必然联系为前提。休谟所不赞成的，是把意志的发生归结为客观事物的因果联系，即自然界的因果必然性，因为从自然事物的因果必然联系来规定意志的发生，就会把每个人的意志发动都看成是预先规定了的，"照这样，则宇宙中便没有偶然；没有中立；没有自由"[1]，"所谓自由只是指可

〔1〕 休谟.人类理解研究.商务印书馆，1982.89.

以照意志的决定来行为或不来行为的一种能力,那就是说,我们如果愿意静待着也可以,愿意有所动作也可以"[1]。休谟的意思是,正因为人们的行为和行为者的品格有必然的联系,人们就应当对自己的行为负责;同样,正因为人们的行为是自己意志决定的结果,人们就没有理由把责任推卸给不可抗拒的因果必然性。基于这一看法,休谟指明自由并非与自然的必然性相对立,而是与人为的限制相对立。

五、启蒙时期的自由观

(一)卢梭的自由理论

卢梭的学说是一种政治哲学。这种政治哲学的出发点和归宿都在自由,都在把自由概念确立为一种核心的政治价值,也就是要"探讨在社会秩序之中,从人类的实际情况与法律的可能情况着眼,能不能有某种合法的而又确切的政权规则",即既保障自由又切实可行的政权规则[2]。

卢梭的自由概念有诸多含义,而最本质的含义是指人成为自己的主人,亦即后来伯林所说的积极自由。卢梭指出:自由意味着"一个人一旦达到有理智的年龄,可以自行判断维护自己生存的适当方法时,他就从这时候起成为自己的主人"[3]。这种自由与霍布斯的消极自由形成鲜明的对照。霍布斯虽然崇尚自由,但主张从安全起见,有理性的人们应当放弃部分自由,过一种有权威的

〔1〕 休谟.人类理解研究.商务印书馆,1982.85.

〔2〕 卢梭.社会契约论.何兆武译.商务印书馆,1980.7.

〔3〕 同〔2〕.9.

生活。卢梭恰恰相反,他不承认自由与被统治之间存在矛盾,而认为人们只有在社会生活、政治生活中才能过一种最完善的自由生活。因此,在卢梭那里,人是自由的,但同时可以是被统治的,自由与被统治并行不悖,相安无事。从这一点引申开去,卢梭把人区分为公民和臣民。公民和臣民不是两种人的称谓,而是同一个人的两种存在状态。主动参与制定法律的人是公民,被动服从法律的人是臣民。公民与臣民在同一个人身上水乳交融地统一着。

卢梭把实现自由的奇特方案确定为社会契约。所谓社会契约,是指"每个结合者及其自身的一切权利全部都转让给整个的集体","我们每个人都以其自身及其全部的力量共同置于公意的最高指导之下,并且我们在共同体中接纳每一个成员作为全体之不可分割的一部分"〔1〕。卢梭认为,社会契约乃是个体与公众的统一,个体所转让的自由保留在公众的意志中,个人服从公意,其实就是服从自己,他仍然自由如昨,只不过多了一层契约的保障。卢梭说:社会契约"能以全部共同的力量来卫护和保障每个结合者的人身和财富,并且由于这一结合而使每一个与全体相结合的个人又只不过是服从自己本人,并且仍然像以往一样地自由"〔2〕。

卢梭的思考逻辑是独特的。他明确指出,社会契约的建立,有一个功能性前提,这就是个人首先必须放弃自己的权利,必须向全体奉献出自己。但是,个体权利的奉献绝不是社会剥夺人的自由,而不过是个体生而固有的自由转换公意的形式。从这里可以见出卢梭从契约入手论自由的真实意图:契约不仅意味着天赋自由和

〔1〕 卢梭.社会契约论.何兆武译.商务印书馆,1980.23-24.
〔2〕 同〔1〕.23.

自然状态的放弃，而且意味着一个新的道德和社会秩序的创造；真正的自由是存在于社会、通过社会才有的自由。这样说来，他所谓"人是生而自由的，但却无往不在枷锁之中。自以为是其他一切的主人的人，反而比其他一切更是奴隶"〔1〕，就并非天然自由丧失的哀怨，而是对社会自由的渴望。卢梭虽然眷恋天赋自由，但却认为社会状态中的自由更加现实。

卢梭修正和推进了洛克的自由观念。他把洛克不受压制干涉的消极自由，修正为采取行动参与社会事务的积极自由。如前所述，洛克以自然法与社会契约立论，指出政府的存在功能是为了维护个人的权利；个人自由是目的，社会权威是手段。卢梭则不同。他认为，"由自然状态进入社会状态，人类便产生了一场最堪注目的变化；在他们的行为中正义就代替了本能，而他们的行动也就被赋予了前此所未有的道德性"；"唯有道德的自由才使人类真正成为自己的主人；因为仅只有嗜欲的冲动便是奴隶状态，而唯有服从人们自己为自己所规定的法律，才是自由"〔2〕。一句话，人进入社会状态并非只是解决自由的手段问题，毋宁说，它就意味着自由人的生成。

卢梭本是启蒙思想巨子，其自由概念具有强烈的政治色彩。他从自由概念引出的问题主要是政治现代性问题，社会的道德意义上的平等问题，以及自由与法律、权威、义务之间有无鸿沟的问题。他所追求的是自由的政治权利与政治义务的统一。因此，他的自由概念的影响主要在政治方面。贡斯当评价说，卢梭对自由

〔1〕 卢梭. 社会契约论. 何兆武译. 商务印书馆，1980. 8.

〔2〕 同〔1〕. 29，30.

的政治现代性构想，实质上是把古希腊人的政治制度移植到现代，他要返回工业社会前的小国寡民式的农业社会，因而，尽管他“被纯真的对自由的热爱所激励，却为多种类型的暴政提供了致命的借口”[1]。海涅也曾经说，卢梭的自由观与法国大革命关系密切，“马克西米利安·罗伯斯比尔不过是卢梭的手而已，一只从时代的母胎中取出一个躯体的血手，但这个躯体的灵魂却是卢梭创造的”[2]。

（二）18世纪法国唯物主义自由观

从文艺复兴的人文主义自由观到洛克的自由学说，直到法国启蒙思想的自由理论，其共同的立足点都是天赋人权，即都是从抽象的天然的人性出发的。这种自由理论，对于反对封建专权，摧毁中世纪消解和扼杀人性的神权与王权，无疑具有巨大的意义。但是，由于它把自由的终极根据建立在天赋的基础上，而绕开社会政治的根源不谈，因此，在法国第三等级高举自由、平等、博爱的大旗冲击封建专制堡垒的时候，它自身固有的矛盾便暴露出来。一方面，自由是天赋人权，必须在社会政治领域大力提倡并为之奋斗；另一方面，自由源于天赋，扎根于自然，人在现实社会人生中只能感到自由人远去的苦痛。自由与不自由同在的矛盾，是18世纪法国唯物主义自由观滋生的典型境遇。

18世纪法国哲学的核心观念是：人是自然的一部分，自由是人的自然权利；自然和世事都有客观必然性，自由与必然性内在相关。

---

〔1〕 邦雅曼·贡斯当. 古代人的自由与现代人的自由. 阎克文，刘满贵译. 商务印书馆，1999. 34.

〔2〕 海涅选集. 人民文学出版社，1983. 291.

霍尔巴赫用自然规定人性，从人性去看自由。他认为，“世界上一切都是必然的，不存在偶然性。自由意志决定论者的观点是错误的，其错误的原因来自他们把人的意志看成是他的行动的原动力，而且，因为没有更远地加以追究，所以他们丝毫没有看到，使意志自身运动起来，或安排和改变脑子的那些错综复杂的原因，是独立于人，而人，在他所接受的印象中，是纯粹被动”〔1〕。在霍尔巴赫看来，自然是一个由各种物质及其运动集合而成的大全体，人是其中的小全体。虽然，追求幸福是人的本性，“社会对于人的幸福是有益的和必须的”，“本性使人具有一些需要，同时使这些需要社会化”，但是，人和其他存在物一样，一切都按照绝对的必然性发生，什么也不能改变，“人在他的一切进步中，在他们经历的一切变化中，永远只是遵照他的机体以及自然用来制造这个机体的各种材料的固有的法则而活动”〔2〕。因此，人在自然状态中并非处于自由状态，而是处于必然状态。“人的任何行为举止都是不自由的；不难理解，甚至根据神学家们的概念，人的自由意志也是一种纯粹的幻想。”〔3〕“凡是自认为自由的人，只不过是一只把自己设想成宇宙支配者的苍蝇，虽然苍蝇本身事实上完全服从于宇宙的规律，不过自己并不知道。”〔4〕“人在他生存的每一瞬间，都是在必然性掌握之中的一个被动的工具。”〔5〕总之，“人在他的一生中没有一刻是自由”的。人生的要义只是按自然的本色来生

〔1〕 霍尔巴赫. 自然的体系(上). 管士滨译. 商务印书馆，1964. 175.

〔2〕 同〔1〕.

〔3〕 霍尔巴赫. 健全的思想. 王庭荫译. 商务印书馆，1961. 76.

〔4〕 同〔3〕. 78.

〔5〕 同〔1〕.

活,听从必然性即命运的安排。霍尔巴赫将这一层意思用“定命”一词来概括和表达,他说:“定命,就是在自然中建立起来的永恒,不变而必然的秩序,或是用自己所产生的结果去活动的种种原因之不能免的联系……支配物理世界的种种运动的必然,也同样支配着道德世界的种种运动,因而道德世界内的一切都服从于定命。”[1]由此可见,霍尔巴赫的自由观是宿命论式的。

狄德罗认为,人类最初生活在自然状态中,人人自由而平等。“自由是天赐的东西”,世间没有谁能从自然中获得支配别人的权利,任何人都不得支配别人。每一个同类的个体,只要享有理性,就会享有自由的权利。这里的理性,指的是意志。在狄德罗看来,意志具有两面性,既自由又不自由。人的意志的产生,首先是由外物刺激造成印象,继而在印象的基础上获得观念,进行反省,经过反省而后产生愿望、计划,从而采取行动。这样说来,人是不自由的。但从直接性上说,人的行动又只是一个单一原因的结果,这个单一的原因就是我们自己。在这个意义上,他又承认人是自由的。意志受外界制约而不得自由,人的行动有意志作主又有自由,这正是 18 世纪唯物主义自由的范式表达。

狄德罗在自然论上是费尔巴哈之前唯物主义观点坚定而彻底的一个。他指出,凡是自然界中存在的东西都是可以通过感受、经验来认识的。因此,如果上帝是存在的,那么它一定也能被感受、经验所认识。但是,狄德罗断言:上帝是没有的,上帝创造世界是一种妄想。世界上一切宗教都是虚伪的;宗教迷信是起源于无知和恐怖。自由当与科学认识携手同行。

〔1〕 霍尔巴赫. 自然的体系(上). 管士滨译. 商务印书馆,1964. 191.

在道德领域里，狄德罗一方面肯定人受社会影响，是不自由的。他说："应当把美德说成行善的行动，把罪恶说成作恶的行动。人有生而幸运的，有生而不幸的；人们不可抗拒地被总的潮流所牵引，这个潮流使一个人得到光荣，使另一个人得到耻辱。"〔1〕社会环境可以引人为善，受人尊重；也可以使人作恶，遭到鄙视。一个人的道德行为是由社会环境决定的。另一方面，人有决定自己行动的能力，有意志自由，而且这种自由是评判道德行为的关键。如果人在行善或作恶上是不自由的，那么，就不负有责任，正如发动机为外力所推动，对它的运动不负有责任一样。如果没有自由，则报偿可笑，惩罚不公，无论报偿和惩罚都没有意义。因此，自由是施行报偿或惩罚的根据，也是评判道德行为的必要条件。

第四节

德国古典哲学的自由观念

一、德国古典哲学自由范畴的理论特征

德国古典哲学的自由范畴是对传统哲学自由范畴的全面改造和提升。

按照人与世界关系的古典模式来说，世界是具有统一性的世界，人是世界的一部分。世界规约着人，人始终被世界所决定。人

〔1〕 狄德罗哲学选集. 江天骥等译. 商务印书馆，1979. 184.

不能自己把握自己、自己认识自己、自己驾驭自己,更不能以自己为根据去开显自己,而只能通过对世界统一性规律的认识或者对上帝的信仰,把自己合适地安置在稳定的世界整体之中,参与世界的统一决定。这种安置以及由安置而导致的稳定感,被传统哲学称之为自由。

自近代以来,西方哲学进一步把世界简化为必然性,把人与世界的关系简化为自由与必然性的关系。认为人从属必然便受奴役,人违背必然便受惩罚,人认识必然便得自由。

德国古典哲学家们对传统哲学自由范畴有过深刻的怀疑。从某种意义上说,他们对自由的思考还是从这种深刻怀疑中起步的。康德的自由理论就起于对传统认识论的质疑。他断言,人的认识能力是有限的,他只能把捉自然界的因果必然性,而对物自体无能为力,物自体处在认识论的彼岸。因此,通过认识自然界的必然性绝不能到达自由。不止康德,后来费希特、谢林、黑格尔都坚决拒绝那种以自然科学实验方式认识事物本体,然后取得自由的思考方式。

在德国古典哲学家们看来,传统哲学的自由理论必须改造和提升。但如何改造和提升呢?

康德率先提出:只有物自体才是自由因。因为,只有物自体才不受任何他者制约,不受任何因果必然性关系的影响。要在哲学上问自由,就得问到物自体上去。可是,在他看来,传统形而上学孜孜以求的物自体,根本就不是客观的,而是主观的;物自体即先验的道德律令,“道德律令在我心中”。因此,自由来自于主体对道德律令的自觉,而与格物致知、认识必然性无涉。显然,传统哲学的自由范畴被康德改造和提升为纯粹理念的先天原则。

继而,费希特以“绝对自我”设定自我与非我来陈述自由的根本内涵,谢林用“绝对”开显世界和人生的历史过程来规定自由的要义,黑格尔更是从历史与逻辑相统一的视角着眼,首先在精神现象学层面上,把自由理解为绝对精神自我孕造、自我分离、自我运动、自我发展、自我复归的本质。同时,又在历史哲学层面上把绝对精神推演为世界精神,发展为主宰世界历史的理性力量,将自由加以历史化,最后通过国家克服和扬弃特殊个体的冲动欲望、热情、任性,实现自然状态向社会状态的过渡,将自由现实化。

从这种改造和提升,我们可以看出,在德国古典哲学那里,人与世界的关系、自由与必然的关系恰恰对传统哲学来了一个翻转:不是世界统一人,而是人规约世界;不是世界替人立法,而是人替世界立法,不是点点滴滴认识事物的必然性才取得自由,而是事物的必然性形式和秩序原本就含摄在主体的理性之中。自由不是经验的结果,而是人的主体本质,是人的理性的先天原理。从而,不是从经验论体系中分析和归纳自由,而是在巨大的思辨体系中自上而下地推演自由。这个翻转表明:自从有人类思维以来,自从有自由观念以来,只有德国古典哲学才真正把人提升到自由的主体地位和本体地位,只有德国古典哲学才真正以人自身为本体和主体对自由范畴作出全面而完整的论述和解说,也只有德国古典哲学才真正赋予自由范畴以本体内涵和历史逻辑的普遍必然性质。

因此,西方哲学自由范畴史研究无法避开和绕过德国古典哲学。

二、康德的自由范畴

自由是康德整个思想大厦的拱顶石,也是康德思想体系中最富于原创性的范畴之一。康德说:“自由的概念,一旦其实在性通过实践理性的一条无可争辩的规律而被证明了,它现在就构成了纯粹理性的,甚至思辨理性的体系的整个大厦的拱顶石,而一切其他的、作为一些单纯理念在思辨理性始终没有支撑的概念(上帝和不朽的概念),现在就与这个概念相联结,同它一起并通过它而得到了持存及客观实在性,就是说,它的可能性由于自由是现实的而得到证明。”[1]

康德的自由范畴与物自体密切相关。它从物自体获得最原始的一个含义:即由乎自身,以自己为根据,自己开显自己,自己实现自己。康德所谓的物自体,不是万物之中的一物,也不是指自然世界的因果必然性,而是指自在之物。这个自在之物,绝对而纯粹,不受任何他者制约,不受任何因果必然性关系的影响,在现象界没有任何具体的对应物,无论哪一种表象物都不足以表征它。康德认为,物自体属于认识论的彼岸,它不可知。如果人们抱着认识论的态度和知性能力去认知物自体,那一定会导致理性的僭越。理性原本只能认知事物能够进入感觉经验的印象和表象,现在却要来认知无对象的物自体,这一则就不可能,二则也超出了自己的权限。康德强调,对于物自体,我们不可能形成科学体系,不可能给出相应的存在论知识,唯一的办法只能是在思想上信仰它的存在,在行为上自觉遵循它的法则。在这里,康德告诉我们,物自体只是一个自由因。

古希腊以降,传统形而上学一直把物自体当做一种终极的客观实在,当做主体认识的最高对象来看待的。这一由来已久的哲

---

〔1〕 康德.康德三大批判精粹.杨祖陶,邓晓芒编译.人民出版社,2001.274.

学传统延续到康德,便发生了根本转变。康德断言:传统形而上学孜孜以求的那个物自体,不是客体的实在,而是主体的理念;不是物的物自体,而是人的物自体;不是自然的必然,而是道德的律令;不是理论理性的思辨对象,而是实践理性的信仰对象;不是现象界的立法者,而是本体界的立法者。康德这一论断,对物自体作了重新定位,从而颠覆了传统哲学的基本信念,开始了本体论的现代转向。

这个本体论的现代转向带动了自由范畴的现代转向。

首先,传统哲学把物自体看做自然界的终极实在和最高的必然性,必定把自由定位于认识论。现在,康德把物自体归属于道德领域、实践领域,意味着只有道德领域、实践领域才有自由可言。自由与自然世界的必然性无关。自由即便有因果性,也决不是自然世界的因果必然性。康德说:"与作为自由的因果性概念不同,作为自然必然性的因果概念只涉及在时间中可规定的物的实存,因而作为现象与它的物自体的因果性相对立,假如人们把时间中的物的实存的规定看做是物自体自身的规定(这是最常见的观念),那么因果关系中的必然性不但以任何方式都无法与自由统一起来,而且它们是以矛盾的方式相互对立着的。"[1]其次,康德在道德领域、实践领域设置自由因,使实践理性规定的道德法则成为一种"应该",一种无条件的绝对命令,一种普遍有效的、超验的、自己以自己为根据和原因的先天原理。这种道德先天原理,一方面超越自然必然性和快乐幸福的感觉经验的纠缠,而具有本体

〔1〕 转引自俞吾金.论马克思对西方哲学传统的扬弃——兼论马克思的实践、自由概念与康德的关系.中国社会科学,2001(3).

论意义上的神圣性。另一方面,又为个体意志提供先天法则,使个体意志遵循“应该”,听从绝对命令而行动,而不受任何经验、情欲、利害计较的影响。也就是说,个体意志自律成为可能。再次,传统哲学把物自体看做自然事物的必然性,必定把自由看做对必然性的认识和支配。在康德这里,物自体成了人的“物自体”,心中的“道德律令”,而不假外求。因此,自由也就成了先验而超验的理念。康德认为,自由作为理念包括两种内在相关的内涵:其一,实践理性以自己为根据颁布的先天的道德法则;其二,个体自觉遵守道德法则的道德行为。前者涉及物自体、纯粹理性的“自己立法”,后者涉及个体意志行为的自觉守则,即“自己遵守”;前者是“自由因”,后者是“自由果”。

康德指出,认识领域绝没有自由,自由只是道德实践的构成性基础。因为,认识领域的各种现象之间具有必然联系。唯其有必然联系,现象才可被认识。唯其可被认识,现象才可被推断和预测。可是,道德领域的事,彼此之间却没有什么必然联系,因而也没有那种可认识性、可推断性、可预测性。康德列举了“福德两难”的例子来作证明。他说,世界上,正直的人并不快乐,快乐的人未必正直;遵守德行的人忍饥挨饿,道德败坏的人享受着物质上的幸福,这是常事。在道德领域里,幸福不能必然地推出德性,德性也不能必然地预测幸福。德性与幸福之间的关系是偶然的,不受因果律的限制,不受理性为知识提供的先天法则的管束,不能形成知识论的推断,不能按必然的程序来设计和处理。相反,道德之事,只能依道德律令,从理性自身出发去开显、践行,只能由理性的主体自己立法、自己遵守。实践本于自由,自由诉诸实践。

康德的自由观念是富有启蒙精神的,或者确切地说,他适应启蒙的需要而提出了自由范畴。康德在《历史理性批判文集》中曾指出,启蒙应当消除人类的不成熟状态。所谓不成熟,即是指主体的萎缩、软弱和不自由;用康德的话说,就是不经理性的审慎检验就轻易放弃某种信念和行为。康德指出,启蒙的一个必然条件便是允许公众自由,允许公众有公开运用自己理性的自由。公众自由虽然不等于个人自由,但康德认为二者之间并不矛盾。因为个人的自由不应当妨碍或者损伤他人的自由和幸福。反过来,个人运用理性也并非一点也不关心公共安宁和团结。康德关注的焦点当然在那种具有总体历史普遍性质的理性自由。所以,福柯说,康德的《什么是启蒙》乃是“现代性态度的纲要”[1]。

康德的自由观包含着多重矛盾。一方面,自由作为普遍立法,无任何法则限制;另一方面,自由作为个体执行意志,又需个体无条件地听从。这是自由本身的矛盾。一方面,自由在认识论中不可知;另一方面,在道德领域又依赖于个体自觉。这是认识和实践的矛盾。一方面,自由是人类总体理性的纯粹形式和自在形式,是至善;另一方面,又与感性个体的感觉经验无涉,也不能诉诸感性个体的生命存在。这就必定会产生人类总体与感性个体的矛盾。此外,还有先验与经验、无限与有限之间的种种矛盾。康德在《判断力批判》中将这一系列矛盾归结为自然与自由两个世界之间的鸿沟。他说:“现在,虽然在作为感官之物的自然概念领域和作为超感官之物的自由概念领域之间固定下来了一道不可估量的鸿沟,以至于从前者到后者(因而借助于理性的理论运用)根本不可

---

〔1〕 福柯. 何为启蒙. 见文化与公共性. 三联书店,1998. 429.

能有任何过渡，好像这是两个各不相同的世界一样。"[1]

从整体上看，康德的自由，乃是在思辨的哲学头脑中所发生的思想骚动。黑格尔《哲学史讲演录》说过，法国人和德国人都追求自由，然而自由这个原则"在德国作为思想、精神、概念，在法国是现实世界中汹涌而来"[2]。自由仅仅停留于思想、精神和概念上，正是康德思想的特征。

但是，自由应当开显自身，应当对感性的现象界施加影响，应当与必然统一。自由与必然如何统一？康德告诉我们：这只有在神性的天国和审美的王国才有可能。神性的天国不多说，在那里一切分离、对立、矛盾、冲突都得到了消解；理性的就是经验的，合理的就是现实的，道德的就是幸福的，自由的就是必然的，理念的就是存在的，总之，那是一个纯粹完美、和谐化一的"彼岸"。

审美王国是康德《判断力批判》涉及的世界，也可以看做神性天国的一个人间投影。这个审美王国的根本特征就在自由。

康德认为，审美无利害，它既不是生理上的官能满足，又不是善的道德判断。生理上的官能满足涉及物质欲望，道德判断涉及社会的功利，二者都不自由。审美则只是对象的形式适应了主体的心理能力而引起的愉快，因而是自由的愉快。不过，这里的所谓自由，并非道德意志、实践理性的自由，而是指主体超越了对象实存的束缚，从而静观对象形式的自由。这也说明，在康德的心目中，审美自由与道德自由不可等视齐观。康德认为，审美是一种具有主观普遍性的愉快。主观普遍性不同于客观普遍性。后者是涉

〔1〕 康德. 康德三大批判精粹. 杨祖陶，邓晓芒编译. 人民出版社，2001. 399.

〔2〕 黑格尔. 哲学史讲演录：第4卷. 商务印书馆，1978. 240.

及概念的普遍性,既可知,又可言传,同时还与现象界的因果必然性相牵连,甚至还可以强迫别人接受,因而不自由。主观普遍性则只是凭借对象的个别形式而引起主体的共同感受,只可意会而无法用概念来表达,因此是自由的。

按康德的规定,审美是主观的合目的性。主观合目的性又不同于客观的目的性。后者要么是指事物符合有用的目的,要么是指事物符合完善的目的,总之涉及对象的实际内容。主观的目的性则既不涉及事物的功用,又不涉及事物是否完善,而只是对象的个别形式适合主体需要而引起人人都有的主观共同感,所以自由。

康德的自由观给我们的美学启示就在这里:审美自由与认识论上的支配必然性无关,它只是一种个别形式合主观目的的自由感。

三、费希特、谢林的自由观

费希特在本体论上取消了康德的自在之物,以为那是一种无用的虚构。他把"自我"作为一切实在的源泉,绝对的、无条件的源初出发点,自然界及其必然性的创造者。从而,物质世界、客体对象都成了自我设定出来的偶性或者非我。在他那里,客体依存于主体,非我从属于自我。没有主体就没有客体,没有自我便没有非我。一切进入自我的东西,原本就在自我之中。完全脱离或外在于自我的东西是不存在的。费希特的自由概念正是从这种本体论出发演绎出来的。他指出,绝对自我完全无条件地设定自我与非我,完全由自身产生出外在世界和一切客体。它既不需要任何外在条件,也不需要任何外力的推动;既不受他者所束缚,又不听从异己的命令,而体现出以自己为根据的源初的创造力量。因此,绝对自我就是自由因,绝对自我的活动就是自由。

不过,费希特接受了康德关于人的两重属性和两重存在的思想。康德曾经提出,自由本来高高在上,不在现象世界发挥作用,但由于自由离不开选择,因此必须存在一个可供选择的领域,必须设定一个对象世界。费希特受到这一思想的影响。他认为,自我设定非我,设定对立的世界,这个对立世界不仅不与自由相抵触,而且还有利于自由的实现。基于对自由两重性的看法,费希特引出了人的两重属性和两重存在的思想,认为从属性上看,"人既是理性的生物,又是有限的生物,既是感性的生物,又是自由的生物"[1],就存在而言,"人不仅具有绝对存在、纯粹存在,他还具有这种存在的特殊规定;他不仅存在,而且他也是某种东西;他不仅说'我在',而且还说我是这个或那个"[2],可见人的存在呈现为自我与非我的矛盾。这个矛盾实际上正是自由的正题与反题。自由的正题是,自我必须无条件地设定自由,以确保自己决定自己,自己听凭自己的良心行动;自由的反题是,自我必须限制自由,以便在自然规律和他人自由的条件下实现有限的自由。

费希特看到,在实践领域,经验的"自我"受外界事物的奴役,永远摆脱不了非我的纠缠,因而是不自由的。只有当"自我"意识到自己就是目的,自己就是绝对自我自己应当决定自己、实现自己的希望时,才会直接看破虚假的必然性,认识到自由就是绝对自我的本质。在费希特看来,把人的一切意志和愿望看做由自然必然性来规定,把意志自由视为幻觉,这是理性缺失的结果。所以,他

〔1〕 费希特.论学者的使命 人的使命.梁志学,沈真译.商务印书馆,1984.11.
〔2〕 同〔1〕.7-8.

坚决否定世界及其规律的客观性，主张意志的绝对自由。

费希特所说的绝对自我实际上指涉着整个人类。自由是绝对自我的本质，实际上意味着自由是人类的本质。在费希特看来，人类在创造世界，也创造了自身。人类自我虽然停留在经验领域的时候不自由，但却可以把经验自我提升到绝对自我的水平上去，从而达到自由境界。当经验自我与绝对自我一旦同一，人类就能与上帝相当。这是一个永远无法企及，但又永远值得信仰的自由王国里。在这个自由王国里，"整个人类将摆脱盲目的事情和造化儿的播弄。整个人类将自己掌握自己的命运，它将服从自己的思想，今后要绝对自由地从自身做出只要它想从自身做出的一切"〔1〕。

费希特还看到，意志和理性是处于不可分割的统一性之中的。意志之所以成为首要的、决定性的力量，是因为它合乎理性、合乎道德，能意识到自己的目的，并力图用合理的手段来实现自己的目的，从而达到自由。可见，费希特已经把自由理解为一种历史过程，触摸到了自由的实践维度，触摸到了主体的自由行动与历史必然性的联系。

自由在谢林哲学中的定位是十分高玄的。谢林认为，只有在自由与必然的对立统一中，哲学的最内在的中心才会得到考察。自由不是其他概念下的一个概念，而是处在哲学整体构架的中心。自由概念的规定，就是对整个哲学本身的规定〔2〕。因此，谢林把自由概念从道德领域引入历史领域，并以之为历史哲学的基本范

---

〔1〕 奥则尔曼．费希特的哲学．伯显译．商务印书馆，1963．33－34．

〔2〕 参见海德格尔．谢林论人类自由的本质．薛华译．辽宁教育出版社，1999．33．

围和中心课题。

谢林自由观的主要视点放在自由与必然的关系,尤其是自由与历史必然性的关系。首先,谢林不同意启蒙思想家把自然理解为规律主宰的领域、将自然与自由割裂开来的观点,而主张绝对自由与绝对必然的同一。因为,上帝的行动一方面绝不取决于外在事物,是绝对的自由行动;另一方面源自于内在的自我本性中的必然,是绝对的必然行动。其次,谢林认为,上帝的主要特征是自由,世界万有都包含在上帝的自由之下,人类历史也无例外;同时,人类的历史行为和历史过程具有自觉的意识和预期的目的,因而属于自由的领域,"神话讲历史,是从本能统治向自由领域跨出的第一步开始的"[1]。谢林肯定,人类历史过程固然有规律可循,但这种规律"完全不同于可见的自然界中的规律,就是说,是一种以自由为目的的自然规律"[2];历史的本质就在于它"表现了自由与必然的统一,并且只有这种统一才使历史成为可能"[3];一切行动只有通过必然与自由的原始统一才能理解,自由应该在历史中通过必然性而揭示出来;"任何行动,无论是个人的还是整个类族的,作为行动都必须被设想为自由的,作为客观结果则都必然被设想为服从于自然规律的"[4]。

谢林看到,就个体而言,每个人在他的自由行动中能产生出他所没有企求的事情来;就类来说,人类在自由行动中创造了未曾料到的"第二种自然界",即政治、法律等社会制度。这表明,

〔1〕 谢林.先验唯心论体系.梁志学,石泉译.商务印书馆,1977.240.
〔2〕 同〔1〕.235.
〔3〕 同〔1〕.243.
〔4〕 同〔1〕.254.

人类的行动和活动存在着一种矛盾现象，即行动产生的结果与行动者本来的意志有时完全相反。“人虽然在行动本身是自由的，但其行动的最后结局方面却取决于一种必然性，这种必然性凌驾于人之上，甚至操纵着人的自由表演。”〔1〕谢林认为，自由与必然之间的这种矛盾对立，只是表面现象。细究下去，历史中其实存在着一种把自由与必然、主动动机和客观效果、个人与族类综合统一起来的力量。这个力量就是他所谓的“绝对”。“绝对是个人和整个族类自由行动中的客观事物和主观事物和谐一致的真正根据。”〔2〕因此，深一层看，自由并非处在与必然的敌对中，而是在与必然的统一中发展，不断扩大界限，人类历史是整个族类的行动，其总体趋势和方向体现着整个人类共同的理想和目的，历史的行程乃是一个从自由到必然、从必然到自由的辩证过程，用他自己的话说：“自由应该是必然，必然应该是自由。”〔3〕

谢林揭示了自由在美学研究中的核心地位。在《艺术哲学》一书中，他把艺术和审美放到了一般认识的最高形态的地位上，提出艺术天才通过自由的理智直观可以把握“绝对同一性”；同时对康德《判断力批判》进行了重新阐释，把艺术和审美活动看做实现自然与自由、感性本原与精神本原和谐同一、臻于理念的无限性的根本途径，从而成为浪漫主义的理论代表。

〔1〕 谢林.先验唯心论体系.梁志学，石泉译.商务印书馆，1977.245.

〔2〕 同〔1〕.250.

〔3〕 同〔1〕.244.

四、黑格尔的自由范畴

马克思指出：黑格尔的《精神现象学》是整个黑格尔哲学的“真正诞生地”[1]，从而也是黑格尔自由观念的真正诞生地。

《精神现象学》的突出意义在于，它使无限、绝对不再孤栖于遥远的天国，而扎根在有限、相对的现实中，在有限、相对之外，没有一个无限、绝对单独存在，由此而形成黑格尔与康德的基本区别。在康德那里，自由、物自体一类无限绝对者，都被划归不可知的彼岸。在黑格尔那里，自由、物自体进入了一个活生生的精神开显过程，进入了精神的掌握之中，进入了人通过劳动而诞生的过程中，进入了“自我意识”的历史生成中，于是精神与无限绝对同在，必然性的东西成了精神自身的开显和体现。

自由作为精神的自我体认，不是认识意义上的，而是实践意义上的。这是我们探究黑格尔的自由范畴应当具有的第一个重要识度。

另一个重要识度是历史的识度。黑格尔认为，理性即世界精神，是统治世界的历史的主体，世界历史的生成是理性地生成。世界精神体现为各个民族精神的追求目标，便是自由意识的进步。自由意识的发展历程就是世界历史的发展历程。这个历程经历了三个阶段：在东方只有一个人是自由的，在西方古代唯有几个人自由，而到近代日耳曼世界，人人都有自由。这里的结论并不重要。重要的是，黑格尔所描画的精神开显过程，不再像康德那样的抽象、空洞、无世界性，而是具有充实内容和具体个性的；黑格尔所描

[1] 马克思. 1844年经济学—哲学手稿. 刘丕坤译. 人民出版社，1979. 112.

画的自由，不再像康德的自由仅仅是一道无声的命令，而是一个创造性的历史行程，一种血肉丰满的、个性化的现实存在。

基于这两个重要识度，我们可以看出，黑格尔完全用不着到自然界内去寻觅什么必然性才有自由，自然界只不过是精神自由表演的场所而已。精神，即 greist，在黑格尔的哲学中，并非理论性的直观，而是实践性的活动，尤有活力、能动、否定、创造的意味。黑格尔说，精神“自己二元化自己，自己乖离自己，但却是为了能够发现自己，为了能够回复自己，只有这才是自由”〔1〕。精神在能动否定和创造中开显自己、生长自己、转换自己，便是自由。我们还可以看出，黑格尔的纯粹认识论是归属于逻辑学的，它侧重于理念的逻辑推演过程。精神现象学在他那里实际上是本体论和实践哲学，侧重于精神的显现过程。自由范畴是定位于后者的。有学者指出：“诚然，在黑格尔那里，绝对精神的自我运动同时也就是它的自我认识的过程，因而他并没有把本体论与认识论割裂开来，并对立起来。但我们必然牢牢地记住，黑格尔继承了康德哲学的传统，他始终是站在本体论和实践理性（道德、法律、政治、宗教、历史等领域）的地平线上来论述自由问题的。把黑格尔的自由观理解为一种单纯的认识理论，蕴含着人们对西方自由理念的根本性的误解。”〔2〕

在黑格尔看来，人离不开自然界，并不是因为离开了自然界就没有自由，而是一旦离开自然界，人就没有一个对象化的世界来展示、体现、确证自己的自由。同时，人在自然界获得的自由感，也不

〔1〕 黑格尔. 哲学史讲演录：第1卷. 贺麟，王太庆译. 商务印书馆，1959. 28.

〔2〕 俞吾金. 实践诠释学. 云南人民出版社，2001. 301－302.

是来自于人对外在必然性的支配和认识,而是一种生存的家园感、落定感。黑格尔说:"人必须在周围世界里自由自在,就像在自己家里一样,他的个性必须能与自然和一切外在关系相安,才显得是自由的。"〔1〕黑格尔认为,自由即使作为必然,也是内在的必然:"内在的必然性就是自由。"〔2〕必然性是内在于绝对精神的。自然界就真存在必然性,也是绝对精神乖离者异化自己的结果。所以,黑格尔讲自由是对必然性的认识,实质上等于说,自由是绝对精神向自身的回归。

黑格尔认为,那种主观任性的自决和选择,出于偶然动机的胡作非为,以及对外在物质世界的依赖,都算不得真正的自由。自由是心灵的最高定性。这个最高定性就是内在于绝对精神的必然性。因此,自由从内容上说,乃是绝对精神通过人的心灵所达到的自我回复,它常常体现为思想上的真理和行为上的善。不过,黑格尔认为,如果理性内容仅仅停留在主体内而没有实现出来,便还没有自由。真正意义上的自由应当是主体与客体、理性与感性的和解。自由作为和解,不仅需要理性内容,而且需要对象形式。从形式来看,"自由首先就在于主体对和它自己对立的东西不是外来的,不觉得它是一种界限和局限,而是就在那对立的东西上发现它自己"。这就是说,主体和世界得到了和解,在世界中得到了满足,一切对立和矛盾都趋于解决。

黑格尔在自由范畴史上的重要贡献,还在于他把上述自由观念应用于美学上,在康德的基础上更加深入地讨论了自由与审美

〔1〕 黑格尔.美学:第1卷.朱光潜译.商务印书馆.1979.332.

〔2〕 黑格尔.小逻辑.贺麟译.商务印书馆,1980,105.

的内在关系。他曾经指出，在人与现实的实践欲望关系与理性认识关系中，主客体双方均是有限的、不自由的，只有在人与现实的审美关系中，主体与客体才能克服片面性，达到真正的自由和无限，“正是由于这种自由和无限，美的领域才解脱了有限事物的相对性，上升到理念和真实的绝对境界”〔1〕，因此，“我们一般可以把美的领域中的活动看作一种灵魂的解放，而摆脱一切压抑和限制的过程”〔2〕。

黑格尔认为，无论从内容上还是从形式上看，美都是自由的理念。从内容上看，美作为理念，与绝对精神的必然性相关，具有真与善的理性内容。它使人从各种现实的利害计较、生存欲望、物质束缚中解放出来，所以，“审美带有令人解放的性质，它让对象保持它的自由和无限，不把它作为有利于有限需要和意图的工具而起占有欲和加以利用”〔3〕。从形式上看，美又具备体现真善理性内容的感性形式，即理性内容的实现和客体化。黑格尔指出，感性形式既是理念的对立面，又是理念的创造物，或者说，是理念自身的转化，故而理念在感性形象中就没有任何拘束和限制：“概念是在它的‘另一面’里和它本身的统一，所以它是自由的，它的一切否定都是自确定，而不是由另一体所外加的限制。”〔4〕综合起来，美集中体现于艺术，“艺术的内容就是理念，艺术的形式就是诉诸感官的形象，艺术要把这两方面调和成为一个自由的统一的整

〔1〕 黑格尔. 美学：第1卷. 朱光潜译. 商务印书馆，1979. 148.
〔2〕 黑格尔. 美学：第3卷. 朱光潜译. 商务印书馆，1979. 337.
〔3〕 同〔1〕. 147.
〔4〕 同〔1〕. 139.

体”[1]。黑格尔关于艺术和审美即自由的思想是对自由范畴内涵的重大发展，在西方美学史上产生了深刻的影响。

五、其他思想家的自由观念

(一) 荷尔德林的自由观念

荷尔德林是谢林和黑格尔的同窗，但他以独特的方式表达了不同的自由观念。黑格尔把自由理解为绝对精神的特质，谢林把自由理解为超越自然与自我而朝向精神发展的诗意境界，荷尔德林则把自由理解为人与万有的合一。

荷尔德林认为，人本虚无，虚无是人生的根本目标和终生随伴，“我们为虚无而生，热爱虚无，相信虚无，为虚无而劳碌终身，以逐渐化入虚无”[2]。正是人生的虚无，为自由提供了绝对的根据。所谓自由，简单地说，就是无需任何外在条件和因素的决定，而以自身为根据。自由从本质上规定着人，是人和其他动物相区别的标志，也是人和他人、人与自己相区别的标志。

在荷尔德林看来，人与自然最初是和谐的，但原始人在自然界却并没有自由。自由起自于人脱离原始和谐、重建更高和谐的过程中。人离开原始和谐，等于说人与自身相分离。人与自身的分离是通过选择客体来完成的。人对客体的自由选择和把握，实际上就是对自己命运的自由选择。由此，荷尔德林声称，自由就是人的自我规定。人的自我规定具有双重意义，一方面，它产生了自我及其对立面的和谐，既使得“我”与“自身”分离对峙，又使这种分

---

[1] 黑格尔. 美学：第1卷. 朱光潜译. 商务印书馆，1979. 87.

[2] 荷尔德林. 荷尔德林文集. 商务印书馆，1999. 42 – 43.

离对峙作为对立面和谐地统一显现在“我”中;另一方面,它使自我对现状感到不满,转而投入世界、超越现状、自找痛苦。荷尔德林写道,万有生于情趣,万有止于和平。

荷尔德林强调,人的存在与人的本性属于两个不同的概念。就存在来说,人存在于自然中,是自然的一部分;就本性而言,人超越自然,趋向自由,过着不断向上的、更为高尚而神圣的生活,即一种“与万有合一”的生活。荷尔德林用诗的语言写道:“与万有合一,这是神性的生命,这是人的天穹”;“与生命万有合一,在至乐的忘己中回归自然宇宙,这是思想和欢乐的颠峰,他是神圣的峰顶”〔1〕。荷尔德林所谓的“万有合一”,既是指人超越自然的神圣感,即美感;又是指人生的自由的神性境界,即审美境界。荷尔德林认为,相对于这种“万有合一”的自由神圣的审美境界,一切主体,一切客体,一切统一,一切根据,一切宁静、舒适、幸福,统统都只是中介形式,“一种情感,既非单纯地舒适幸福,亦非单纯地崇高强大,亦非仅仅为统一和宁静,而是同时是这一切,并且只能如此,它因此才美,一种情感,既不只是无私地献身于客体,也不仅仅无私地栖息于内在的根据,也不只是无私地逍遥于内在根据和客体之间,而是同时是这一切,并且只能如此,它因此是神圣的”〔2〕。

按照荷尔德林的观点,人越是肯定自身的自由,就越能专注于自己的至善生命,从而也越能由较低层次跃升到本真层次。基于此,人不应当固守于个别局部状态和原始和谐状态,而应当不断突破狭隘意识,开拓视野,关注世界,走向未来。“我们生活在一个

〔1〕 荷尔德林. 荷尔德林文集. 商务印书馆,1999.8.

〔2〕 同〔1〕. 233－234.

万物朝着美好的明天而努力的时期。启蒙的萌芽,这种个体向人类之教养转化的宁静的希望和奋斗,将遍布四方,茁壮成长并且结出灿烂的果实。”[1]人是社会的存在,如果没有共同意识,没有向世界和未来开放的目光、胸襟,那么,无论是谁都不可能禀有自由的内在的灵性生活。在荷尔德林的心目中,真正自由的人,乃是不断发展、既脱离原始和谐整体又力图达到更高整体的人,是对世界开放、对未来充满理想渴望和乐观主义信念的人,是在所有的事业和行动中达到与万物合一境界的人,也就是在本性上具有神性的“美的人”。

(二) 费尔巴哈的自由范畴

费尔巴哈的基本哲学立场是人本主义。他从人本主义出发,一方面“从神学中将人的哲学的必要性,亦即人类学的必要性推究出来,以及通过神的哲学的批判而建立人的哲学的批判”[2];另一方面拒绝康德的那种“经验不能证明”的抽象自由,同时又尖锐地批判黑格尔“绝对理念的自在自为的发展”的唯心主义自由观,从而把自由规定为人的本质的实现和人对幸福的追求。

费尔巴哈与18世纪法国唯物论者一样,坚信自然界受客观必然性所支配。他采用叔本华的话说:“必然就是应当从某一充足理由得出的东西……可以说必然性和从某一充足理由得出的结果是可以互换的概念。”[3]但他看到,人有意志和行为,“在规定事物的根据和结果之间,中途上站着我,一个被规定了的本质,这个个人。我是那个中间环节,是这样一个理由,在这个理由中并且通

〔1〕 荷尔德林.荷尔德林文集.商务印书馆,1999.346.

〔2〕 费尔巴哈哲学著作选集:上卷.荣震华,李金山译.商务印书馆.1984.121.

〔3〕 同〔2〕.448.

过这个理由同某一结果联系起来"[1]。这即是说,人是自然的一部分,处在自然存在发展的环链中,自然赋予并规定了人的本质。人作为自然的、感性的存在物,其意志总是希望得到幸福,没有追求幸福的愿望就没有意志,"我欲故我在"[2],人的意志和行动是合乎自然、合乎必然的。

费尔巴哈充分肯定自由的存在。他说:"自由在通俗的、即一般的意义上不意味别的,而只意味没有明显的强制。"[3]人的意志和行动虽属必然,但必然性不是抽象的、无区别的、无内容的。推动人们行为的动力多种多样,有原始的,有派生的,有暂时的、盲目的,有长远的、自觉的,等等。但只有那种和人的本质相符合的意志和行动才属于"自由的必然性";反之,那种盲目的,不受任何约束的愿望的必然性"则是敌意的、可恨的、非人性的、可鄙的必然性"[4],它们导致意志和行动的不自由。

费尔巴哈吸收和继承了德国古典哲学自由理论的共识,认为人只有通过必然才能获得自由。他甚至把自由称为自由的必然。在他的著作中,必然性有两种,一种是第一性的必然性,一种是第二性的必然性。前者是自然界的必然性,后者是人的内在本质所固有的必然性,即由内部与外部、义务与趋向、规律与意志统一而成的必然性,这也就是自由。费尔巴哈说,只有在自由主体的内在本质同主体存在的条件相一致时,人才有自由。同时,也只有与主体内在本质存在相适合的条件,才称得上必然条件。人作为自由

[1] 费尔巴哈哲学著作选集:上卷.荣震华,李金山译.商务印书馆,1984.448.
[2] 同[1].591.
[3] 同[1].592-593.
[4] 同[1].439.

主体，依赖于自然的必然性而存在，而自然界则不依赖于人。但是，费尔巴哈并不主张人是自然的奴隶，受必然性的奴役，相反，他主张人改变自然界的赠物，将自然万物提升为一种普遍的存在。在这个改变自然、提升自然的过程当中，必定要解决人的内在本质与生存条件、依赖性与独立性、必然性与自由之间的诸多矛盾。费尔巴哈指出，克服这些矛盾，乃是实现自由的必要条件。

费尔巴哈认为，自由是相对的、有条件的。他说："意志是自决，但自决仅仅在不以人的意志为转移的自然界规定的领域内。"〔1〕"人不是先天(a priori)就自由的，只是在后天(a posteriori)才自由的。"〔2〕自由只是存在于时间之中的；时间是自由的可能性和条件。自由的实现程度随时代发展、时间推移而有不同。今天被视为幻想的东西，在未来却可以实现。自由不是开端，而是目的；不是与生俱来的能力，而是教育的结果〔3〕。

费尔巴哈从人本主义的角度提出，自由在于异化的扬弃。他认为，人是追求自由的。从原始宗教到基督教本来是人向往自由的产物，然而这些宗教却反过来成为凌驾于人之上的异己力量。也就是说，追求自由的人丧失自由。这就是异化。这种异化现象在基督教中尤为突出。因此，费尔巴哈指出，只有批判宗教，澄清"神学之秘密是人本学"，把"属人的本质"复归于人，把对上帝的爱还原为对人的爱，才能使宗教和政治的奴仆，变成自由自觉的公民，才能扬弃异化，获得自由。

---

〔1〕 费尔巴哈哲学著作选集：上卷. 荣震华，李金山译. 商务印书馆，1984. 426.

〔2〕 同〔1〕. 422.

〔3〕 参见费尔巴哈哲学著作选集：上卷. 荣震华，李金山译. 商务印书馆，1984. 598.

费尔巴哈的自由观是在批判宗教神学,以及从康德到黑格尔唯心主义自由观的基础上建立起来的。它在一定程度上也克服了卢梭的先天自由论和法国唯物论的机械决定论,达到了旧唯物主义的最高水平,曾给马克思的自由理论以积极的影响。然而,这种自由观带有心理学和伦理学的局限性,同时又把广阔的社会历史领域放在视野之外,不从实践的观点看自由,滞留在直观的水平上,因而缺乏实践哲学的深度。费尔巴哈这种人本主义自由观的两重性也在他的美学思想中得到了充分体现。

第五节

马克思的自由观念

一、马克思自由观的理论视野

马克思是在实践唯物主义的整体框架内思考自由的。

首先,他认定自由产生于实践对障碍的克服,自由的本体内涵蕴含在实践的概念之中,"劳动尺度本身在这里是由外面提供的,是由必须达到的目的和为达到这个目的而必须由劳动来克服的那些障碍所提供的。但是克服这种障碍本身,就是自由的实现,而进一步说,外在目的失掉了单纯外在必然性的外观,被看作个人自己自我提出的目的,因而被看作自我实现,主体的物化,也就是实在的自由——而这种自由见之于活动恰恰就是劳动”〔1〕。同时,实践的存在形态决定了自由的存在形态。在马克思那里,实践可以区分为三种基本形态:一种是人类征服自然、改造自然的物质生产劳动;一种是人类改变现存事物和现存社会关系的革命实践;另一种是感性个体的生存活动,即广大的人生实践。与之相应,自由也有三种:一种是从人与自然的关系、物质生产劳动中取得的自由,即认识和支配必然性的自由;一种是从人与社会的关系、变革社会的革命实践中取得的自由,即人作为社会存在所达到的超越和解放;另一种即是从感性个体的生存活动中取得的自由。

其次,从人与世界的关系,尤其是现实的物质生产关系、生活关系中考察自由。马克思指出,人是现实的个人。现实的个人总是遭遇到一定的物质生存条件,总是直接碰到一定的社会关系。“个人不是他们自己或别人想象中的那种个人,而是现实中的个人。也就是说,这些个人是从事活动的,进行物质生产的,因而是在一定的物质的、不受他们任意支配的界限、前提和条件下活动着的。”〔2〕人在关系中存在,关系如同呼吸一样不以人们的意志为转移,绝没有处身于关系之外的孤立的、抽象的原子式的个人。“黑人就是黑人,只有在一定的关系下他才成为奴隶。纺纱机是纺棉花的机器,只有在一定的关系下,它才成为资本。”〔3〕人是一切社会关系的总和。在马克思看来,被亚当·斯密和大卫·李嘉图当做出发点的单个的孤立的猎人和渔夫,或者卢梭用来建立社会契约的天生主体之间的关系,乃至自由主义者罗尔斯当做出发点的

〔1〕 马克思恩格斯全集:第46卷(下).人民出版社,1980.112.
〔2〕 马克思恩格斯选集:第1卷.人民出版社,1995.71-72.
〔3〕 Marx and Engels: Ausgewaehlte werke (Band I). Dietz terlag, 1989.574.

原初状态,其实都是从他们置身其中的社会关系中虚构出来的。马克思进一步指出,关系不是凭空设想出来的,而是在实践中历史现实地形成、发展的生产关系、生活关系。人的自由不是脱离各种社会关系而特立独行、为所欲为,而是从各种社会关系,首先是生产关系中取得的。人的自由度的高低大小并不取决于人的自我意志和愿望,而是取决于现有的生产力、生产关系、物质生活条件。马克思说:“人们每次都不是在他们关于人的理想所决定和所容许的范围之内,而是在现有的生产力所决定和所容许的范围之内取得自由的。”〔1〕

再次,从解剖市民社会入手探讨自由问题。自由根源于实践。实践总是在一定历史条件下的实践,社会关系也总是在一定历史条件下的社会关系。从市民社会入手,实际上就是从实践的具体情境和社会关系的具体情境入手。这样,自由的探讨才是历史具体的。马克思指出,解剖市民社会应当诉诸政治经济学,而研究政治经济学则应当运用“从抽象上升到具体的方法”〔2〕。“法的关系正像国家的形式一样,既不能从它们本身来理解,也不能从所谓人类精神的一般发展来理解,相反,它们根源于物质的生活关系,这种物质的生活关系的总和,黑格尔按照 18 世纪的英国人和法国人的先例,概括为‘市民社会’。”〔3〕正是由于从市民社会着眼来探讨自由,马克思看到,自由的真正实现,以私有制的消灭、阶级的消除和国家的消亡为前提。“劳动阶级在发展过程中将创造一个消除阶级和阶级对立的联合体来代替旧的市民社会;从此再不会

〔1〕 马克思恩格斯全集:第 3 卷. 人民出版社,1960. 507.

〔2〕 马克思恩格斯选集:第 2 卷. 人民出版社,1995. 19.

〔3〕 同〔2〕. 32.

有原来意义的政权了。因为政权正是市民社会内部阶级对立的正式表现。”[1]自由是一种诉诸社会革命和历史实践的解放，“‘解放’是一种历史活动，不是思想活动，‘解放’是由历史的关系，是由工业状况、商业状况、农业状况、交往状况促进的”，“只有在现实的世界中并使用现实的手段才能实现真正的解放”[2]。人类的解放，自由人联合体的形成，是与人类社会历史发展的实际进程内在地统一在一起的，而不是一种脱离历史实际的空想。

二、马克思的自由概念

马克思的自由概念有一个发展过程。最初在青年时期，他从人与动物相区分的视野上看自由，把自由看做人优越于动物的重要标志。继而转向从人与自然关系的角度，从认识论的层面上看自由，赞同黑格尔关于自由是对必然性的认识的观点，主张个人的自由和独立，又不否认外部世界的合理性。在 1843 年发表的《黑格尔法哲学批判》的著作中，他开始思考国家的自由问题，提出国家应当符合于实现理性自由的国家的概念而成为理性的国家，应当成为相互教育的自由人的联合体。在《1844 年经济学—哲学手稿》中，他开始联系实际地改造世界的劳动实践来理解自由。成熟时期，马克思主要运思本体论意义上的自由，即通过变革现实社会制度，实际地反对并改变现存事物的革命实践而取得的自由，并把这种自由定位于人的理想存在状态和未来社会的存在状态。

我们知道，马克思对黑格尔哲学的扬弃，突出地体现在对“绝

〔1〕 马克思恩格斯选集：第 1 卷. 人民出版社，1995. 194.

〔2〕 同〔1〕. 74 – 75.

对精神”意蕴的道破。他说：“在黑格尔的体系中有三个因素，斯宾诺莎的实体、费希特的自我意识以及前两个因素在黑格尔那里的必然的矛盾统一，即绝对精神，第一个因素是形而上学地改了装的、脱离人的自然。第二个因素是形而上学地改了装的、脱离自然的精神；第三个因素是形而上学地改了装的以上两个因素的统一，即现实的人和现实的人类。”[1]所谓把绝对精神还原为现实的人和现实的人类，意味着原先被黑格尔确定为绝对精神本质的自由，在这里被马克思确定为人的本质。我们还知道，马克思最初是受费尔巴哈哲学的启示而超越黑格尔的，但不久后又因倾心于黑格尔哲学的历史感而超越了费尔巴哈。费尔巴哈虽然以人为本，但他对人的思考，重心不在“人之所以为人”的根基探究，而在于把人从神学统治下引向直观的肉体的人。他说：“目前的问题，还不在于将人之所以为人陈述出来，而是在于将人从他所沉陷的泥坑中拯救出来。”[2]马克思对费尔巴哈的超越，根本之点乃是将费尔巴哈当做感性对象的人，引向感性活动，即社会历史实践，从而把自由的活动、实践、人三者内在地统一起来。

马克思承认人有意志的自由。但他指出，意志自由基于对事物的认识，以人的理性为背靠，“意志自由只是借助于对事物的认识来作出决定的能力”[3]。并且，意志自由不是随心所欲，而是有界限的。界限来自于具体的现实关系和社会的法律制度。“自由就是从事一切对别人没有害处的活动的权力。每一个人所能进行的对别人没有害处的活动的界限是由法律规定的。正像地界是由

〔1〕 马克思恩格斯选集：第2卷. 人民出版社，1972. 177.

〔2〕 费尔巴哈哲学著作选集：上卷. 商务印书馆，1984. 120.

〔3〕 马克思恩格斯选集：第3卷. 人民出版社，1995. 455.

界标确定的一样。”[1]

马克思把自由规定为人的实践的本质。他指出:“生活活动的性质包含着一个物种的全部特性、它的类的特性,而自由自觉的活动恰恰就是人的类的特性。”[2]实践的自由性质集中体现在:其一,实践不由任何他者、他物、他律来支使和制约,它的目的就在自身,就在生成、丰富、完善从事实践的人自身的本质力量,生成、建构、发展实践的人自身的存在方式;其二,实践能够全面塑造人自身,全面改造世界。马克思在《1844年经济学—哲学手稿》中指出,诚然,动物也有生产。譬如蚂蚁垒窝、蜜蜂营巢,但动物只是受到直接当下的肉体需要的支配来生产,并且仅仅生产它们自身,人则不仅在摆脱肉体需要下生产,而且能够再生产整个自然。

马克思看到,人类在征服和改造自然的物质生产劳动中,在人与自然的关系中,可以取得认识和支配必然性的自由。但他认为,人与自然关系的自由,物质生产劳动取得的自由是有限的。它们都不能担保人有自由的存在方式和生存状态,而只能保证人支配和改造自然事物的成功和顺利。譬如,在资本主义市民社会中,“异化劳动把自我活动、自由活动贬低为手段”[3],劳动不仅没有给劳动者带来生存的自由,反而让劳动者只是在劳动之外才感到自由自在,这就是这种自由之有限性的一个明证。同时,即使是物质生产实践,也不止有人与自然的关系,还有人与社会他人的关系。“劳动首先是人和自然之间的过程,是人以自身的活动来引

〔1〕 马克思恩格斯选集:第1卷.人民出版社,1972.438.
〔2〕 马克思.1844年经济学—哲学手稿.刘丕坤译.人民出版社,1979.50.
〔3〕 同〔2〕.51.

起、调整和控制人和自然之间的物质变换的过程"[1];"为了进行生产,人们便发生一定的联系和关系;只有在这些社会联系和社会关系的范围内,才会有他们对自然界的关系,才会有生产"[2]。因此,即使是物质劳动的自由,也不能仅仅归结为人与自然的关系,人对自然的征服、改造。按照马克思的观点,人类实践虽然可以取得认识和支配自然必然性的自由,但这种自由却不具有本体论意义。决定人类自由与否的根本因素在于社会关系、社会制度。只有改变现存社会关系、社会制度、社会事物的革命实践,才真正对人的自由作出本体论承诺。他指出:"事实上,自由王国只是在由必需和外在目的规定要做的劳动终止的地方才开始;因而按照事物的本性来说,它存在于真正物质生产领域的彼岸。"[3]

根据马克思的描绘,未来的社会是自由的王国,是"自由人的联合体"。自由王国的本质特征是人自身的全面发展,个体自由的充分实现,对历史必然性和直接形式的自然必然性的扬弃。"在这个必然王国的彼岸,作为目的本身的人类能力的发展,真正的自由王国,就开始了。"[4]"代替那存在着阶级和阶级对立的资产阶级旧社会的,将是这样一个联合体,在那里,每个人的自由发展是一切人的自由发展的条件。"[5]这个"自由王国"或者"自由人联合体",是从社会历史、经济形态演进的历史过程中生成出来的,是对人类生存前景的瞻望和预测。这一瞻望和预测表达了马

〔1〕 马克思恩格斯全集:第23卷.人民出版社,1972.201-202.

〔2〕 马克思恩格斯选集:第1卷.人民出版社,1972.362.

〔3〕 马克思恩格斯全集:第25卷.人民出版社,1974.926.

〔4〕 同〔3〕.927.

〔5〕 同〔2〕.273.

克思对人类未来的终极关怀。

马克思的自由概念同时也是紧紧关联着个人自由的。他明确指出,人们的社会历史始终只是他们的个体发展史,真正的自由是个人的自由。不过,马克思从来不是抽象地讨论个人自由,从来不是在个人与国家之间作空洞无物的逻辑推导。他所讲的个人自由,总是历史现实境遇中的个人自由,总是历史变迁中的个人自主活动。这种个人自主活动在人类历史演进过程中大体可以分三个阶段:最初的阶段是完全属于自然发生的人的依赖关系;第二阶段是以物的依赖性为基础的人的独立性形成;第三阶段是建立在个人全面发展和他们共同的社会生产能力成为他们的社会财富这一基础上的自由个性。历史发展的理想境界即是自由王国的生成。这个自由王国,则是"以每个人的全面而自由的发展为基本原则"的[1]。

马克思虽然也重视物质生产劳动中的自由,人与自然关系的自由,但他更重视人类社会生活的自由,人与社会关系的自由,变革现实、否定现存事物的革命实践的自由,人的社会存在方式和存在状态的自由。马克思认为,只有这种自由才是本体论意义上的自由,才是人生在世的最高目标,才是衡量理想社会和理想存在方式的标尺。

马克思的自由观在美学理论上的应用,集中体现在《1844 年经济学—哲学手稿》中。马克思指出,动物的生产是受自然律的支配的,人的实践则是自由的,"动物只是按照它所属的那个物种的尺度和需要来进行塑造,而人则懂得按照任何物种的尺度来进

〔1〕 马克思恩格斯全集:第 23 卷. 人民出版社,1972. 649.

行生产,并且随时随地都能用内在固有的尺度来衡量对象;所以,人也按照美的规律来塑造"[1]。这些论述至今对审美活动的探讨和美学学科的建设仍然具有极其重要的指导意义。

第六节

现当代西方的自由观念

一、现当代西方自由理论的基本特征

从整个思想史进程看,康德把主体理性的自由提升到最高地位,黑格尔把以自由为本质的绝对精神确立为最后主宰,表明传统的思辨哲学关于自由的理论探索已经发展到了尽头,完成了它的历史使命。自此以后,西方哲学开始了自由理论的新转向。

这首先是从理性自由观转向非理性自由观。传统哲学思考自由,走的是纯灵方向。它要么到外部世界探寻客观的本体,获取真理性的认识,求真理而得自由,要么在主体自身回溯理性、意志、先天法则,把捉自由的人性根据,求至善而得自由。总之,在主客两极推导讨论自由问题。现当代西方哲学则不同,它从人的现实生存入手,走非理性的感性人生方向。这一走向始自叔本华。叔本华率先转向盲目的意志冲动,尼采紧随其后,转向富有生命活力的超人。继而,弗洛伊德转向性欲和无意识,柏格森转向生命的绵

[1] 马克思.1844年经济学—哲学手稿.刘丕坤译.人民出版社,1979.50-51.

延，胡塞尔转向生活世界，马利坦转向心灵信仰，西方马克思主义转向日常生活批判，海德格尔转向此在，萨特转向存在的自由选择，伽达默尔转向交往实践，如此等等。总之，抛舍传统哲学的人与世界二元分立模式，拒绝形而上学的理性主义建构，到非理性的人的当下生存中寻访自由的根基和真意，否定自由与理性的相关性，主张人没有知识也可以自由地思考，不把自由看做知识论的问题而看做生存论的问题，成了现当代自由理论的一个典型表征。

对理性的排斥意味着对自由与必然关系的排斥。当代西方哲学家们都看到，人并不是按照必然的程序和逻辑规则来生存的。人的当下生存充满了各种不确定性和不规则性。“规律性、必然性只是表征着多数人的活动和整个社会的发展。”〔1〕每个人在其生存途中所碰到的是偶然的荒诞的境遇。同时，人的自由不是知识论能解决的问题，而是人的生命、实践和存在才能处理的问题。传统哲学在人与世界、主体与客体、自由与必然二元分立的认识论模式中求自由，只不过是形而上学所虚构出来的一种神话。它的要害是以对社会的总体设计来压制和操纵个体的意愿和行为，并诱使人以主体的身份对自然进行无情的掠夺和摧残。基于这样的看法，现当代哲学的自由论坛虽然杂音纷呈，却根本就听不到“自由是认识和支配必然性”一类的声音，反而只有“自由是对于随机性的认可”，而不是源于对必然性的遵从一类提法〔2〕。

其次，从类的自由转向个人自由。传统哲学所高扬的那种具有历史逻辑的普遍性质的先天理性原则，那种自我运动、自我开

〔1〕 张文喜. 马克思论大写的人. 社会科学文献出版社，2004. 228.

〔2〕 张国清. 中心与边缘. 中国社会科学出版社，1998. 217.

显、自我复归的绝对精神，其实只是抽象的自由原理。传统哲学所谓的必然性，只是从人类的立场来看世界所得到的一种关于世界的认识，所谓认识和支配必然性的人，只是一种抽象的类，而所谓认识和支配必然性的自由，也只是类的自由。这种自由并不能落实在个体的感性生存上，也无法确证单个人的丰富性和单个人的自由。可是，自由从本原的意义上说，却正是指个人自由。贡斯当说："个人自由是真正的现代自由。"〔1〕李普森也说："自由主要是一种个人主义的观念"，"自由是以个人为主而从自己的观点去看别人"〔2〕。传统哲学是与这种真正的自由失之交臂的。现当代哲学则不同，它不追求这种空洞、抽象的类的自由，而把焦点集中在个人的自由。它所担心的并非族类能否支配必然性，倒是时时提防自己被前人和别人同形同构，变成缺失个人的工具、手段和复制品。因此，现当代哲学家普遍认为，个人的自由占据绝对优先地位。马利坦就曾经提出，集体的人必然剥夺个人自由。萨特甚至把"他人"称为地狱，指出"原罪就是我在有他人存在的世界上的涌现"〔3〕。海德格尔也曾经举常人为例，说明庸庸碌碌、平均状态、平整作用，是失去个人自由的常人的存在方式，常人总是为平均状态而操劳，为平均状态而存在；"常人到处在场，但却是这样，凡是此在挺身出来决断之处，常人却也总已经溜走了"〔4〕。

再次，从乐观的自由转向悲观的自由。传统哲学所说的自由，

---

〔1〕 贡斯当. 古代人的自由与现代人的自由之比较. 李强译. 见自由与社群. 三联书店，1998. 321.

〔2〕 李普森. 民主的基本法则. 交流，1986(3).

〔3〕 Jean-Paul Sarttre, Being and Nothing: AnEssary on Phenomendogial Onlology, Hazel Barnes tr., London, Methuen & Co Ltd, 1957. 410.

〔4〕 海德格尔. 存在与时间. 陈嘉映，王庆节译. 三联书店，1987. 148.

是基于人类对自身认识能力和主体性的坚定信念，常常体现在人类征服、改造自然，夺取物质财富的实践活动和现实物质成果，因此在一定意义上总是渗透着乐观主义精神，表现着人类的积极性、主动性和进取性。现当代西方哲学则不然，它的自由观往往散布着一种悲观情调。叔本华就认为，自由意味着在自我意识中摆脱人生的无休无止的贫穷和烦恼。这种贫穷、烦恼无论如何不能清洗干净；于是一种无端的悲观从自由中来。萨特说，自由的逻辑结果乃是"人肩负着整个世界的重负"，恐惧和忧郁状态是自由人天生的随伴。加缪说："一切自由的结局都是惩罚在等待着我们；正因为如此，自由才是一种沉重的负担。"[1]弗洛姆指出，人本是追求自由的，但在当代社会，逃避自由反而成了人类的一种普遍心态，因为自由给人带来的乃是一种无法忍受的孤独、失落、恐惧、绝望和忧伤。

二、叔本华的自由观念

叔本华以意志为本体，置换康德的自在之物，抗击黑格尔的绝对精神，开启了自由范畴的非理性历程。

叔本华认为，"意志只是作为自在之物才能有真正的自由，而自由亦即独立于根据律之外"[2]。意志是独立的、无所待的自在之物，它不受任何他者、他律的制约，本身即为自由因。但是另一方面，叔本华指出，意志却营造了一张痛苦的人生之网，它使人时刻企图给自己设定各种目的和理想，时刻沉陷在各种危险之中，在

〔1〕 加缪选集．转引自[苏]戈卢宾科．必然与自由．北京大学出版社，1984．166．

〔2〕 叔本华．作为意志和表象的世界．石仲白译．商务印书馆，1982．552．

痛苦和无聊之间像钟摆一样来回摇动，总之，使现实人生没有任何自由可言。

人如何才能获得自由？叔本华的奇特方略是人成为纯粹认识的主体。所谓纯粹认识，说穿了，就是排斥意志的动机，拒绝功利的纠缠，以纯粹直观的方式去打量意志的理念、事物的纯粹形式。因此，它是一种超越和摆脱了意志奴役的自由认识。叔本华指出，纯粹认识只能出现于两种情况：一是伦理拯救，即彻底的禁欲行为；二是审美和艺术创造。在这两种情况中，只有在这两种情况下，人们才能摆脱一切世俗的利益和要求，去除一切现实生活与世俗的理想和目的，抛弃一切理性和科学的观念以及奠基于理性的道德规范，而进入一种无我之境。用叔本华自己的话说："我们已不再是那个体的人，而只是认识的纯粹主体，个体的人已被遗忘了。我们只是作为那一世界眼而存在，一切有认识作用的生物（固然）都有此眼，但是唯有在人这只眼才能够完全从意志的驱使中解放出来。"〔1〕

在这里，我们看到，叔本华所谓纯粹认识的自由，已经完全偏离了传统哲学所谓理性认识的自由。在传统哲学那里，自由从根本上是对必然性的理性认识和支配。在叔本华那里，自由是一种非理性的直觉，一种超越性的审美直观。"审美直观直接指向作为终极实在的意志，不是去认识它，不是把它作为涉及实在的真理之源来理解，而是像神学中的信仰和启示那样，达到一种彻悟，进而摆脱意志的束缚，使自己成为纯粹的、无意志的、无痛苦的、无时

〔1〕 叔本华. 作为意志和表象的世界. 石仲白译. 商务印书馆，1982. 276.

间的认识主体。”〔1〕

叔本华基于意志本体论，提出两种自由的概念。他说，如果细加考察，自由是一个消极概念。“通过这一概念，我们想到的只是一切障碍的消除；而相反，在这一切障碍表现为力量的时候，它们必然是积极的。”〔2〕意思是说，人成为纯粹认识的主体，意志被暂时消解或超越，即为消极自由；人受意志主宰，意志表现为人生企求的驱动力，则为积极自由。显然，在叔本华看来，人的自由只能是消极自由。意志本身的自由才是积极自由。而当意志本身表现为自由的时候，恰恰就意味着人生的痛苦和不自由。因此，叔本华的自由概念，指的是消极自由。

叔本华认为，消极自由有三种类型。

第一种是自然的自由，即各种物质障碍的不存在。譬如，自由的天空，自由的眺望，自由的空气，自由的田野，自由的场所，等等，都没有令人讨厌的条件。叔本华说，“自然的自由”呈现的根本条件是没有障碍，但是，人们却总是从积极的方面来理解，认为只有受意志推动的东西或者遵循其意志而行动的东西，才是自然的自由，这给自由的考察带来了许多困难。

第二种是智力的自由，即一个人的思维处在健康的、非强制状态下的自由。这种自由与自然的自由十分贴近，可以说，它就是自然的自由在个体思维上的体现。

第三种是道德的自由，即自由的意志决定。叔本华指出，这种道德上的自由，并不是指一个人想干什么就干什么的自由，而是指

〔1〕 刘小枫．诗化哲学．山东人民出版社，1986．118．
〔2〕 叔本华文集．钟鸣等译．中国言实出版社，1996．543．

所有的必然性的不存在。因此,它的基本含义仍然保持在"消极自由"的概念之内。

叔本华提出消极自由,根本旨趣在于抑制人的欲望、否定人的生命(生存)意志,消除由意志造成的一切人生障碍。而他抑制人的生命(生存)意志、获得消极自由的主要途径之一,就是艺术和审美活动。这就使得叔本华的自由观与审美紧紧地联系在一起了,也使他的审美自由论成为其美学理论中最重要的部分之一。

三、法兰克福学派的自由观

法兰克福学派产生于20世纪30年代,其国际影响在60年代后期达到顶峰。这一学派的自由观主要表现在弗洛姆和马尔库塞的学说中,其中弗洛姆的自由理论最具有代表性。

弗洛姆认为,自由是一种"认识选择",即"从对立的可能中作出选择的能力,两者择一,经常是指生活中的合理的利益与不合理的利益之间的选择,及其发展与停滞、死亡之间的选择"〔1〕。按照弗洛姆的意见,保证选择自由的决定性因素在于认识,因为人在进行选择的过程中,每一行动都影响着自由的得失。一方面,"凡是在能增强我的自信心、我的正义感、我的勇气和我的信念的生活中前进一步,也就增强了我选择愿意选择的东西的能力";另一方面,"每一种屈从的、怯懦的行为都会使我软弱无力从而为进一步顺从的行为开辟道路,最终导致自由的丧失"〔2〕,这两方面需要认识的指导。其次,认识的功能还在于从现象背后发现无意识的欲

〔1〕 弗洛姆. 论自由. 文摘,1986(2).
〔2〕 同〔1〕.

望。弗洛姆赞同弗洛伊德的意见，把人的心理分为三部分："本我"、"自我"和"超我"。"本我"是无意识的心理结构，即非理性的原始冲动。"自我"受知觉系统影响，代表理性和常识，用以控制和压抑来自"本我"的非理性冲动。"超我"是人性中高级的、道德的、超个人的心理层面，它以良知的形式严格支配着"自我"。弗洛姆强调，认识要把捉"隐藏在意识力量中的理性化的东西"，用理性控制无意识的欲望，不然的话，会使人失去自由选择的能力。再次，弗洛姆认为，自由是"对可供人们在其中进行选择的种种现实可能性的认识"[1]。现实可能性是一种能物化的可能性，它与想象的可能性相反，后者永远不可能变为现实。人的自由选择是受现实可能性制约的，它要在现存的可能性中进行选择。这也有赖于认识。"自由可以被定义为在认识选择及其后果的基础上的行动而不是根据'对必然性的认识来行动'。"[2]

弗洛姆指出，自由的发展具有辩证性质。从本性上看，人原本是合群的，拥有爱和安全感。但人在摆脱束缚、获取自由的同时，却打破原有的心理平衡，造成人的孤独和恐惧，以致于产生逃避自由的冲动。从社会发展的角度看，人随着社会的发展而生成为自由人，但由于人"不能和人类生存的物质基础，不能和社会中的经济、社会及政治的结构分开"，而现实社会的经济竞争、政治文化条件往往存在着许多违背人性的要求，它加剧了人的孤独情绪、疏远感，以及对自由的恐惧，迫使人们从追求自由反而转向逃避自由。弗洛姆说："如果人类个人化过程所依赖的经济、社会和政治

[1] 弗洛姆. 论自由. 文摘，1986(2).

[2] 同[1].

环境条件,不能作为实现个人化的基础,同时人们又失去了给予他们安全的那些关系(束缚),那么这种脱节的现象就使得自由成为一项不能忍受的负担……这时便产生了有力的倾向,想要逃避这种自由,屈服于某人的权威下,或与他人及世界建立某种关系,使他可以解脱不安之感,显然这种屈服或关系会剥夺了他的自由。"[1]弗洛姆所指出的从追求自由转向逃避自由,实际上反映了现代社会的精神危机,反映了现代人的内心空虚。

在弗洛姆看来,摆脱孤独和失落的方式,是从消极的自由提升到积极的自由。在积极自由的存在状态下,"人可以是自由而不孤独的,可以具有批评能力,而不会充满怀疑,是可以独立的,而仍然是全人类的完整的一部分"[2]。获得这种积极自由的方法和途径是靠"自发的爱和工作",弗洛姆称之为人本主义或人道主义。他说:"今天有许多人都在寻找这一条道路,这是一条真正使人得到满足、使人得到尊重的道路。"[3]

马尔库塞与弗洛姆类似,在他的自由学说里,总是含藏着一种对现代资本主义的批判视角。但两个人的具体论证和提法并不相同。弗洛姆认为,资本主义的经济和政治条件迫使人们逃避自由,拒绝充当"自由人"。马尔库塞则认为,在资本主义社会,人不仅未能实现自由,反而还受到一种"多余的压抑"。迄今为止,由于历史条件的限制,自由还从来没有成为现实。人的自由本性处在双重压抑之中:一是基本的压抑,人类为了消除物质上的匮乏以维持生存的需要,必须并组织劳动进行有效的管理,这就意味着要接

〔1〕 弗洛姆.逃避自由.北方文艺出版社,1987.33.

〔2〕 同〔1〕.45.

〔3〕 弗洛姆的最后谈话.国外社会科学动态,1980(12).

受一种不可避免的合理的压抑。二是多余的压抑,在发达的资本主义社会,人们要接受为着维持政治秩序和稳定统治而设立的各种制度法则的压抑,这是社会要求的基本压抑之外的一种“多余的压抑”[1]。马尔库塞正是从这两者压抑着眼来批判现代资本主义社会的。

马尔库塞在《单向度的人》中指出,在发达的工业社会,科学技术的进步创造了富裕,改善了劳动和生活条件,提高了物质享受水平。同时,统治阶级又是用技术和文化、用物质享受,而不是用恐怖来征服社会的一切离心力量的。在这种情况下,人们只会片面追求物质享受而忘记自由的本性,只关注现实而忘记未来,只知道按技术合理性办事,而丧失反抗的批判精神。人成了单向度的人。马尔库塞明确指出:“生活水平的不断提高。不断提高的劳动生产率所创造的日益增多的剩余产品……它就会减弱自由的使用价值。”[2]可以说:“拥有一切合理性的福利国家,却是一个不自由的国家。”[3]在这里,马尔库塞揭露,自视为自由世界的资本主义社会,实际上最不自由。

按马尔库塞的看法,现代人类所受的压制,根本上是文化、科学技术对人性的压抑,其主要内容是心理上和意识上对人性的压制和摧残。因此,要摆脱奴役和压制,恢复人的自由本性,就要进行“心理革命”和“意识革命”。或者说,革命应当从改变人本身入手,从“意识革命”和“本能革命”入手。这种“意识革命”的战略,

〔1〕 马尔库塞.自由和历史的绝对律令.哲学译丛,1982(2).

〔2〕 马尔库塞.单向度的人.转引自西方马克思主义译文集.中共中央党校科研办公室,1986.186.

〔3〕 同〔2〕.185.

马尔库塞称为“大拒绝”,即拒绝资本主义社会的科学技术、意识形态及其管理制度,通过这种“心灵意识的途径去实现自由”。

法兰克福学派的这种自由观在其美学思想中也有体现。弗洛姆把马克思的异化理论与弗洛伊德主义结合起来,提出了“心的异化”、“思想的异化”、“希望的异化”等异化的新形式,来批判资本主义对人的精神自由的剥夺和毒害,并提出用“生产性的爱”来消除这种种异化的构想,而这在实际上就建立起具有自由精神的人的主体性。正是这种自由的主体性才能成为审美活动的主体性,才能使主体进入审美状态。马尔库塞则从其自由观出发,提出通过艺术和审美来重建“新感性”,以摆脱资本主义社会的科学技术、意识形态及其管理制度对人性的压制和摧残,获得心灵的全面自由。

四、海德格尔的自由观念

海德格尔在人生在世的存在论整体框架内理解自由,他对自由提出了两种基本的见解,分别展示出前后期的自由之思:其一,自由就是此在挺身而出生存;其二,自由是通过思的实践进入世界,进入存在真理的揭示和开放性中。

生存是海德格尔思想体系中的核心概念之一。前期海德格尔更重此在挺身而出生存。生存的意思是指人生在世站出去而进入此在的开放状态,实现其独一无二的可能性。陈嘉映先生解释为:“从将来方面领先筹划出开展出此在自己的能在。一切生存的可能性都从将来方面属于生存。”[1]海德格尔有时也把生存称为被

〔1〕 陈嘉映.海德格尔哲学概论.北京三联书店,1995.95.

抛。被抛与站出来生存是一回事。只是被抛听起来被动，实际上很主动，它标明此在挺身而出，承担自己的责任和使命。站出来生存，则听起来主动，实际上多少有些被动。在海德格尔说来，无论被抛还是站出来生存，都是自由的。譬如畏，就在死亡的空无面前敞开了生存的一切可能性，任此在自由地纵身其间。“畏在此在公开出问自己最本己的能在的存在，也就是说，公开出为了选择与掌握自己本身的自由而需的自由的存在。”[1]

自由就是此在挺身而出，站出来生存。这里有三点需要弄清，其一，此在依寓于世内存在者而存在，此在与他人共同存在而构成一个共同世界。人即世，世即人；有人必有世，有世必有人。人与世无法分开。因而，此在站出来生存，就不是赤条条一个来去无牵挂，而总是要牵挂着一个世界，牵挂着与世内存在者的内在关系、与他人的社会关系。可见，海德格尔讲的自由，并非随心所欲，并非孤立独处，反而来自于一种至深的人与世界的存在关系、实践关系。其二，海德格尔所谓的存在，不是指静态的处在某一个空间位置的存在，而是指动态的意义生成。海德格尔从古希腊人所说的存在概念中抓住两层意思作为存在的真义：一是作为产生、出现的站到自身中；二是这种发生、出现又呈持续状态。这样，存在就意味着涌现、运作一类意思。从而，此在在世便为站出来生存。其三，此在在世，总是一个“我”在世，而不是抽象的总体和抽象的个体在世。“我”虽然独一无二，但一开始只是一种可能性。可能性的实现取决于“在”。如果根本不“在”，就不会有实现可能性这回事。“我”在世，即是“在”出自己的可能性。可能性包容广大，有

[1] 海德格尔. 存在与时间. 陈嘉映，王庆节译. 三联书店，1987. 217.

千百万种，但真正实现起来却是独一无二的。海德格尔认为，自由就是“我”挺身而出在世，“在”出那个独一无二的“我”来。用熊伟先生的话说：“‘天地与我并生，万物与我为一’的我在世，自始就是面对成百上千的可能性去自由地选择”，“由自己顺应天地之大序去抉择”[1]，去“在”出一个独一无二的我和世界。不过，这种自由的选择、抉择，不是意志活动，而是生存活动、实践活动，故而不能从心理学、伦理学的意义上来理解。

后期海德格尔通过技术的本质分析，从存在之真理来思索自由。他把技术的本质称为“座架”（ge-stell），亦译格—设，又译构架、构设等。座架、格、构设这些词语的共同点是突出一种固定的设置，一种类似于“格式塔”的东西。海德格尔的意思正是如此。“座架”一词显明了技术与表象、制造之间的联系，显明了技术已经成为各种设置的聚集。技术作为“座架”，意味着它设置人、控制人、摆弄人，也挑战人，使人用一种整理安排的方式把实在作为常备物来去蔽。海德格尔说：“座架的作用就在于：人被座落在此，被一股力量安排着、要求着，这股力量是在技术的本质中显示出来的而又是人自己所不能控制的力量”；“现在人已经连根拔起。我们现在只还有纯粹的技术关系”[2]。这样说来，人类运用技术征服地球，实际上导致了人类自身的沦丧，导致物的消灭，即我们通常所说的生态失衡、环境恶化。在海德格尔看来，技术既挑唆又逼使人一味去追逐，推动那种已经布置中被解蔽的东西，并且以这种东西为尺度，结果封闭了居住在存在近处的可能性。因此，

---

〔1〕 熊伟文选．见自由的真谛．中央编译出版社，1997．162．

〔2〕 转引自孙周兴．说不可说之神秘．上海三联书店，1994．321－322．

海德格尔以“座架”来标划现代技术导致的一种最高的险情：它使人无法返回人与世界的原始关系，无法返回人生在世的原始境遇。当然，海德格尔认为，人类并非毫无希望，人类还有自由。但自由决不是支配和运用必然性，决不是一个意志主体任意选择的可能性。技术的无限膨胀，正起自于对支配必然性和任意选择之自由的坚定信念。如果还以这样的自由去引导人类前行，那就无异于火上浇油。因此，海德格尔说：自由是通往真理的道路。自由引导人的此在进入存在的真理的揭示和开放性中，“自由与这种解蔽的发生，即真理，处在最近和最亲密的亲缘关系中”[1]。

自由是存在的真理。真理一词，前期海德格尔的用法就与传统的用法有很大区别。传统所谓的真理，是指陈述与事情相符合、主观与客观相符合。海德格尔则认为，存在的真理是第一位的、优先的；认识的真理是第二位的，非源始性的。“此在生存着，揭示着世内存在者的存在，即有科学的真理；而此在更源始地揭示着此在本身的存在，即此在展开出来，就有源始的生存的真理。”[2]自由只与存在的真理相关。存在的真理就是此在的展开状态，存在的展开有待于此在的展开。后期海德格尔转向从真理出发来思考此在以及此在与存在的关系，思考此在的自由。真理观念也随之有根本性的转变。在后期海德格尔看来，存在自己为此在遮蔽与澄明，即是存在的真理。这个存在的真理不再是依此在而展开，而是自行敞开，此在只是通过思的实践进入存在真理的揭示和开放性中。海德格尔以为，人进入存在的敞开领域，其实是对存在保持

〔1〕 转引自张汝伦.现代西方哲学十五讲.北京大学出版社，2003.302.
〔2〕 转引自孙周兴.说不可说之神秘.上海三联书店，1994.154.

开放的行为。因为,在此领域,存在是自行显示,而无需人力才显示。人反而要向自行显现的存在保持一种开放态度才能遭遇到存在,才能把存在表象出来而立为对象。这里,"认识在后"的立场自然没有变,所变的只是此在不再有逼问存在意义的优先倾向,而保持一种开放行为。这种开放行为乃是一种让存在自由存在的态度,让存在自己如此地无遮蔽、澄明的态度。因此海德格尔说:"真理的本质揭示自身为自由。自由乃是绽出的解蔽着的让存在存在。"〔1〕

"让存在"是后期海德格尔自由观的核心,也可以视为后期海德格尔追求的人生至境。在此要说明的是,"让存在"不是人使存在者存在。因为,这个"让"作为人的自由态度,不是由人所决定的,不是人想让就让。"让",表明自由乃是存在之真理自行绽出的,自身出离的。海德格尔说:"向着敞开之境的可敞开者的自由让存在者成其所是,于是,自由便自行揭示为让存在者存在(das Seinlassen von Seiendem)。"〔2〕当然,人作为此在参与敞开领域乃是一个关键,没有此在的这种参与,便谈不上有敞开领域的敞开状态,也没有自由。在这里,海德格尔的只有此在才能显发存在意义的基本立场仍然未变。他指出:"自由乃是参与到存在者本身的解蔽过程中去。被解蔽状态本身被保存于绽出的参与之中。由于这种参与,敞开之境的敞开状态,即这个此(da)才是其所是。"〔3〕

由此看来,所谓的自由,在后期海德格尔那里,大体有两层意思,一层意思是指人向存在的开放态度,另一层意思是指人力所不

〔1〕 海德格尔选集:上卷.孙周兴选编.上海三联书店,1996.226.
〔2〕 同〔1〕.222.
〔3〕 同〔1〕.223.

逮的敞开状态，亦即此之在[1]。总起来说，自由即存在之真理的发生，也就是人“由自己真诚深入天地之大序”[2]，进入人与天地万物为一体的源始性境域。

基于此，海德格尔根本不同意从人类征服自然、改造自然的技术性实践中寻找自由。他的理由大致是：其一，现代技术性生产以对自然的占有为特性，不仅使人类丧失诗意的栖居，而且遮蔽着人与自然的本真关系。个体在场者抽象地在另一个在场中反映自身的地方，即在认识必然性之处，敞开性已在起支配作用，“已有自由地区域在游戏运作”。这就是说，自由在存在论上先于对必然性的认识。

海德格尔从人生在世的本体境遇中探索自由，从人与世界的始源关系、人与存在的始源关系着眼理解自由。他所提出的自由，不仅本身就展示出一个缘源而生的审美境界，而且给我们如何从美学上思考自由、从自由思考审美问题以深刻的启示。譬如，他提出的“让存在”的自由观，实际上指明人与自然的自由关系并不在于人认识和支配的必然性，反而在于人由乎自然，与自然融为一体。这就给我们开启了一条自由之思的新路径。海德格尔在美学上关于艺术是真理自行置入作品的思想以及对人类诗意地栖居的呼唤等都凝聚着他的自由之思。

五、萨特的自由范畴

萨特的哲学是崇尚自由、以自由为主题的哲学。它最为充分

〔1〕 参见孙周兴. 说不可说之神秘. 上海三联书店，1994. 158.

〔2〕 熊伟文选. 见自由的真谛. 中央编译出版社，1997. 104.

而全面地体现着存在主义的精神宗旨。

萨特是通过对意识的描述推演出自由范畴的。他认为,笛卡尔的“我思故我在”,不应解释为“我怀疑、我思维,所以我存在”,而应理解为“意识到我怀疑,所以我存在”。因为,在“我思”之前,有一个更原初、更深层的“对意识的意识”在。这种“对意识的意识”,即是“反省前的我思”,亦即不分主客、也不含主客的纯粹意识。萨特说,反省前的我思作为意识,既是非实体性的,又是非人格性的,而只是一种纯粹的显现,一种对世界的揭示,除了显现和揭示以外,什么也不是,什么也没有。因此,意识即虚无。但是虚无并不是与“有”相对的形而上的实体,也不是一种无所存在的虚空,而是说意识在揭示世界、呈现事物之时,与它的对象之间永远有一条鸿沟,有一种不断构成否定的可能性,有一种虚无自己对象的能力。譬如“有一个对茶杯的意识”,这个意识一方面揭示了“茶杯”,同时在另一方面否定了自己即“茶杯”,从而把自己与“茶杯”相区别,也与整个的非意识存在相区别。这里的区别、否定,即是虚无。萨特进一步指出,非意识的存在是“自在”,有意识的存在是“自为”。有意识的存在(自为)通过虚无和否定,使非意识的存在(自在)展示为世界。正是由于与有意识的存在(自为)联系在一起,人不可避免地要介入世界。人介入世界,实质上是把虚无带到世界。人是凭着他有一种虚无自己对象的能力才介入世界的。人之所以具有虚无自己对象的能力,是由于他是有意识的存在(自为)。萨特得出结论:人作为有意识的存在,能够不断通过否定而揭示世界,使世界虚无,使自己永远重新选择自己。人享有绝对的自由。否定把人引向自由。

萨特认为,“反省前的我思”是人的源始本真的存在,它处在人生的终极之处和源发之处，先于对人的本质规定。萨特由此确立了“存在主义第一原则”，那就是“存在先于本质”。他说：“首先有人，人碰上自己，在世界上涌现出来——然后才给自己下定义”；换言之，人“在把自己投向未来之前，什么都不存在”，“人只是在企图成为什么时才取得存在”〔1〕。按萨特的逻辑来说，既然存在先于本质，人就永远不可能参照一个已知的或既定的人性来演绎和解释自己的行动，就无法在自己的内心里或者身外找出可资依靠的借口，人生的终极处就不存在现成的先定的决定者，而只有一个自由。“人就是自由”〔2〕；“人自己决定自己，除了自己以外，另无立法者”〔3〕。应当把“自由作为一个人的定义来理解”〔4〕。

萨特对自由的解说，大体包括以下几层论旨：首先，人的存在就是自由。人不被任何东西限制和决定，也不依赖任何东西而行动，他必须依靠自我选择而存在，必须自己谋划自己、开显自己、建构自己，确定自己的本质。人的这种自我选择、谋划、开显、建构，即是自由。萨特说：“由于自由不是综合的事实，也不是性质，它只能依靠自我选择而存在。”其次，人的自由先于人的本质。自由不是一种被孤立地加以注意和描述的人的心灵能力，不是人的抽象本质属性，而是“反省前的我思”的内在结构，是意识揭示世界、呈现事物、虚无自己对象的能力。从而，不是人先存在然后索取自由，更不是由人的抽象本质决定自由，而是“人的自由先于人的本质，是它使本质成为可能。人的存在的本质是搁在他的自由上面

〔1〕 萨特. 存在主义是一种人道主义. 上海译文出版社，1988. 8.

〔2〕 同〔1〕. 12.

〔3〕 同〔1〕. 30.

〔4〕 同〔1〕. 27.

的，我们所说的自由不可能与'人的现实'存在分开，人并不是先存在随后取得自由，人的存在与人的自由并无分别"[1]。再次，自由体现于行动。萨特认为，人的自由与人的存在相等。但人的存在如果还原，则只可能还原为行动。因此，"人的现实并不是先存在随后行动，而是对他来说，存在就是行动，停止行动也就停止存在了"[2]。可见，在萨特那里，自由是涵括在行为的结构之中的，行动体现自由，自由见之于行动，并构成行动的先决条件。又次，自由是完整的。萨特不赞同传统哲学仅仅从意志着眼理解自由的做法，认为不仅人的意志，而且人的情感乃至人的整个存在都是自由的。自由等于人的全部存在。人不可能只是意志自由，情感不自由；不可能只是这一部分自由，另一部分不自由；不可能有时自由，有时不自由；而只能是要么完全自由，要么完全不自由；要么通体自由，要么通体不自由。最后，自由与境遇不可分。自由离不开境遇，境遇也离不开自由。自由总是在某种具体境遇中的自由，"我除了在境遇中就不可能是自由的"。另一方面，如果离开自由，境遇也不复存在，而只有死寂的自在之物。因此，萨特指出："我们开始看到自由的悖论：只有在境遇中才有自由，只有通过自由才有境遇。"[3]但是，萨特并不承认环境对自由有任何限制。在他看来，个体视为限制或障碍的事物，实际上是由他的自由选择确定的。境遇中的各种自在物和客观条件，绝对不会对自由造成限制。限制人的自由的，只是他自己的自由。境遇中没有一种绝对

---

〔1〕 Jeen-Panl Sartre, *Being and Nothing*: *An Essay on Phenomen of logical Ontology*, Hazel Barnes tr., London, Methuen & Co Ltd, 1957.24.

〔2〕 同〔1〕.476.

〔3〕 同〔1〕.507.

意义的障碍,对"我"是障碍的东西对别人可能不是障碍。所以,萨特强调说,逆境不应成为反对自由的论据。

在整体上看,萨特是从存在论的视野来审察自由的。他的思路呈现为源初存在(意识)—虚无—自为—人—自由。这与传统哲学从自由与必然关系出发思考自由有根本区别。在萨特看来,自由不仅与自然必然性无关,而且与历史必然性也没有任何联系。"自由没有本质,它不附属于任何逻辑的必然性。"[1]况且世界也无必然性可言。世界是荒谬的,由偶然性统治着一切。自由作为选择,一来无标准可从,二来无规律可循,完全与理性认识、价值判断无关,与知识论无涉。自由存在着,这是一个无可争辩的事实。自由存在着的事实表明,自由不可能不自由。这在萨特说来,也就够了。

萨特的自由观也为其美学思想奠定了基础。他的想象理论和关于美的本质的论述都是以自由为基础的。他认为,自由是想象的必要条件,而美作为对世界的虚无化和摆脱本身也就是自由。

综合上文的梳理,我们可以看到,西方自由范畴从古希腊到现代,经历了漫长、曲折的历程。古希腊早期哲人虽然没有直接论及自由问题,但他们积极探索自然和人自身,为自由范畴的出现作了铺垫。柏拉图、亚里士多德相继从城邦至上的立场提出自由命题,主张个人以城邦公民的角色身份积极参与公共事务,分享公共自由。因此,他们的自由范畴带有鲜明的"城邦学"特色。霍布斯指出:"古希腊罗马人的哲学与历史书以及从他们那承袭自己全部政治学说的人的著作和讨论中经常推崇的自由,不是个人的自由,

---

〔1〕 Jeen-Panl Sartre, *Being and Nothing*: *An Essay on Phenomen of logical Ontology*. 438.

而是国家的自由。”[1]

随着希腊城邦生活的衰落，罗马哲学家们从政治道德领域出离，隐退于个人生活以寻求自我实现。个人自由的观念应运而生。西塞罗明确指出，法律与自由之间并无必然冲突，国家的存在依赖于对公民权利的尊重。但是，在罗马时代，个人之上有法律在，在现实的法律之上有更高的自然法在，个人自由的观念并未得到充分地伸张。

中世纪是人类思想日历最为黑暗的一页。在这个时代，哲学成为神学的奴仆，人成为上帝的造物，个人自由意志被认作原罪的造因，自由的唯一可能是崇仰和服从上帝。因此，在中世纪，自由只不过是黯夜里的一丝微光。

人类本着自由自主的历史冲动进入近代。而驱使这一历史冲动的内在动力是人类迅速膨胀的意志。意志无限膨胀的根由则是人对自身能力的坚定信念。主体性的概念既是人的地位提升的表征，又是对人自身能力的简化。在这种语境之下，自由范畴全面展开。首先是文艺复兴人文主义者把人提到中心位置，以人为目的，用人的眼光来打量自然世界和人的生活世界，充分肯定人的理性、个性与尊严，为自由范畴的近代发展张本。继而，从洛克到孟德斯鸠，致思于个人的政治权利，从个人与社会、国家的关系中审察自由，形成了近代自由范畴的政治哲学传统。亚当·斯密以个人利益的追求与整个社会公共利益的实现为出发点，开创了自由范畴的经济哲学传统。从笛卡尔到斯宾诺莎、莱布尼茨，从思维与存在、自由与必然的关系中思考自由，形成了自由范畴的认识论传

[1] 霍布斯. 利维坦. 商务印书馆，1985. 166.

统。此外,卢梭站在启蒙思想立场上,思考社会契约下的自由,初步接触到自由与异化的关系,在自由范畴史上独树一帜,给德国古典哲学的自由理论和马克思实践哲学的自由理论以重要影响。

德国古典哲学以其巨大的思辨体系,对前此哲学史的一切自由理论作了概括、总结、发展和提升。康德把自由确立为主体性哲学的拱顶石,规定为实践理性的先天法则。费希特视自由为绝对自我的本质,并把自由从道德领域引入历史领域,指出自由既是一个历史过程,又是一个永远不可企及的应当。谢林也从绝对着眼看自由,认为人类历史进程是一个从自由到必然、从必然到自由的历史过程。黑格尔视自由是绝对精神的本质,将自由的历史开显过程与绝对精神的自我运动、自我复归内在地统一起来,从而在历史逻辑的统一中把自由范畴的探索发展到传统哲学的最高境界。

马克思、恩格斯扬弃了黑格尔,又超越了费尔巴哈,在实践唯物主义哲学的整个框架内探讨自由。他们把实践理解为人的社会存在方式,把自由理解为人和实践活动的本质,从而把自由的本体之根深植于历史现实的实践中。

当代西方哲学自由范畴异彩纷呈,但其总体致思不再走传统哲学的纯心灵方向,而是走感性人生方向;不再在自由与必然的认识论框架内探究自由,而在人的感性当下生存中求索自由。叔本华视盲目的非理性的意志为自由因;弗洛姆把性欲和无意识看做自由的深层根源;海德格尔把自由解释为此在在世的自由,存在真理的自行开显;萨特索性宣称:人就是自由,自由就是不可能不自由。

上面我们对西方自由范畴的演变进行了初步的历史描述,同时也简要地论述了这种自由观的历史变化与西方美学思想史的密切关联，从中显示出作为哲学基本范畴的自由对于美学理论的基础地位。

第六章

“境界”与美学思考方式

第一节

境界与境界之思

一、境界

如果按照某些文论家的观点,把境界等同于意境,那么确实可以肯定,境界不过是汉语研究领域的一家之言,而在西语研究领域中似乎成为空白。但是,如果把视野扩延到人生在世,把境界看做一种审美化的人生实践存在方式,那么,谁都无法否认,境界并不是汉语世界的独白,而是整个人类的共语。

在中国,境界一词源远流长,关于境界的解释也多种多样。

先秦至两汉,汉典中的"境界"多指空间和时间的界限,间或也指事理的界限。《战国策·秦策》有"楚使者景鲤在秦,从秦王与魏王遇于境"之语,其中的"境"字指疆域、疆土。《庄子·秋水》云:"且夫知不知是非之竟,而犹观于庄子之言",意即在智慧上尚且不能明白是非的界限,却想去观察庄子的至理之言,其中的"竟"字就是"境",是指事理的界限。"境界"作为复合词出现稍晚,汉代班昭《东征赋》有"至长垣之境界,察农野之居民"的记载,这里的境界指的是疆界。许慎《说文解字》从文字学的角度对境界的词义作了梳理和总结。他认为,"境"的本字为"竟","竟"指一段乐曲的完成,所谓"乐曲尽为竟";"界"指疆界,与"境"同义,所谓“界，境也”；境界合起来，指时间的终止和空间的界限。值得指出的是，境作为边界、范围、界限的词义，直到今天仍然保留着。譬如，我们常说一个县有县境，一个省有省境，一个国家有国境。这个“境”的意思就是边界、范围，境大空间界限就宽，境小界限就狭窄，空间就狭小。

自魏晋开始，佛教大量使用“境界”一词，但已不同于汉语原典表示时空界限的意义。三国魏天竺三藏康僧铠译《无量寿经》所谓“比丘白佛，斯义宏深，非我境界”，北魏菩提流支译《入楞伽经》所谓“妄觉非境界”，北魏昙摩流支所译《如来庄严智慧光明入一切佛境界经》，梁僧伽婆罗等所译《度一切诸佛境界智严经》，其中的“境界”，指的是人的修养所达到的层次，成佛所达到的程度，人的内心觉悟所达到的水平。

“境”作为美学范畴的出现最早是在唐代王昌龄的《诗格》：“处身于境，视境于心。莹然掌中，然后用思，了然境象，故得形似。”“境”分为三类：“物境”，“情境”，“意境”。这里的“境”，是指诗的形象呈现于外的可感形式。后来刘禹锡对“境”作了一个最明确的规定：“境生于象外。”“象外”一词，早在南朝时谢赫就已使用，谢赫所说的“象外”是对有限的“象”的突破，但并不是完全摆脱“象”，“象外”也还是“象”，是“象外之象”。刘禹锡讲的“境”或“象外”，因袭“象”的基本义，但不是某种有限的“象”，而是突破了有限形象的某种无限的“象”，是虚实结合的“象”。到了司空图那里，“象外”便发展为“象外之象”、“景外之景”，用以指大自然或人生的整幅图景。

在古代艺术理论中，“境界”一词最早出现在北宋郭熙的画论《林泉高致》中：“境界已熟，心手已应，方始纵横中度，左右逢源。”

此处的“境界”是指创作主体在情与景的交融中所达到的心理状态。以后，南宋李涂在文论《文章精义》中也提到“境界”二字：“作世外文字，须换过境界。《庄子》寓言之类，是空境界文字；灵均《九歌》之类，是鬼境界文字；子瞻《大悲阁记》之类，是佛境界文字；《上清宫辞》之类，是仙境界文字。”此处境界主要讲题材和风格。

到晚清时代，境界才从表示时空界限、心理状态进一步发展为表示人生的状态和人的活动行为。段玉裁《说文解字注》解释“境界”说：“竟俗本作境。今正。乐曲尽为竟。引申为凡边界之称。界之言介也。介者，尽也。尽者，介也。象田四界。”又说：“曲之所止也。引申之凡事之所止，土地之所止皆曰竟。”在此，境界表示“曲之所止”、“土地之所止”一说，自古有之，并无新意。但是，境界表示“事之所止”的提法，却昭示出境界理论的一种新识度。它表明，“境界”发展至晚请，已经超越时空界限与心理状态的古老词义，转换为表示人事的缘起、产生、发展、完成，即人生实践的过程、情境和状态。

晚清以降的中国学人谈境界，不仅上承源远流长的思想史传统，而且接续清末时代的基本词义，每每用以表述人生修养、实践、体味、领悟所达到的层次和状态。王国维的“境界说”，冯友兰的“觉解论”，以及当代学者讨论境界的众多著述，都为此提供了足够的证明。

由上可知，从词源学的角度看，在汉语典籍中，“境界”一词发展到陈述人生境界，经历了一个漫长的生成转换过程。这个生成转换的过程大致可以描述为三个阶段：最初，境界用以表示时空界限；继而，佛经用境界表示精神心灵觉悟的程度；最后才用境界表示人生状态。

西方哲人其实也讲境界，甚至很多情况下讲审美境界。柏拉图重视理性，贬低情欲，认为哲学家的生存境界为最高，居于“理想国”的王位，真正的审美乃是理性的灵魂皈依和直观“理念”的澄明之境。亚里士多德所说的中庸，据宗白华先生分析就不仅是一种人生境界，而且是人生的审美境界：“中庸并不是庸俗一流，并不是依违两可、苟且的折中。乃是一种不偏不倚的毅力、综合的意志，力求取法乎上、圆满地实现，个性中的一切得到和谐。”〔1〕中世纪以抛弃感性、皈依上帝的信仰生活为最高境界的生活，邓·司各脱就把与“上帝相遇照面”看做人生的“至福”境界，认为只有在这个“至福”境界中，每个处于沉沦状态的人才有希望获得拯救。在康德的主体性哲学中，“情”被看做审美境界，看做从认知境界向最高道德境界的过渡环节。歌德极为明确地指出，“美是有自由的完善境界”〔2〕。黑格尔认为，艺术和美乃是通达哲学境界——“绝对精神”境界的前奏。现代存在主义的先驱克尔凯戈尔把人的生活境界分为三种：审美的境界、伦理的境界、宗教的境界，认为处在审美境界中的人，凭感情、感性而不是理智来生存。尼采把人生分成动物、人和“超人”三种境界，以为“人”是从动物升达“超人”的桥梁，唯有具有强力意志的超人才进入最高的生存境界。海德格尔把始源的存在境域描绘为天、地、人、神四方游戏之境。

---

〔1〕 宗白华. 艺境. 安徽教育出版社，2000. 64.

〔2〕 参见蒋孔阳，朱立元. 西方美学通史：第4卷. 上海文艺出版社，1999. 504–507. 所录歌德致席勒的信.

二、境界之思

哲学切入美学,境界是最后的关键。广义地说,美就是一种诗性的人生境界。审美活动就是一种境界化了的人的实践活动和存在方式。实践、存在、自由只有通过呈现于境界才能真正转换为审美质素。实践存在论的思考方式只有通过境界才能真正落实为美学的思考方式。

对人生境界的思考,是中国自古以来的一个思想传统。张岱年先生在《中国哲学大纲》中说:“中国哲人的文章与谈论,常常第一句讲宇宙,第二句便讲人生。”[1]讲人生的重要一条,乃是讲人生境界。徐复观先生也指出,儒家一念一行,“当下成就”人生中某种程度的道德价值,当下在最深的根底中和最高的境界中,把艺术与道德自然而然地融和统一起来;“虽然老、庄较之儒家,是富于思辨的形而上学的性格;但其出发点及其归宿点,依然落实于现实人生之上”[2],依然希望成就一种虚静的人生。确实如此,孔子所谓“一箪食,一瓢饮,在陋巷,人不堪其忧,回也不改其乐”[3],就指示着一种颇具审美精神和道德意味的从容乐观的人生境界。庄子所谓“有神人居焉,肌肤若冰雪,绰约若处子,不食五谷,吸风饮露,乘云气,御飞龙,而游乎四海之外”,“官天地,府万物,直寓六骸”[4],以及所谓独与天地精神相往来、游刃有余,等等,也指示

〔1〕 张岱年. 中国哲学大纲. 中国社会科学出版社,1982. 165.

〔2〕 徐复观. 中国艺术精神. 春风文艺出版社,1987. 40.

〔3〕 孔子. 论语·雍也. 十三经注疏. 中华书局,1982.

〔4〕 庄子·德充符. 上海古籍出版社,1985.

着一种物我两忘、逍遥自在、自由超越的审美人生境界。

但反思起来，中国当代学术界的境界之思似乎出现过两个失误：

第一个失误是把境界等同于意境。意境与境界当然有联系，王国维早就用“境界”一词涵盖诗人的人生境界和诗中的艺术意境。他说：“一切境界，无不为诗人设。世无诗人，即无此种境界。夫境界之呈于吾心而见于外物者，皆须臾之物。然诗人能以此须臾之物，缘诸不朽之文字，使读者自得之。遂觉诗人之言，字字于我心中所欲言，而非我之所能言，此大诗人之秘妙也。”〔1〕宗白华先生也以“境界”一词通贯各种人生境界与艺术境界，他论断说：“功利境界主于利，伦理境界主于爱，政治境界主于权，学术境界主于真，宗教境界主于神。但介乎后二者的中间，以宇宙人生的具体为对象，赏现它的色相、秩序、节奏、和谐，借以窥见自我的最深心灵的反映；化实景而为虚境，创形象以为象征，使人类最高的心灵具体化、肉身化，这就是‘艺术境界’。艺术境界主于美。”〔2〕但是，“境界”与“意境”是明显有别的。首先，意境仅仅存在于诗歌、音乐、舞蹈、绘画等艺术作品，境界则涵盖着整个人生在世，境界的涵盖面远远大于意境。其次，意境主要描述心与物、情与景、虚与实、主体与客体、有限与无限诸审美因素在艺术形象中的交融统一，描述诗歌、音乐、舞蹈、绘画艺术形象的存在状态与存在风貌；境界则描述整个人生在世的存在风貌和人对世界存在意义的觉解领悟状态；即便是审美境界，也是对人与世界相互牵挂、相互境象、

〔1〕 王国维. 王国维文集：第1卷. 中国文史出版社，1997. 173.

〔2〕 宗白华. 中国艺术意境之诞生. 见宗白华全集：第2卷. 安徽教育出版社，1994. 357－358.

双向建构的当下境遇中生成的审美存在状态的揭示，对人向审美此在诞生、世界向审美对象生成的生存实践状态的揭示，与意境不可同日而语。所以，如果仅仅把境界定位于意境，那么就会导致实践存在之维的中断，导致人生在世的遗忘，使美学变成一种文论。早有学者指出，美学一旦变成文论，便“是美学极糟的厄运”[1]。

第二个失误是仅仅从认识论的角度理解境界。传统美学认为，境界是由主客两极支撑起来的。在其中，人是主体，人的心灵体验思想情感是境界构成的主观因素；世界万物是客体，世界万物的感性形式、形象、结构、节奏、韵律是境界构成的客观因素；人与世界相遇，主观与客观统一，心与物契合，情与景交融，便成境界。当然，就构成因素而言，传统美学对境界的解释并非没有可取之处。问题是，如果仅仅从构成因素解释境界，仅仅从主客对立统一的角度解释境界的构成，那么可以说，这样的境界理论至少在思考方式上存在着两个漏洞：其一，它遮蔽了境界发生的始源境域，即“人生在世”，使境界构成的“事先情况”阙如，也使境界的本体根基丧失；其二，它用主客分立的对象性思考方式和认识的构成法则操思境界，使原本在人生在世的生存实践中生成构成的境界，一变而为主观和客观两种现成的认识因素搭建构筑起来的知识，原本生机勃勃的人生境界，一变而为感性认识成果，从而境界同认识的本质区别被抹平，境界同知识体系的根本判隔被消解。

所以，我们主张超越文论的范围，超越认识论的思考方式，从人生在世的视野着眼，以实践存在论的思考方式来思考境界。我们把境界当做人生在世所生成构成的实践存在状态来思考，当做

[1] 刘小枫. 个体信仰与文化理论. 四川人民出版社，1997. 57.

人融身世界、依寓世界、在世界中烦忙操劳的生存实践方式来思考。在我们的思考中,境界远比意境更本源,意境不过是境界的艺术提升。

第二节 境界的生成

一、境界生成的本体根基

从美学上解释境界的生成根基,我们最容易想到的是"审美态度"理论。

在西方,审美态度理论大概肇始于康德的"审美无利害"命题。康德认为,一个美的判断,必须独立于利害计较,譬如一所房子的美,就当与我们对房子的偏好和占有欲毫无关涉,这里的无利害计较,既涉及对象的纯形式,又涉及主观的超越态度。克罗齐承接康德的思路,进一步把这种超越功利的态度与科学的、道德的、宗教的态度区分开来,规定为直觉和静观。以后,闵斯特堡提出"孤立"说,反对以支离破碎的分析方法求取美感,认为如果要进入审美活动,就必须从整体上把握对象,而要从整体上把握对象,就必须把对象与周围事物的各种联系一刀切断,使之陷入孤立状态;"孤立"既是一种独特的观照方式,更是一种独特的观照态度,从而也是人们进入审美活动、获得美感的关键。里普斯提出移情说,认为审美活动的动因在于人把自己的情感移入对象之中,使原来无生命的对象成为有生命的情感对象,原来有生命的对象成为与“我”交流共鸣的对象。这种移情说实际上从情感心灵的侧面延伸了审美态度的理论。布洛看到,人生在世,最基本的状态是人与世界的实用关系,人依靠和利用万物来维持自己的衣食住行,遇山则以山为利,遇水则以水为材,在这种情况下,审美活动实在无法产生。要想审美,唯一的办法和途径就是退出人与世界的有用关系,与对象拉开心理距离。这个心理距离实际上揭示着一种特殊的审美态度。

中国古代虽然没有以“审美态度”命名的美学概念,但有揭示审美态度的思想观念。陶渊明有“心远地自偏”之语,其中的“远”,其实就是审美态度,它蕴涵着比西方“心理距离”更为丰富的美学意义。在陶渊明说来,只有有了“远”的精神态度,“我”才可能以一种超越世俗功利的心灵和眼光对待天地万物,天地万物才能作为超越有用的对象悠然呈现出来,“我”与天地万物才可能形成亲和融洽的关系。

由于审美态度在感性个体审美活动中起着极为重要的作用,它甚至可以说是感性个体审美活动得以形成的精神动因,所以,人们容易认定,如果要刨根究底追寻人生审美境界的生成根基,就得追寻到这个审美态度上去。只要有了审美态度,外界的事物,大到日月星辰、江河湖海,小到池边杨柳、陌上桑榆,就都能够作为审美对象呈现在我们面前,甚至就是垃圾堆的碎玻璃片,都会有如云霞一般美丽。布洛不是说,只要有了距离和态度,即使在雾中行驶、随时可能出事的船只,也会富有诗情画意吗?

但我们认为,如果从本体论的角度来推敲,把境界生成的本体根基归结为某种精神态度,是很不够的。理由之一是,任何一种主观的精神态度都不是终极性的，而只能是中介性的，精神态度本身需要有本体根基；另一个理由是，悬置“世界”因素，单就人的主观精神态度来谈境界的本体根基，仅仅是握住了境界构成的一个维度；此外的一个理由是，以主观的精神态度来概括境界当中的“人”，这仍然是从主客二分的认识论视角观察人的结果。

我们可以从实践哲学与存在哲学关于人生在世问题的探讨中，获得思考境界生成本体根基的深刻启示。

海德格尔提出，人总是生存着的人，总是在世界中存在的人，人应当称为 dasein。dasein，熊伟先生译为“亲在”，倪梁康、孙周兴等先生译为“此在”，张祥龙先生译为“缘在”。用“亲在”译 dasein，揭示出人在世界中存在的“现身情态、筹划领会、沉沦”三重结构，人与世界之间的“一种不分主客，先于主客，乃至于先于个别独立状态的亲情交融”，一种“永无止息向其可能性之筹划的‘能存在’”〔1〕。用“此在”译 dasein，揭示出人与世界的先天牵挂关系，人与存在所特有的亲近关系，揭示出人生在世，总是已经在此“依寓于”世内存在者而存在，在此照料（besorgen）着周围世界，在此与他人共同存在。用“缘在”译 dasein，不但消解了一切现象的实体性，而且赋予了一切现象原发的意向和空间。在这里，我们看到，无论是“亲在”、“此在”，还是“缘在”，都极为传神地表达了 dasein 的内在神韵：首先，人在“亲”中、“此”中、“缘”中获得“他”的世界，并在与世界的因缘关系中存在；其次，由于人与世界之间有着一种始源的因缘关系，才有可能从打交道的世界万物“那里”

〔1〕 王庆节. 亲在与中国情怀. 熊伟. 自由的真谛——熊伟文选. 中央编译出版社，1997. 398.

当场领会自身的存在意义。海德格尔的存在论启示我们,从本体论的角度说,境界诞生于人生在世。

按照马克思的实践哲学观点讲,无论人的族类还是人的感性个体,总是现实的,从事实际活动的,而不是离群索居的,更不是摆脱世界而单独存在的。人的社会生活,人的各种形态的实践活动,在产生、发展、完成、实现、转换的过程中,都要涉及人与世界的关系,其中包括人与自然、人与社会、人与他人、人与自我的关系。这样说来,所谓人生境界,就不能单从人这一方,或者单从世界这一方来了解,而应该从人在世界的关系中、在人的生存实践中加以思考和把握。境界之中不仅有世界在,而且有人在,人和世界缺一不可。

进一步说,人与世界之间的关系是丰富多样的。人为了满足自己的肉体生存需要而占有天地万物,解决衣、食、住、行,是人同世界的功利关系。人为了认识自然和社会的必然性,求得可靠的知识,而观察、了解自然事物和社会事物,制成原理、观念体系,是人与世界的认识关系。人为了得到自然的庇佑和抚慰,通过想象和幻想把周围自然当做神灵的化身,加以信仰和崇拜,是人与世界的宗教关系。人从世界万物的感性具体形式,领悟到世界和人生的存在意义,从而在内心引发一种精神愉悦,是人和世界的审美关系;如此等等。但是,在人与世界的各种关系中,却有一种最原初、最根本的关系,这就是人与世界不分主客、一体圆融的生存实践关系。人与世界的其他关系,都是从这种生存实践关系生成、分化、引申出来的。

因此,境界生成的最深根源,当在人与世界的生存实践关系,而不在人与世界的认识关系。把境界看成纯粹的自然景观,或者看成心造的幻影，或者看成认识活动的产物，总之，把境界从“人—世界”的生存实践结构中剥离出来，就都是对境界的误解。境界只能由感性个体的生存实践“带上前来”，只能在人生的当下情境中显现出来，因而也只能在人生实践中切身地体验到。

人生境界具有明显的个体性、内在性。所谓个体性、内在性，是指人生境界作为人们对人生意义的觉悟总是一种个人独特的内在体验，并不期望别人也有同样的体验；它是个体由觉悟而生的内心的澄明，别人是不易发现的，因而是内在的。佛教之“四禅八定”中的“喜俱”、“乐俱”，庄子之“坐忘”中的“虚室生白，吉祥止止”就是一种只有通过自我观照方可获得的境界。宋明理学的程颢在对其师周敦颐“寻孔颜乐处”的命题作解释时说：“箪、瓢、陋巷，非可乐，盖自有其乐耳。‘其’字当玩味，自有深意。”[1]“其”的意思是“他的”，而非别人的；是个人的，而非大家共有的；是特殊的，而非普遍的；是内心世界的，而非外在对象的；是主观精神的，而非客观物质的。

二、境界生成的内在根据

人生的境界根源于人的生存实践，但不等于人的生存实践。从人的生存实践到境界是有构成根据和中介因素可寻的。

冯友兰先生指出：“人生是有觉解的生活，或有较高程度觉解的生活。这是人之所以异于禽兽，人生之所以异于别的动物的生活者。”[2]“人对宇宙人生的觉解程度，可有不同。因此，宇宙人

---

〔1〕 二程遗书：第 12 卷. 上海古籍出版社，2000. 182.

〔2〕 冯友兰. 三松堂全集：第 4 卷. 河南人民出版社，1986. 522.

生对于人的意义,亦有不同。"[1]人对于宇宙人生在某种程度上有觉解,构成人生的某种境界。根据觉解程度的不同,人生境界可以划分为四种境界:"自然境界"、"功利境界"、"道德境界"和"天地境界"。自然境界由人依照本能和冲动行事。功利境界来自于人按照"占有"的目的行事。道德境界生成于人依据"贡献"的目的行事。天地境界则诞生于人遵循快乐的目的行事[2]。可见,有否人生境界,取决于有否觉解。觉解是境界生成、存在的内在根据。

那么,何谓觉解?觉解包括"觉"和"解"两个部分。按冯友兰的解释,人在做某事时,自觉他自己在做某事,即是觉;人做某事,了解某事是怎样一回事,即是解;归纳起来,觉是自觉,侧重于人自身一方,解是了解,侧重于事物一方,觉解的大意就是自觉和了解。在冯友兰先生看来,人是一种自由自觉的生命存在,人不仅实际地从事着某种具体的活动,而且能自觉地意识到自己所从事的活动,甚至会自觉追问自己从事这些活动的意义,因此,人不仅活着,能意识到自己活着,而且也会不断追问自己活着的意义。正是这种对自己生命的自觉以及对自身存在的反省与追问,使人的生命活动与动物混沌的生命活动从根本上区别开来,也正是这种对自身生命的自觉和了解,使人的生活具有了境界。觉解标志着人所独有的精神理解性。

觉解是一种广义的思。但觉解作为思,却不等于科学活动中的认识。因为,认识的对象是客观外物的本质、属性、规律,认识的目标是制成知识体系,认识的过程是运用概念、判断、推理的形式

〔1〕 冯友兰. 三松堂全集:第4卷. 河南人民出版社,1986. 549.

〔2〕 同〔1〕. 550-554.

掌握世界的逻辑过程。觉解则不同，首先，觉解的对象是人和世界的存在意义。意义不由心生，也不由外部世界的物质实体和物理属性决定，而只能在人与世界一体圆融、相互建构的当下关系中生成显现出来。其次，觉解的目标在于到达感性具体的生机勃勃的人生境界，而不是用概念、范畴构制知识体系和观念世界。再次，觉解的过程不是把人生和世界当做客体对象加以分析、研究、探求的过程，而是一个实践活动过程，也就是人对自身和世界存在意义的切身体验和领悟过程。这个过程不能由逻辑推断来规导，正如布迪厄所述："实践活动不可能由看起来引发实践活动的现时条件推断出来，也不可能由产生习性这一实践活动的持久生存原则的过去条件推断出来"[1]；"实践有一种逻辑，一种不是逻辑的逻辑，这样才不至于过多地要求实践给出它所不能给的逻辑"[2]；"实践逻辑是自在逻辑，既无有意识的反思又无逻辑的控制"[3]。所以，我们不赞同从认识论的角度解释觉解。认识所把握到的人生，不过像一部预先安排好的剧目，一项预先设计好的工程，一堆依靠数学智慧可以精确测量和量化的材料，没有什么境界可言。

觉解当然要靠"心灵"来完成。但是觉解人生的心灵不同于认识求知的心灵。认识求知的心灵是冷静的，是外在于人生在世的，是在主客二分的框架中来观察世界万物的；觉解人生的心灵则是热情的，是内在于人生在世的，它从来不在世界之外来冷眼旁观世界万物，而在与世界的一体关系中领悟万物及其存在意义。

觉解是心的"知觉灵明"。人的心灵有如"灯"。"灯"的本质

---

〔1〕 布迪厄. 实践感. 蒋梓骅译. 译林出版社，2003. 85.

〔2〕 同〔1〕. 133.

〔3〕 同〔1〕. 143.

是放射光明，是照亮。天地万物以及人生都在心灵的灯照中获取和显现存在的意义，生成构成为境界。冯友兰指出："人有心，人的心的要素，用中国哲学家向来用的话说，是'知觉灵明'，宇宙间有了人，有了人的心，即如于黑暗中有了灯。"王阳明《传习录》曾经记载：先生游南镇，一友指岩中花树问："天下无心外之物，如此花树在深山中自开自落，于我心亦何相关？"先生回答："你未看此花时，此花与汝心同归于寂。你来看花时，则此花颜色一时明白起来，便知此花不在你的心外。"对这一段记载，冯友兰从"觉解"入手作过精辟的解释。他指出，如果就实存的角度看，天地万物不过是自在的物质世界，人不过是宇宙之中的一物，但如果从觉解的角度衡量，整个世界却只是因为有了心的知觉灵明才明白起来。这个随心灵一齐明白起来的世界，乃是一个意义世界，也就是境界。"吾心的一点灵明"即是觉解。

觉解作为"吾心的一点灵明"，是人的生存实践、存在开拓出来的。《中庸》有"自诚明"和"自明诚"两种提法。自诚明的"明"，是从生生不息的源始境域（诚）生长涌现出来的"明"，是人生在世的生存实践"自己如此"生成构成的"明"，也就是世界与人生存在意义的"澄明"。自明诚的"明"，则是觉解的"明"，是"吾心的一点灵明"。从实践存在论的角度看，人即此在，人心即此心。"此在在世"本就包括此心在世。此在在世是存在意义的澄明，此心在世是对存在意义的灵明。人不是从人生的外部来觉解人生，不是先让人生在世然后另起一个心来觉解人生，而是"此在在世"的内部就蕴涵着"此心"对人生的觉解。蒙培元先生说，心灵是融入境界之中、境界之内觉解境界的；心灵对境界的觉解不可能是一种清晰的认识，清晰的认识只是"理"；"只有理而无心，只是一个客观本体,与心灵无关,无所谓境界"[1]。

进一步说,觉解作为心灵对世界和人生存在意义的理解和领悟,乃是一种独特的体验。从孔子的"仁者爱人",到孟子的"诚者天之道,诚之者人之道",再到董仲舒的"天人感应",张载的"民胞物与",周敦颐的不除"窗前草",程明道的从养鱼观圣人气象,以及王阳明的"心与万物为一体",等等,都莫不表明人生觉解与个体体验不可分离。体验渗透着情感。情感是人类心灵生活中的重要维度。没有情感,人就不可能有对人生和世界的深切关怀,更不会知道生存的痛痒。这种情况下,生活就会变得毫无意义,觉解也就无从谈起。"因为人与人生的价值,在很大程度上是由情感需要、情感态度决定的,没有情感需要以及由此所产生的态度评价,一切都将难以设想。"[2]所以,真正的人生觉解,总是饱含着我们最为本真、最为切己、最为深刻的情感体验的。对此,中国先秦儒家和道家都有过大量的描述。儒家认为,最深的人生觉解和最高的人生境界是:"一箪食,一瓢饮,在陋巷,人不堪其忧,回也不改其乐"[3];"饭疏食饮水,曲肱而枕之,乐在其中矣","发愤忘食,乐以忘忧,不知老之将至"[4];"独孤臣孽子,其操心也危,其虑患也深,故达";"万物皆备于我矣,反身而诚,乐莫大焉"[5];如此等等,都不曾脱离"乐"的情感体验。道家所描绘的最高人生觉解看上去消解了人世间的一切喜怒哀乐,不夹杂人的任何日常情感,甚

〔1〕 蒙培元.心灵与境界.中国社会科学院研究生院学报,1993(1).

〔2〕 蒙培元.心灵超越与境界.人民出版社,1998.19.

〔3〕 孔子.论语·雍也.十三经注疏.中华书局,1982.

〔4〕 孔子.论语·述而.十三经注疏.中华书局,1982.

〔5〕 孟子.孟子·尽心(上).十三经注疏.中华书局,1982.

至连“死生”也“不人于心”，但实际上，透过所谓“致虚极，守静笃，万物并作，吾以观复”〔1〕，所谓“其神纯粹，其魂不罢，虚无恬淡，乃合天德”〔2〕，所谓“不食五谷，吸风饮露，乘云气，御飞龙，而游于四海之外”〔3〕，我们不难发现，其中仍然渗透和洋溢着一种“性命之情”，一种与天地精神往来感应的自由逍遥感受，一种畅游在“无何有之乡”的快乐和喜悦。同时，由于人的情感体验异常复杂，既有欢娱、喜悦、快乐、兴奋、同情、关爱，也有恐惧、焦虑、孤独、忧伤、悲哀、烦恼、激愤、无奈、彷徨，既有肯定性的情感，也有否定性的情感。因此，人所觉解到的境界便有各种不同的色相、状态、形式、类别和情调，有积极进取、从正面担当社会历史使命的人生境界，有闲适优游、轻松自如、虚静中和的人生境界，也有远离社会人伦中心、心无挂碍、逍遥旷达的人生境界，如此等等。

第三节

境界的审美构成

一、审美境界是至高的人生境界

我们知道，人生是一个不息地创造、生成、动变的过程。人生过程中的每一个当下境界都融汇着过去、未来和现在，交织着人与

〔1〕 老子·十六章.上海古籍出版社，1985.
〔2〕 庄子·刻意.上海古籍出版社，1985.
〔3〕 庄子·逍遥游.上海古籍出版社，1985.

自然、人与社会、人与人、人与自我的关系，凝结着政治的、经济的、道德的、日常的各种质素。因此，人生境界多种多样。如前所述，冯友兰就曾经提出人生有自然境界、功利境界、道德境界、天地境界。处在自然境界中的人，对人生的自觉程度最低，只是依照社会习惯或自然本性行事，“他的境界，似乎是一个混沌”。处在功利境界中的人，其所作所为都围绕一个“利”字，都从为己出发；处在道德境界中的人，与功利境界中的人恰成对照，他以社会为本位，把一己融入社会整体中，所作所为都以服务社会为目的；处在天地境界中的人，对宇宙人生了解的程度最高，不仅能超个人，而且能超社会，因而具有更加宽广的胸襟和眼界、更加自由超越的存在状态。

审美境界归属于人生境界。一定形态的审美境界总是包含着特定的人生内容、意味和情调，表征着某种特定的人生阶段和人生状态。譬如，“优美”形态的审美境界就表征着人与世界存在意义的恬然澄明、人在天地之间的诗意栖居，“崇高”形态的审美境界就表征着在高危局面中未来必达的自由人生状态，“悲剧”形态的审美境界就展示出人生实践必然要经历的激烈抗争、艰难奋求、备受挫折、险象环生、悲苦前行的阶段，“喜剧”展示出人生实践的历史要求已经取得胜利，最后将陈旧事物、制度、势力送进坟墓的阶段。人生境界的多样性从根本上铸定了审美境界的多样性。人生境界的多样性已如前述，此不赘言，审美境界何尝不是多样化的？单从表现形态来说，我们就可以列举出“竹喧归浣女，莲动下渔舟”的清丽、轻快、柔婉、淡雅，“落日照大旗，马鸣风萧萧”的雄壮、粗励、威猛、激烈，人生实践及其历史奋求必然遭受的挫折、磨难、忧患、悲怆、激愤、哀怨，含着微笑向陈旧的社会制度、历史传承、风俗习惯、卑劣人性、乖谬行为告别所引起的嘲弄、倒错、讽刺、诙谐、幽默等，以及将人生价值夷为平面的荒诞，还有毁损和消解人生自由的丑，等等。

但是，审美境界却不等于人生境界。如前所述，审美境界的涵盖面小于人生境界。审美境界只是人生境界中的一种和一层，事实上每个个体之间人生环境、命运遭际、生活阅历、经验学养、理想目标等不同，每个个体之间对人生和世界意义的精神觉解程度有差异，同一个个体在不同阶段的人生历练和人生觉解也存在差别，因此会形成千姿百态的人生境界。其次，就层次来说，审美境界具有明显的超越性，它是一种超越物质功利、超越理性认识、超越道德意志、自由无限的意义世界，而高于人生的其他境界。再说，日常人生境界发展到审美人生境界，必须以审美活动和审美关系为中介。只有当下进入审美关系、当下进入审美活动的人生境界，才能转换为审美境界。

我们认为，审美境界是对人生境界的一种诗意的提升、发展和凝聚，是一种诗化了的最高的人生境界。

在中国古代，儒家、道家和禅宗的美学就是这样来看待审美境界的。儒家美学认为，善是道德的起点、人性的普遍要求，美是善的进一步发展和提升。美的境界比善的境界更为高远、完备、深邃、超越，也更为自然、自由、和谐而感人。孔子所谓“文质彬彬，然后君子”、“从心所欲不逾矩”，孟子所谓“上下与天地同流”、“充实之谓美”，《中庸》所谓“洋洋乎发育万物，峻极于天”，荀子所谓“不全不粹之不足以为美”，都把审美境界定位于最高的人生层面。宗白华指出，孔子替中国社会奠定了礼的生活，但礼不是人生的最高理想。礼之本在仁，在于音乐精神。音乐化的审美境界才是理想的人格与人生境界。道家美学较之儒家美学确有不同，它不从善出发追求美，不在伦理道德化的社会人生建构中体认美，不以笃诚入世、积极进取、刚健有为、拯救世道、维系伦常、个体与社会和谐统一为美，但是，同儒家美学一样，道家美学把那种“天地与我并生，万物与我为一”、“独与天地精神相往来”的自由人生境界，那种自然无为、素朴纯真、恬淡虚静、逍遥旷达、内外不受世俗生活纠缠的自由人生境界当做审美境界。禅宗以超越一切实在境界的佛境为人生至境，这一人生至境，生成于心灵泯绝欲念，杜绝妄想，忘却烦恼，即色是空，齐物会意，晓理明心，静坐忘俗，物我契一，远离本能冲动，断绝一切感官的痛苦和快乐，表征着“青青翠竹，尽是法身，郁郁黄花，无非般若”的色空一体“梵人合一”的禅境，即审美之境。

冯友兰把审美境界置于天地境界的最高层次，称为同天境界。他认为，同天境界剔除了芜杂的经验成分和紊乱的感性因素，表征着一个“经虚涉旷”的“空灵”的大全之境，即“至大无外”的、内涵一无所有而外延却无所不包的无限境域。在同天境界中，个体不再以实际世界的观点看事物，而以道的观点直观人生大道，领悟存在意义，获得最深的觉解，抵达人与天、心与物、内与外融为一体的“最高造诣”。同天境界高于天地境界中的其他两种境界，即知天境界和事天境界。知天境界处在格物致知的认识层面，特点是需要借助逻辑分析方法，透过纷繁复杂的具体事物，超越日常的感性经验，了解天地万物的意蕴。事天境界处在穷理尽性的实践层面，其基本特点是要求人完全摆脱个体主观好恶的控制，转而依照天地万物之理来践履和完成应做之事。同天境界则处在审美层面，其特点是感性个体与诗意盎然的无限道体浑然同在。冯友兰指出,艺术正是这个同天境界的表征,在中国古代诗篇中,像陶渊明的诗句“采菊东篱下,悠然见南山。山气日夕佳,飞鸟相与还。此中有真意,欲辩已忘言”,就在感性个体生存的有限的当下情境中,在生意盎然的南山和飞鸟上,见出只可意会、不可言传的道境[1];此外,像陈子昂的“前不见古人,后不见来者,念天地之悠悠,独怆然而涕下”,李白的“登高壮观天地间,大江茫茫去不还”,苏东坡的“哀吾生之须臾,念天地之无穷,挟飞仙以遨游,抱明月而长终”,等等,也都表显着“不可感觉底无穷底道体”[2]。

在当代,朱光潜先生列举过一个经典例证:以功利、求知、审美的不同态度看待同一棵古松,所得迥然有别。这个例证表面上似与审美境界无关,但实际上却揭示了审美境界超越人生功利、求知、道德诸境界的显著特征,即以“无所为而为”的自由超然态度观照和觉解世界与人生。同样,从李泽厚先生用“悦志悦神”概括美感最高层次的有关论述,我们不难见出他以审美境界为最高人生境界的思想观念:“在中国,由于乐感文化和理性的渗透主宰,作为崇高感受的悦志悦神主要表现为一种生命力量的正面昂奋,即所谓‘天行健’的阳刚气势,表现为一种‘与天地参’的人的自然化,从道家气功到佛学坐禅中所达到的种种经验,以及宋明理学所宣讲的‘孔颜乐处’的人生境界,都实际指的是这种不离感性又超感性的悦志悦神的审美形态。”[3]

人并非只是走进电影院和音乐厅观赏艺术的时候才开始审美,并非只是在游山玩水、赏玩奇花异草的时候才进行审美,审美

〔1〕 冯友兰.贞元六书.华东师范大学出版社,1998.960.

〔2〕 同〔1〕.361.

〔3〕 李泽厚.美学四讲.北京三联书店,1989.169.

是人类最基本的实践方式和存在方式。只要人活着,他就会希望有一种最适合人性尊严的诗意生存;只要人活动,他就会希望能把自身的本质力量转化为审美的世界。费尔巴哈曾经站在人本主义立场指出:“只有人,对星星的无目的的仰望能够给他以上天的喜悦;只有人,当看到宝石的光辉、如镜的水面、花朵和蝴蝶的色彩时,沉醉于单纯视觉的欢乐;只有人的耳朵听到鸟儿的啭声、金属的铿锵声、溪流的潺潺声、风的飒飒声时,感到狂喜。”[1]

审美境界高于其他人生境界之处,就在于它超越日常功利欲求,超越主客二分的认知方式,超越单凭道德意志去强求至善的伦理模式,而以主客不分、物我两忘、人与世界一体的态度来观照和体认自然、宇宙、社会、历史、人生,在对整个自然、宇宙、社会、历史、人生的“最深的觉解”中,直观生生大道,领悟存在意义,达到“从心所欲不逾矩”、“万物皆备于我”、“上下与天地同流”、“天地与我并生,万物与我为一”、“独与天地精神相往来”、“仁者浑然与物同体”、“吾心即是宇宙”的自由人生境界。

二、审美境界是“无”的澄明

按照张世英先生阐释海德格尔存在论的说法,审美境界是人进入“人生在世”中切身体会到其存在的浑然整体性精神状态,是在场的后面的不在场,是遮蔽下面的澄明,是“有”背后的“无”,是人的语言无法穷尽的超理性存在[2]。

“无”极其难解,大意有四:其一,“无”不是实体,任何一种哪

〔1〕 转引自18世纪末—19世纪初德国哲学.商务印书馆,1960.551.

〔2〕 见张世英著《澄明之境》、《哲学导论》等著作.

怕是时间上最古老、空间上最广大、逻辑上最高玄的实体，都不足以表征“无”。因此，“无”不可估量，不可言说，不可知解，无法引导出知识论的体系。这一点，老子所谓“道可道，非常道”，“道隐无名”，“大象无形”，庄子《齐物论》所谓“道未始有封”，《大宗师》所谓“可传而不可受，可得而不可见”，康德所谓“物自体”，海德格尔所谓“存在”等，都作过说明。其二，“无”不是不存在，不是绝对空无，而是未显现的存在。所以，“无”本身虽无形无名，但蕴藏包孕着一切存在者的生成显现，《老子·四十章》所谓“天地万物生于有，有生于无”，《庄子·大宗师》所谓“夫道有情有信，无为无形”、“神鬼神帝，生天生地”，就是指这层意思。其三，“无”是一种意义之在，一种生生不息、自然而然、创生化育的生成构成天势。意义之在不同于实体存在，实体存在是必定要在场的，意义之在则可以显现在场，也可以不显现在场，显现在场为“有”，不显现在场为“无”。其四，“无”即“无为”，即人以一种超功利的自由态度来对待世间万物，对待自己的生存实践。

上述四层意思均与审美境界相关，但其中，“无为”最为重要。《庄子·大宗师》说：“鱼相造乎水，人相造乎道。相造乎水者，穿池而养给；相造乎道者，无事而生定。故曰，鱼相忘乎江湖，人相忘乎道术。”“人相忘乎道术”暗示着庄子所追求的无为境界。在庄子看来，道既先天先地，又生天生地。但道在生成天地及万物之后，却不在万物逗留，不在万物留痕迹，更不占有和主宰万物，而是从万物退隐而去，隐于至深、至远、至高、至下、至古、至老的“无何有之乡”。庄子认为，这就是道的无为，亦称为道术。无为、道术是道的原始存在方式，是一种极高的自由境界。因为，道生成万物之后又自行隐去，不贪功，不据为己有，而让天地万物自己如此地生长发育，不仅道自身得了自由，而且天地万物也得了自由。也就是说，道隐去，退出了有用性和功利性，反而使存在者的存在自行澄明出来，反而把那个最原始、最本真的“无”开显出来，得到充分地体现〔1〕。在庄子看来，人与道通为一。道无为而得至境。人如果像道那样既创造万物，又以素朴无为的态度对待万物，不占有，不宰制，那么，他的生存就会回到“天地与我并生、万物与我为一”的原始状态，走向“虚静恬淡寂寞无为”、“天下莫能与之争美”的审美境界。

当然，庄子所说的无为，并非什么事情都不干，不与任何事物打交道。人生在世，总得有所为，有所制作创造。庄子的“无为”包含“有为”在内。因此，张岱年先生在其《中国哲学大纲》中专列一章谈“诚与无为”，将儒家的“诚”与道家的无为“比照沟通，确实深得儒道两家的真趣”〔2〕。庄子最重视的是人在“为”了以后怎么办？他最重要的答案是人既要“为”，又要忘掉自己的“为”。叶秀山先生将此概括为“不执着于人自身的种属立场，可以设身处地替万物着想”〔3〕。人忘掉自己的“为”，实质上就是自然而然地“为”，就是以一种超功利的态度对待自己的“所为”。譬如，人种了果树，就让果树自己如此地生长、发育、开花、结果，让它自由地是其所是，成其所成，不干预，不主宰，不占有。如此一来，人在“无为”中得了自由，果树在人的“无为”中也得了自由，它自由地显现出世界的存在意义。人与果树保持一体圆融的关系，双双处

〔1〕 这项论述，笔者受到叶秀山先生一系列学术著述的启发，明显吸收了叶秀山先生的思想.

〔2〕 参见张岱年. 中国哲学大纲. 中国社会科学出版社，1982. 328－344.

〔3〕 叶秀山. 中西智慧的贯通. 江苏人民出版社，2002. 119.

在审美境界之中。

海德格尔后期提出的“让存在”,与庄子的“无为”颇为相似。

海德格尔并不否认人要有所作为,甚至并不否认人居于功业卓著的世界大厦的正当性,人通过努力得到他追求的东西的正当性。问题是,现代技术无限膨胀,漠视大地、盘剥大地、摧毁大地、瓦解大地,已经使自然愈来愈荒芜,使人的栖居事实上受到严重的威逼,人与世界之间本真的原始的存在关系受到严重的毁坏。海德格尔看到,技术世界,世界对人的统治,根本造因就在于“无”的遗忘。传统哲学从来不谈无,一直在无意当中做了技术世界的随伴。

无是天地万有得以涌现的背景,无标示着一个唯恍唯惚、渊源而深的大道,一种无为无形、生生不息的大化之机。在海德格尔看来,对于无的淡漠或遗忘,就是对于神的悬置和嘲弄,对于万物之源的蔑视和侵逼,对于大道、大化之机的遮蔽,对于比世界更为原始的大地的僭越。这种情况下,人不再是大地的看护者,不再是存在真理的看护者,而变成了技术的奴隶,成了技术理性、计算理性的工具,技术就成了度量人生的尺规,人生也就成了一个“座架”。于是,审美境界离人远去。

因此,海德格尔提出,从人的有所作为中退出,返回无的立场;从技术世界超越出来,返回此在在世的本真立场;从生存于世界,转换到栖居于大地,乃是人生诗化的一个关键。这一关键在海德格尔那里就是让存在,或者称为存在之让。

让存在,大意近似老庄的无为,只是比无为更为复杂,涉及的存在论层面更为深邃。海德格尔认为,让存在既牵涉存在的真理、存在者的真理,又牵涉此在的敞开态度。存在的真理是指存在的澄明与遮蔽的争执，也就是存在有所显而自身隐。存在者的真理是指世界与大地的争执，也就是大地有所显而自身隐。此在的敞开态度即是“道术”，也就是人一方面参与到存在真理的生成，有所为；另一方面又对所为抱有一种虚怀态度，“为”了之后“归隐”而去。海德格尔说：“本有（ereignis）在其自身中就是归隐（enteignis）。”[1]这样，人的有所作为便成了“所为”本身为此地成其自身。就像人制成卫星，抛入空中轨道，让它存在运行。如此就等于不是人使卫星存在运行，而是卫星自己如此地发生运行，人只不过成就它的存在；进一步就等于人造卫星自己把自己置回大地，“让大地成为大地”[2]。这种让存在，实际上就是我们通常所说的，对天地万物的自由超越态度，对天地万物不占有、不支配、不主宰的非功利态度。自由、非功利，即是无为的要义。无为说到底是存在有所显而自身隐，就是人生在世最始源境遇的绽露。

海德格尔谈“让”存在，目标在于诱使人生在世回到存在的真理的本源性上来，使技术返归艺术，返归诗性，亦即使人生和技术都从功利性退出，而达乎诗化。只有超功利维度的无，即自由无为在人生中澄明出场，人生的境界才能真正超越为审美境界。

人生从“无”而来，归“无”而去。人本白手起家，一无所有，烦忙操劳一世之后，必定要回到一个绝对的无。人生在世实际上是一个返归于无限始源的过程。任何一个感性个体的人生都是有限的、短暂的、时间性的，“他”不可能永世长存地占有一个现成的客体世界，也不可能永恒地留存于天地之间。人与动物、植物的根本

〔1〕 海德格尔. 面向思的事情. 陈小文，孙周兴译. 商务印书馆，1999. 50.

〔2〕 海德格尔. 林中路. 孙周兴译. 上海译文出版社，1997. 30.

区别，并不在他能够主宰和奴役自然，主动向自然掠夺财富，把天地万物据为己有，而在于他作为终将一死的"此在"存在于世界之间，通过人生的操劳实践，通过与有限的世内存在者的交道，在一种时机性的生成境域中，把世界的无限的存在意义牵挂、引发出来，使之恬然澄明地显现、出场、在场，从而亲身体验和领会到这个无限的存在意义，这就是从"有"上领会"无"。海德格尔说："此在意味着：嵌入无中的境界。"[1]马克思讲，人生实践总是否定现存事物而不断趋向无限未来的过程。

在感性个体生存实践的过程中，"无"比"有"更原始，更根本，更有意义。因为，"无"的绽出，意味着无限的存在意义的凸显和澄明，意味着世界和人生进入一个更为深邃的境界。如果没有"无"的澄明出场，没有存在意义的绽露显现，人生在世就会缺失无限的意义维度，自由超越的人生境界就无从谈起。好比一幅中国古代的绘画，假若画面不留虚空，全是实景，那就等于中断了"无"，消解了无限存在意义显露的可能性，这样的绘画也就不能表征出审美境界；只有勾勒出那一片无形无象而又充盈生命的"空白"，那一个苍茫渺远而又机趣盎然的"虚空"，才会启示着"无"，显示出无限的存在意义。因此，无论是人生，还是艺术，要达到审美境界，首先就得有"无"的澄明出场，就得有存在意义的解蔽和绽露。美就是存在意义的现身方式。海德格尔说得精湛："此在将自身嵌入无中时，就总是已经超出存在者整体之外了。此超出存在者之外的境界我们称为超越境界。假设此在在其本质深处都不超越，现在可换句话说，假如此在自始就不得自身嵌入无

---

〔1〕 海德格尔选集：上卷. 孙周兴选编. 上海三联书店，1996. 146.

中，那么，此在根本就不可能和存在者打交道，也就根本不能和自己本身打交道。”“没有‘无’所启示出来的原始境界，就没有自我存在，就没有自由。”[1]

中国古代美学思想家们喜欢以“象内”说“有”，以“象外”说“无”，并且把“无”看做道，把“无”的境界称为道境。在中国美学看来，象内、景内、韵内、味内是有限的，象外、景外、韵外、味外是无限的不在场的道境。童庆炳先生在《司空图韵外之致说新解》一文中举“行到水穷处，坐看云起时”为例，对此作了深刻的说明。从认识的感官感觉的角度看，“行到水穷处，坐看云起时”，无非是说，走到水的尽头，无法再往前行，于是坐下来看看飘起的白云。但审美却不能停留于这种在场的实体的字面上，而要指引到不在场的、超实体和超字面的意义层，即象外之象、景外之景、韵外之致、味外之旨。从审美来看，所谓“行到水穷处，坐看云起时”就揭示出：实体的路虽然到了尽头，生活之路、人生之路却不会断绝，每每在无路可走之处，又会显现出另外一条路来，甚至是一条比原来更为美好、更为理想的路。这就是存在意义的澄明出场，也就是在场的此带上前来的道境[2]。

所谓人生的艺术化和审美化，所谓生活的诗性和诗意，其实就是无限的道境（存在意义）在感性人生、当下现实中的澄明出场。只要谁能够在自己的生存实践、寻常人生中感悟和领会道境，谁就能进入人生的审美和诗性境界。当然，道境的澄明出场，并非只有“采菊东篱下，悠然见南山”或者“竹喧归浣女，莲动下渔舟”一类

〔1〕 海德格尔选集：上卷. 孙周兴选编. 上海三联书店，1996. 146.
〔2〕 参见童庆炳. 司空图韵外之致说新解. 文艺理论研究，2001(6).

闲适、清新、轻盈、秀雅的优美形态，亦非只有“气吞万里如虎”或者“落日照大旗，马鸣风萧萧”一类粗砺、壮阔、遥远、浑厚的崇高形态，而且呈现为历经挫折、磨难、摧毁，饱尝痛苦、忧患、愤慨的悲剧境界，带着优越的笑声告别陈旧的社会制度、历史习俗和卑劣人性的喜剧境界，也呈现为反价值的丑，把价值夷为平面的荒诞，等等。